21 世纪高等职业院校精品规划教材

电算化信息系统

主　编　黄嫦娇　张　翔
副主编　吴煜丽　林达福

天津大学出版社
TIANJIN UNIVERSITY PRESS

内 容 提 要

本书是电算化会计信息系统的应用教材，以用友U8财务软件演示版为蓝本，主要介绍了用友U8财务软件各子系统的主要功能与应用方法。本书共分三个部分，分别介绍了电算化会计信息系统的基础知识；商品化财务软件的运用，包括总账子系统、会计报表子系统、工资子系统、固定资产子系统及购销存子系统的具体应用；电算化信息系统综合实验。

本书可作为高等职业学校、高等专科学校、成人高等学校会计专业和财经类专业的教材，也可作为在职会计人员的培训教材及参考用书。

图书在版编目（CIP）数据

电算化信息系统／黄嫦娇，张翔主编．—天津：天津大学出版社，2010.7（2012.3重印）

21世纪高等职业院校精品规划教材

ISBN 978-7-5618-3500-5

Ⅰ.①电… Ⅱ.①黄… ②张… Ⅲ.①电子计算机-应用-信息系统-高等学校：技术学校-教材

Ⅳ.①G202-39

中国版本图书馆CIP数据核字（2010）第127782号

出版发行	天津大学出版社
出 版 人	杨 欢
地　　址	天津市卫津路92号天津大学内（邮编：300072）
电　　话	发行部：022-27403647　邮购部：022-27402742
网　　址	publish.tju.edu.cn
印　　刷	昌黎县思锐印刷有限责任公司
经　　销	全国各地新华书店
开　　本	185mm×260mm
印　　张	17.5
字　　数	436千
版　　次	2010年7月第1版
印　　次	2012年3月第2次
定　　价	30.00元

前　言

本书以目前市场上应用面最广、在同类财务软件中比较成熟的用友U850财务软件演示版为蓝本，以培养会计电算化岗位群综合能力为中心，以要求学生掌握必要的基础理论知识、突出技能操作、强化实际应用能力为特点，主要介绍用友U850财务软件各子系统的主要功能与应用方法。全书共分三个部分，第一部分为电算化会计信息系统的基础知识，第二部分为商品化财务软件的应用，第三部分为综合实验。第一部分介绍了电算化会计信息系统的一些必要的基础知识。第二部分主要介绍了系统管理与基础设置、总账子系统、会计报表子系统、工资子系统、固定资产子系统及购销存子系统的具体应用。第三部分以一个新设企业的实际经济业务为实训资料来训练电算化操作技能。

本书内容丰富，每章附有学习目标、重点与难点以及课堂单项实验，这样既保证了高职教育的要求，又体现了高职教育的特色和方向。本书的最后部分配备了一个综合实验，这个实验以一个真实的新设企业为例，提供该企业三个月的日常经济业务资料，让学生独立完成整个账务处理过程，真正将手工操作与电算化结合起来，能真正培养学生的操作能力。

本书是与浙江耀厦建设有限公司财务部合作编写的，该公司的业务数据作为综合练习编入了本书的第三部分。另外，苏泊尔家电制造有限公司的林达福先生提供了有关实训资料的数据。

本书由黄嫦娇、张翔主编，由于编者水平有限，书中的疏漏和不足之处在所难免，恳请读者批评指正。

编　者

2010年3月

目　录

第一部分　电算化会计信息系统的基础知识

第二部分　商品化财务软件的运用

第三部分　综合实验

第一部分
电算化会计信息系统的基础知识

第一章　电算化会计信息系统概述

学习目标： 掌握会计信息系统的基本概念，了解电算化会计信息系统的特征，掌握电算化会计信息系统的数据处理流程，掌握电算化信息系统与传统会计信息系统的区别，掌握电算化会计信息系统的划分及其关系。

重点与难点： 掌握电算化会计信息系统的数据处理流程，掌握电算化信息系统与传统会计信息系统的区别，掌握电算化会计信息系统的划分及其关系。

计算机在会计中的广泛应用，改变了传统会计信息系统数据收集、输入、加工、存储和输出的方法，基于计算机的会计信息系统——电算化会计信息系统越来越受到人们的关注，本章首先介绍有关电算化会计信息系统的基本内容。

第一节　会计信息系统的基本概念

一、数据

数据是对客观事物属性的描述，它是反映客观事物的性质、形态、结构和特征的符号。表示物体的面积“200 平方米”，表示物体的颜色“红色”等都是数据，数据可以是具体的数字、字符、文字或图形等形式。

二、信息

（一）信息的含义

信息是数据加工的结果。对信息使用者来说，信息是有用的数据。信息用文字、数字、图形等形式，对客观事物的性质、形式、结构和特征等方面进行反映，帮助人们了解客观事物的本质。信息一定是数据，但数据未必是信息，信息仅是数据的一个子集，有用的数据才成为信息。

（二）会计信息

会计信息特指在会计核算和管理中需要的各项数据，包括资产信息、负债信息、生产费用和分配的信息等。

(三) 信息的特点

信息一般具有可靠性、相关性、时效性、完整性、易理解性以及可校验性等特点。

1. 可靠性

可靠性是指信息能够正确地表示一个实体的活动。

2. 相关性

相关性是指信息对管理和决策是否有用，如果有用，则信息是相关的，否则就是不相关的。

3. 时效性

时效性是指提供的信息对管理和决策是否及时。

4. 完整性

完整性是指信息是否包含所有相关的数据。

5. 易理解性

易理解性是指信息的表示形式是否便于使用者理解。

6. 可校验性

可校验性是指两个不同的人独立处理同一种信息的结果是否相同。

三、系统

(一) 系统的概念

系统是由两个或两个以上的要素相互联系、相互作用而构成的有机体。

(二) 系统的特点

一个系统一般应该具有以下特点。

1. 独立性

每个系统都是一个相对独立的个体，它与周围的环境有明显的边界。

2. 目的性

每个系统都有其特定的目的，系统的每个组成部分都在为整个系统的目的服务。

3. 层次性

任何系统都是由许多子系统构成的，每一个子系统又可划分为更小的子系统，系统本身又同其他系统一起组成更大的系统。

4．运动性

系统的运动性表现为系统总是不断地接收外界的输入，经过加工处理，不断地向外界输出。

5．适应性

每一个系统都能根据需要扩充和压缩自己，以适应系统变化的需要。

四、信息系统

（一）信息系统的概念

信息系统是以收集、处理和提供信息为目标的系统，即该系统可以收集、输入、处理数据，存储、管理、控制信息；向信息的使用者报告信息，使其达到预定的目标。

（二）信息系统的基本功能

信息系统的功能可以归纳为以下五个方面。

1．数据的收集和输入

数据的收集和输入功能是指将待处理的原始数据集中起来，转化为系统所需要的形式，输入到系统中。

2．信息的存储

数据进入信息系统后，经过加工或整理，得到了对管理者有用的信息。系统负责把信息按照一定的方法存储、保管起来。

3．信息的传输

为了让信息的使用者方便地使用信息，信息系统能够迅速、准确地将信息传输到各个使用部门。

4．信息的加工

信息系统对进入系统的数据进行加工处理，包括查询、计算、排序、归集各种复杂的数据或运算等。

5．信息的输出

信息系统是为了向管理者提供信息。为了方便管理人员，信息系统将其处理的结果以各种形式提供给信息的使用者。

五、会计信息系统

会计信息系统是一个组织处理会计业务，并为企业管理者、投资人、债权人、政府部门提供财务信息、分析信息和决策信息的实体。该系统通过收集、存贮、传输和加工各种会计信息并将其反馈给各有关部门，为经营和决策活动提供帮助。会计信息系统分为手工会计信息系统和电算化会计信息系统。目前，人们把基于计算机的会计信息系统称为电算化会计信息系统，或简称为会计信息系统。

第二节　电算化会计信息系统的特征

一、会计信息系统中会计数据处理方式的演变

管理水平的提高和科学技术的进步对会计理论、会计方法和会计数据处理技术产生了深刻的影响，使会计信息系统经历了由简单到复杂、由落后到先进、由手工到机械、由机械到计算机的发展过程。会计信息系统的发展历程是不断发展、不断完善的过程。从数据处理技术上看，会计信息系统的发展可分为以下三个阶段。

（一）手工会计信息系统阶段

手工会计信息系统阶段是指财会人员以纸、笔、算盘等工具，实现对会计数据的记录、计算、分类、汇总，并编制会计报表。这一阶段历时漫长，直至今天，仍有很多企业的会计工作停留在手工阶段。

（二）机械会计信息系统阶段

19 世纪末、20 世纪初，科学管理理论及其应用和发展，使会计受到重视，出现了相应的改进，对会计数据处理提出了更高的要求，因而不得不用机械化核算代替手工操作。财会人员借助穿孔机、卡片分类机、机械式计算机、机械制表机等机械设备实现会计信息的记录、计算、分类、汇总和编表工作。

（三）电算化会计信息系统阶段

第二次世界大战后，资本主义社会竞争日益激烈，单靠垄断已难以维持资本家的高额利润，资本家不得不转向加强企业内部的管理，以增加产量、提高质量、降低成本、提高竞争力，会计成为了加强内部管理的重要手段。会计行业出现的重大变革，对会计数据处理提出了更高的要求，电子计算机的产生又为会计数据处理带来了根本性的变革。现在，人们可以使用计算机这一现代化工具处理会计信息，并实现对会计信息的分析、预测，为决策活动服务。

二、会计信息系统的特点

会计信息系统作为管理信息系统的一个组成部分，与管理信息系统的其他子系统有许多相同

之处，如：① 可分割性，能够分成若干个更小的子系统；② 联系性，与其他子系统相互联系；③ 变换性，能够扩展、压缩，能够根据要求加以变革等。但同时又有其本身的一些特点。

（一）数据量大

会计信息系统以货币为主要计量单位，对生产经营活动进行系统、连续、全面、综合的核算和监督。在企业的经营活动中，每一项具体品种、规格的材料物资、机器设备、工具器具的增减变动，每一笔现金、存款、应收、应付以及大大小小的收支，都要不分巨细地纳入会计信息系统中，同时还要经过加工处理，求得反映各项财务状况和经营成果的综合性数据。会计数据不仅要计算得非常详细，而且需要存储的时间长，因而会计信息系统的数据量比管理信息系统中的其他子系统要大。

（二）数据结构复杂

会计信息系统主要从资产、负债、所有者权益、成本和损益五个方面来反映经济活动。

（三）数据加工处理方法要求严格

在会计信息系统中，对各项经济业务的处理，都规定了一套必须严格遵守的准则和方法。

（四）数据的及时性要求高

要实现对经济活动的有效控制和监督，会计信息的及时性极为重要。会计信息系统应该及时地向管理者、投资人、债权人、政府部门提供数据，特别是会计信息系统要及时将有关资金运动、成本耗费等信息反馈给管理部门，以便管理者能够及时作出正确的经营决策。

（五）数据的全面性、完整性、真实性和准确性要求严格

会计数据不仅用来反映经济活动，为管理提供可靠信息，而且是处理各种经济关系的依据。因此，会计信息系统只有全面、完整、真实、准确地处理会计数据，才能保证正确反映企业的经营成果和财务状况，正确处理企业、国家、个人之间的财务关系。

（六）数据的安全可靠性要求高

会计信息系统的数据是反映企业财务状况和经营成果的重要依据，不得随意泄露、破坏和遗失。因此，要采用各种各样的有效措施，加强管理，保证系统安全可靠。

（七）数据具有可校验性

在事后任何条件下，可以任何方式进行检查和校验。

三、电算化会计信息系统的特征

与手工会计信息系统相比较，电算化会计信息系统具有如下明显的特征。

（一）数据的准确性明显提高

计算机具有高精度、高准确性、逻辑判断的特点，使得数据的准确性有了明显的提高。例

如在编制记账凭证的过程中，如果一张凭证不满足“有借必有贷，借贷必相等”的原则时，计算机会立即给出错误提示，并不允许错误的凭证保存在计算机中；记账过程完全由计算机自动完成，只要财会人员命令记账，计算机就会执行记账程序，自动、准确、快捷地完成记账。可见，在电算化会计信息系统中，减少了由人为因素造成的错误，提高了会计核算的效率。

（二）数据的处理速度明显提高

计算机具有高速处理数据的能力。电算化会计信息系统利用计算机自动处理会计数据，极大地提高了数据处理的效率，增强了系统的及时性。例如，如果需要查看某张凭证，只要“告诉”计算机该凭证的数据（凭证号、审核人、日期等数据中的一个或多个数据的组合），计算机就会迅速从数万张凭证中找出该凭证，并显示在屏幕上；如果需要查看某本账，只需要将科目代码和日期“告诉”计算机，计算机就会迅速将该账簿显示在屏幕上；如果需要任意期间的会计信息，只要“告诉”计算机日期，计算机便及时、准确地按年、季、月、日提供信息。电算化会计信息系统从根本上改变了手工系统反应迟钝的弊病，同时使广大财会人员从繁杂的数据抄写和计算中解脱出来，大大降低了财会人员的劳动强度。

（三）提供信息的系统性、全面性、共享性大大增强

计算机的采用，扩大了信息的存储量，延长了信息的存储时间。当前，以国际互联网 Internet 为中心的计算机网络的建设、运作、管理和发展，已成为一个国家经济发展的重要环节。国际互联网作为日益扩大的世界最大网络，已成为连接未来信息化社会的桥梁。网络会计电算化发展实现了企业内部、同城市企业与企业之间，乃至海内外数据共享和信息的快速传递，大大提高了会计信息的全面性、系统性，增强了信息处理的深度，使其能够为管理者、投资人、债权人、财政税务部门提供更多、更好的信息。

（四）各种管理模型和决策方法的引入，使系统增强了预测和决策能力

在电算化会计信息系统中，管理人员借助先进管理软件便可以在计算机中实现已有的管理模型，如最优经济订货批量模型、多元回归分析模型等，同时又可以不断研制和建立新的计算机管理模型。管理人员利用计算机管理模型可以迅速地存储、传递以及取出大量核算信息和资料，并毫不费力地代替人脑进行各种复杂的数量分析、规划求解。因此，管理者可以相当准确地估计出各种可行方案的结果，揭示出企业经济活动中的深层次矛盾，发掘企业内在潜力，提高管理、预测和决策的科学性和合理性。

第三节　电算化会计信息系统数据处理流程

一、手工会计数据处理流程

（一）数据收集

财会人员收集各种原始凭证，根据会计制度和原始凭证，填制和审核记账凭证，这样就将反映经济业务的会计数据保存在记账凭证上。通常，企业采用以下几类记账凭证分类方法。

1）收款凭证、付款凭证、转账凭证三类。

2）现收、现付、银收、银付、转账五类。

3）不分类，只设一种通用的记账凭证。

（二）数据处理

出纳根据收款凭证和付款凭证，登记现金日记账和银行存款日记账；根据企业业务量的大小，分别由多个会计登记往来明细账、费用明细账、存货明细账等各种明细账簿，如总账会计负责登记总账、编制会计报表等。由于登记账簿的工作是由多个会计人员完成的，不可避免地会出现各种错误，所以要进行总账和明细账的核对、总账和日记账的核对。

在上述会计数据处理过程中，凭证和账簿的传递、排序、汇总、计算、核对、查询、更新等数据处理工作都是由人工分别进行的。

（三）信息报告

会计期末，会计人员从账簿中或其他资料中摘取数据（如现金、银行存款期末数、计划数等），并对其进行加工，以信息使用者需要的格式编制成各种报表，并将报表发送给企业管理者、投资人、债权人、税务部门、财政主管部门等。编制报表需要人工从会计账簿或其他报表中摘取数据，然后进行填制、计算小计、合计、审核等后，才算编制完一张发送的报表。如果发现报表不平或一个数据出错，则需要重复上述过程。

（四）数据存储

在手工会计信息系统中，无论是记账凭证、账簿，还是会计报表，都是以纸张的形式存放的，会计数据的收集、加工处理、会计报表的编制等都是人工完成的，会计数据存储在纸张上，其缺点为：数据处理工作量大、差错多、效率低。

二、电算化会计信息系统的数据处理流程

在电算化会计信息系统中，会计数据的收集、加工处理、会计报表的编制以及会计数据的存储都发生了重大的变化。

（一）数据输入

1. 会计数据的输入方式

在电算化信息系统中，会计数据的输入方式有以下三种。

（1）直接输入

直接输入方式是指财务人员根据原始凭证或记账凭证通过键盘、屏幕将数据直接送入计算机存入凭证文件的一种方式。采用这种方式输入的凭证称为人工凭证，类似于手工填制凭证。

（2）间接输入

间接输入方式亦称脱机输入方式。会计人员首先将会计数据录制在磁介质上，然后将其转换成计算机所能接受的凭证，并保存在凭证文件中。

（3）自动输入

自动输入方法是指计算机自动编制凭证，并保存在凭证文件中。这种方式生成的凭证称为机制凭证，包括如下两种。

1）各业务子系统处理业务后自动编制的机制凭证，如固定资产子系统转来的固定资产增减、计提折旧等凭证；工资子系统转来的工资分配凭证；销售子系统转来的销售凭证等。

2）财务子系统自身自动生成的机制凭证，如月末辅助生产费用的分配结转凭证，月末制用的结转凭证，月末把本期销售成本、销售税金、期间费用、销售收入等科目余额结转年利润科目等形成的凭证等。由于机制凭证是计算机自动生成的，它不需要人工干涉，所以，用这种方式产生的凭证准确性和效率都很高。

2. 会计数据的审核方式

当凭证输入并保存在磁性介质上后，会计人员仍然需要进行审核。在电算化会计信息中，对会计数据的审核方式有三种。

（1）静态审核

静态审核即人工审核。将计算机中的凭证打印出来，然后由人工将其与手工凭证一一核对。

（2）屏幕审核

屏幕审核是指电算化会计信息系统中提供审核模块，它将需要审核的凭证显示在屏幕上，财会人员对屏幕上显示的凭证进行人工审核。

（3）二次录入校验

二次录入校验是指重复输入校验。对同一张凭证上的数据，分别由两个操作人员单独输入，然后由计算机程序自动进行两次录入数据的核对，如果不完全相等，则显示出错信息。这种校验方法对凭证数据输入的完整性和准确性有较高的保证，但由于相同数据的重复输入，必然降低效率。在实际工作中，可以采用此方法对少量收款、付款凭证进行审核。

（二）数据处理

在电算化会计信息系统中，会计数据处理工作都是由计算机自动完成的。目前最常见的会计数据处理方式有以下两种。

1. 成批处理

成批处理是指定期收集会计数据，按组或按批进行处理的方式。例如，输入并审核 50 张凭证后，要求计算机对这 50 张凭证进行记账，或者输入并审核了一天或一周的凭证后，要求计算机对一天或一周的凭证进行记账，计算机就会自动、准确、高速地将这些数据分别登记在总账、明细账、日记账等“电子账簿”中。由于登记账簿的工作是由计算机自动完成的，不会出现人工记账时的错误，所以不需要进行总账和明细账的核对、总账和日记账的核对。成批处理是会计信息系统中使用最广泛的一种处理方式。当财会人员发出成批处理的命令后，计算机便进行成批处理。在处理过程中，人和计算机不发生任何交互作用，会计人员一般不需要介入，计算机便自动、高速地完成工作。

2．及时处理

及时处理是指当产生一组数据或财会人员有一次处理要求时，计算机就立即进行处理的方式。例如，材料核算采用先进先出法，当收到或发出一笔材料时，便要求计算机立即进行数据处理，更改材料结存文件。及时处理方式要求计算机必须随时接受处理的要求，及时进行处理。因此，对系统的响应时间、可靠性、安全性等要求都比较高。

（三）信息输出

会计数据都保存在磁介质的文件中，为了使信息的使用者能够看到各种信息（如凭证、账簿、各种报表等），就需要从磁介质文件中提取信息并输出。提取会计数据并按财会人员需要的形式输出的过程称为会计信息输出。目前，会计信息输出最常见的方式有三种。

1．显示输出

显示输出是指用字符或图形的形式，将磁介质文件中的会计数据，按照财会人员的要求输出到显示器上。例如，财会人员“告诉”计算机，需要输出1月份的应收账款明细账，计算机就对磁性介质文件中的会计数据进行加工，以财会人员要求的明细账形式显示在屏幕上，显示输出方式的特点是信息的使用者可以迅速、准确地得到所需的信息，但所得到的信息不能长期保存。所以，这种方式一般用于随机查询信息。

2．打印输出

打印输出是指用字符或图形的形式，将磁介质文件中的会计数据，按照财会人员的要求输出到打印机，并将会计信息打印在纸张上。例如，财会人员“告诉”计算机，需要将12月份的应收账款明细账以纸张的形式输出，计算机就对磁性介质文件中的会计数据进行加工，将财会人员要求的明细账形式通过打印机打印在纸张上，形成可长期保存和阅读的账页，打印输出方便的特点使信息的使用者可以方便、准确地得到永久性硬拷贝资料，并可以长期保存。

3．软盘输出

软盘输出方式是指将产生的有关结果信息输出到软盘磁介质中的一种方式。如将所有会计数据保存在软盘上作为备份资料，当硬盘中的会计数据被破坏时，可以用此备份资料进行恢复；如将会计凭证保存在软盘上，以便下次记账用；再如将报表数据保存在软盘上，为主管部门进行报表汇总提供资料等。

（四）数据存储

在电算化会计信息系统中，无论是记账凭证、账簿，还是会计报表，都是以数据库文件形式保存在磁介质中的。一个文件由若干条记录组成，一个记录由若干个字段组成。

三、电算化会计信息对传统信息系统的影响

会计电算化是会计发展史上的一次革命，与手工会计系统相比，不仅仅是处理工具的变化，在会计数据的处理流程、处理方式、内部控制方式及组织机构等方面也与手工处理有许多不同之处。

（一）会计科目编码的变化

科目编码并不是在计算机用于会计数据处理之后才提出来的要求，人们发现对会计科目进行编码以后，给会计科目的使用、会计数据的分类与查找带来很多方便。但是，对会计科目编码的重视与研究，却是会计电算化以后的事情。一个以计算机作为处理工具的会计信息系统，必须有一套科学的会计科目体系以及一套相应的会计科目编码方案，这对于提高系统的输入效率和处理效率，对于输出详细而又完整的会计核算资料都有着极为重要的意义。编码方式的变化，是会计电算化以后对会计实务最直接的影响之一。

1. 会计电算化中设置科目编码的目的

1）简化会计数据的表现形式，以利于会计数据的输入、存储、加工处理和传输。

2）通过某种有规则的编码方式，可以使计算机根据科目代码判断它所代表科目的某些属性，如类型、级别等，以利于计算机对会计数据的分类、汇总。

2. 电算化方式下科目编码的要求

（1）代码要有可扩展性

会计科目代码在账务处理子系统乃至整个会计信息系统中使用范围广，一旦代码长度或编码方式发生变化，对整个系统的影响非常大。企业的经济活动处于不断的发展变化之中，会计科目的数量（特别是明细科目）也随之不断增减。这就要求会计科目编码方案要有一定的可扩展性，在一定的时期内，在不改变原有编码体系的条件下可以很顺利地增加新科目。

（2）编码位数不宜过长

这个要求和前一个要求存在矛盾。因为要使科目代码方案具有较大的适应性，首先是在编码方法上想办法，其次是增加代码的长度。但代码不宜太长，否则对记忆、输入、使用都非常不便。

（3）科目编码体系要能体现出科目之间的层次关系

会计科目体系是一个典型的树形结构。在会计数据处理上，当一个明细科目的金额发生增减变化时，必须知道它的上级科目（如三级科目所属的二级科目、该二级科目所属的一级科目），以便对相应科目的金额进行更新。

3. 电算化方式下的科目编码编法

我国公布的有关会计制度对一级科目及其编码作了统一规定，二级科目一般固定两位数。第一位的数字及意义："1"是资产类科目，"2"是负债类科目，"3"是所有者权益类

科目，“4” 是成本类科目，“5” 是损益类。在手工会计下，明细科目的详细程度、名称、级数等带有很大的灵活性，而采用计算机处理，一般应严格根据所给出的明细会计科目去登记明细分类。另外，采用计算机处理后，管理上一般要求提供更详细的会计核算资料，在进行账务处系统的设计时，必须根据需要对明细会计科目的名称、核算内容进行规范。因此，电算化下科目代码的设计，主要体现在明细科目代码的设计上。

（二）会计核算形式的变化

手工会计信息系统中信息的正确性、及时性不能得到充分的保证，核算工作效率比较低。在电算化会计信息系统中，是否还有必要完全照搬手工会计下的会计核算形式呢？答案是否定的。因为手工会计下的会计核算形式并不是会计数据处理本身所要求的，而是手工处理的局限性所致。计算机处理和手工处理相比，不仅在处理速度上有成百倍、成千倍的提高，不存在因为工作时间过长或疲劳而引起的计算错误和抄写错误。这样，完全可以从所要的目标出发，设计出更适合计算机处理、效率更高、数据流程更加合理的账务处理形式。在计算机会计信息系统中，记账工作完全由会计软件代替，由于计算机处理记账工作既高速又准确，因此，手工记账程序和方法失去了本来的意义。任何一个企事业单位，都不用再考虑选择哪种记账程序和方法，只要会计软件提供的记账程序是正确的，计算机就可以高速、快捷、及时、准确地完成记账工作。

（三）账簿和报表的变化

账簿是指根据会计凭证序时、分类记录经济业务的簿籍。按其性质和用途分类，可以分为序时账簿、分类账簿和备查账簿。其中，序时账簿包括现金日记账、银行存款日记账；分类账簿包括总分类账和明细分类账；备查账簿则用于对上述账簿中未记录或记录不详的内容进行登记。在手工会计下，上述账簿属于数据存储。一张新的记账凭证产生以后，将其数据按会计科目的方向进行转抄、登记，从而形成相应的日记账或分类账。在电算化会计信息系统中，账簿和报表都发生了变化。

1. 纸张介质改变为光、电磁介质

在手工会计信息系统中，会计账簿的存储介质是看得见、摸得着的纸张介质。在电算化会计信息系统中，会计账簿的存储介质是看不见、摸不着的电磁介质。

2. 账簿输出方式的变更

在手工会计信息系统中，总账、明细账、日记账都是严格区分并以特定的格式输出。在电算化会计信息系统中，类似手工的账簿种类、格式在计算机中并不完全存在或不永久存在，账簿中的数据以数据库文件的形式保存，数据库文件可设置一个或者多个。当需要输出这些账簿时，计算机自动从数据库文件中依次按相应的会计科目进行挑选，然后按照财会人员需要的格式将这些账簿在屏幕上或从打印机输出。

3. 账簿分类的变革

在电算化会计信息系统中，财会人员只要给出一个会计科目，计算机便可将涉及该科目的

所有业务筛选出来，形成所谓的账簿，而不管这个科目是现金科目还是银行存款科目，是总账科目还是明细科目，而且只要对挑选的结果按日期进行排序索引，所有的账都可表现为日记账的形式。我们认为，上述变化是会计数据处理上的一次革命，它突破了手工会计的局限性。在手工形式下，我们不能要求会计人员按登记日记账的要求去逐日逐笔登记所有账簿，这是人无法胜任的。既然使用计算机以后改变了这种状况，已经没有必要继续沿用手工会计下账簿的一些概念和分类方式。因此，在电算化会计信息系统中，将会计账簿分为日记账及明细账的价值和必要性已经不大。

4. 报表编制方法的变更

在手工条件下，报表中的数据，一部分由财会人员从账簿或其他报表上获取，然后手工填入报表；还有一部分是根据基本数据进行计算，然后将结果填入。当报表中的一个数据出错，整张报表都需重新计算，然后再填写。在手工条件下，编表是一件费时、费工、费力的事情。在电算化会计信息系统中，编制报表的方法发生了很大的变化，财会人员只要定义好报表格式、取数公式并输入基本数据，计算机便自动从账务核算系统或其他会计核算系统中采集数据。当会计期间发生变化时，系统自动根据定义的公式和获取数据的方法采集数据，生成所需的报表。因此，能够大大节省编制报表的时间。

(四) 内部控制的变化

在电算化会计信息系统中，原来使用的靠账簿之间相互核对来实现的差错纠正控制已经不复存在，计算机电磁介质也不同于纸张介质，它能不留痕迹地进行修改和删除。此外，计算机在硬件和软件结构、环境要求、文档保存等方面的特点决定了电算化会计信息系统的内部控制必然具有新的内容。控制范围已经从财会部门转变为财会部门和计算机处理部门；控制的方式也从单纯的手工控制转化为组织控制、手工控制和程序控制相结合的全面内部控制。如电算化会计信息系统本身已建立起新的岗位责任制和严格的内部控制制度，会计电算化岗位设置系统管理员、系统操作员、凭证审核员、系统维护员、会计档案资料保管员等岗位；会计软件增加了安全可靠性措施，各类会计人员必须有自己的操作密码和操作权限，防止非指定人员擅自使用功能；定期对会计数据进行强制备份；系统本身增加各种自动平衡校验措施等。

(五) 会计职能及方法的变化

在手工会计信息系统中，会计的主要职能是事后反映和监督。随着电算化会计信息系统的发展，电算化会计信息逐渐从核算型转向管理型，这不但是国际上会计信息系统发展的主流，也是我国会计信息系统发展的必然趋势。管理人员借助先进的管理软件工具，便可以在计算机中实现已有的会计管理模型，同时又可以不断研制和创建新的计算机管理模型，使管理人员可以利用计算机管理模型迅速地存储、传递以及取出大量会计核算信息和资料，并毫不费力地代替人脑进行各种复杂的数量分析、规划求解，及时、准确、全面地进行会计管理、分析和决策工作。这样，可以使会计职能成为一种跨事前、事中和事后三个阶段，集核算、监督、控制、分析、预测于一体的全方位、多功能的管理活动。

第四节　电算化会计信息系统的划分及其关系

一个电算化会计信息系统通常由多个子系统组成，每个子系统各自处理特定部分的会计信息，同时各子系统之间又通过信息传递和核对相互作用，相互依赖，形成一个完整的会计信息系统。

一、电算化会计信息系统的划分

电算化会计信息系统的构成，即子系统的划分，带有明显的行业特点，行业不同，子系统的分类亦不完全相同。下面以工业企业电算化会计信息系统为例，说明其基本功能结构。

（一）账务处理子系统

账务处理子系统是电算化会计信息系统中的一个主要子系统（或软件），它以凭证为原始数据，通过凭证输入和处理，完成记账和结账、银行对账、账簿查询及打印输出以及系统服务和数据管理等工作。

（二）工资核算子系统

工资核算子系统是以职工个人的原始工资数据为基础，完成职工工资的计算，如工资费用的汇总和分配，计算个人所得税，查询、统计和打印各种工资表，自动编制工资费用分配转账凭证，最终传递给账务处理子系统。

（三）固定资产核算子系统

固定资定核算子系统主要是存储和管理固定资产卡片，灵活地进行增加、删除、修改、查询、打印、统计与汇总；进行固定资产的变动核算，输入固定资产增减变动或项目内容变化的原始凭证后，自动登记固定资产明细账，更新固定资产卡片；完成计提折旧和分配，产生“折旧提取及分配明细表”、“固定资产综合指标统计表”等，费用分配转账凭证可自动转入账务处理子系统；可灵活地查询、统计和打印各种账表。

（四）材料核算子系统

材料核算子系统主要根据有关凭证，进行材料采购的核算；采用计划或实际计价两种方式中的任意一种，完成库存材料收、发、结存的核算；自动编制材料费用分配转账凭证，自动计算成本差异，编制的转账凭证自动传给账务处理子系统；可灵活地查询、统计和打印各种账表。通常工业企业才需要这种软件，商业和行政事业单位一般不需要这种软件。

（五）往来账款核算子系统

往来账款核算子系统主要根据往来业务（应收、应付业务）的有关凭证，完成应收账款、应付账款等往来业务的登记、核销等工作；动态反映各往来客户信息；进行账龄分析和坏账估计；生成应收、应付账款明细账、账龄分析表等，自动编制有关凭证并传递到账务处理子系统。有的会计软件将应收账款核算、应付账款核算分别作为两个相对独立的子系统。

（六）产品销售核算子系统（或购销存子系统）

产品销售核算子系统是根据有关销售凭证及销售费用等数据完成产成品收、发、存核算及销售收入、销售费用、销售税金、销售利润的核算；合同辅助管理；生成产成品收、发、结存汇总表等表格；生成产品销售明细账等账簿；可灵活地查询、统计和打印各种账表。

（七）成本核算子系统

成本核算子系统是根据会计核算和管理的要求，计算全部生产费用支出和产品的总成本与单位成本，打印输出规定的成本表，并为成本分析、成本控制、核算销售利润提供必要的成本数据资料。

（八）报表处理子系统

报表处理子系统主要根据会计核算数据（如账务处理子系统产生的总账及明细账等数据），完成各种会计报表的编制与汇总工作；生成各种内部报表、外部报表及汇总报表；根据报表数据生成各种分析图等。

（九）财务分析子系统与领导查询子系统

财务分析子系统是能够利用会计核算数据，进行会计管理和分析的子系统。一般来说，用以完成比率分析（如资产、负债比率分析等）、结构分析（如资产负债结构分析、损益结构分析、各项收入和各项费用结构分析等）、对比分析（如本年与上年同期对比分析、实际与计划数对比分析等）和趋势分析（如任意会计科目各期变动情况等）。领导查询子系统是企业管理人员科学、实用、有效地进行企业管理和决策的一个重要环节。它可以从各子系统中提取数据，并将数据进一步加工、整理、分析和研究，按照领导的要求提取有用信息（如资金快报、现金流量表、费用分析表、计划执行情况报告、部门收支分析表等），并以最直观的表格和图形显示。在网络电算化会计信息系统中，领导还可通过自己办公室的计算机及时、全面地了解企业的财务状况和经营成果。

二、电算化会计信息系统中各子系统之间的相互联系

在电算化会计信息系统中，会计的整体功能通过各个子系统局部功能加以实现，各业务系统既要对各自的原始凭证进行处理，输出满足特定管理要求的报表资料，同时又要汇总数据，编制出记账凭证，并传输到账务处理子系统进行账务处理。对于工业企业来说，业务子系统还要将有关费用的汇总分配数据传送到成本核算子系统进行成本核算。因此，系统间的相互关系主要表现为数据传递关系。就各子系统而言，其数据的接收与传递大致分为三种类型。

(1) 单向接收型

属于这种类型的子系统只接收来自其他子系统的数据，而不向外部传递数据。如报表子系统。

（2）单向发送型

属于这种类型的子系统只向其他子系统传递数据，而不接收数据。如工资子系统、固定资产子系统等。

（3）双向联系型

属于这种类型的子系统既向其他子系统传递数据，又接收来自其他子系统的数据。如账务处理子系统、成本子系统等。

如上所述，一个完整的电算化会计信息系统内各子系统间存在数据传递关系的情况很多。在处理它们相互之间数据的传递关系上，可以有三种不同的做法。

（1）集中传递式

集中传递式是指各子系统之间的数据传递关系，通过一个专门的自动转账系统来实现。相应地，在这种形式下，还需要专门建立一个自动转账子系统，它一般具有数据接收、费用汇总模式定义、生成汇总转账数据、数据发送以及转账数据的查询、打印等功能。

（2）账务处理中心式

账务处理中心式是指各业务子系统对原始凭证汇总、处理后，编制出记账凭证直接传递到账务处理子系统，账务处理子系统对涉及成本、费用的凭证进行汇总后，传递到成本子系统。采用这种方式，相应地要求有关科目按产品设明细科目，以便汇集直接成本。

（3）直接传递式

直接传递式是指各业务子系统首先对原始凭证汇总、处理后，编制出记账凭证传递到账务处理子系统进行账务处理，同时，工资、固定资产、材料等业务子系统以及账务处理子系统要将各种直接的、间接的费用按一定的标准汇总后传递到成本子系统进行成本计算。如对于材料子系统来说，一方面要对各种料单进行处理，输出满足材料管理需要的报表资料；另一方面，又要编制出有关材料入库、出库的记账凭证传输到账务处理子系统，进行账务处理。此外，还要对领料单按领用部门和用途进行汇总，将材料费用汇总分配数据传输到成本子系统以便进行成本计算。

会计数据传递模式的变化，还表现在子公司与总公司之间、子公司与子公司之间、国内不同的地域之间、海内海外之间会计数据传递的新突破。随着网络技术的发展，企业管理网络系统（Intranet）、国际互联网络系统（Internet）已经越来越受到重视，通过网络来传递不同地域的会计数据已经成为可能，并且使会计数据的传递方式发生了质的飞跃。

思考及练习题

1. 什么叫数据、信息？数据和信息有何区别？
2. 什么是系统？它有哪些特点？
3. 什么是信息系统？信息系统的基本功能有哪些？
4. 会计信息系统的特征有哪些？
5. 工业企业电算化会计信息系统包括哪些子系统？
6. 手工与电算化会计信息系统的数据处理流程有何异同？

第二章　电算化会计信息系统的组织与实施

学习目标： 了解会计电算化工作的组织结构；掌握电算化会计信息系统的建立；掌握会计电算化管理制度的建立。

重点与难点： 掌握电算化会计信息系统的建立；掌握会计电算化管理制度的建立。

第一节　会计电算化工作的组织与计划

一、建立会计电算化组织机构

会计电算的组织工作涉及单位内部的各个方面，需要单位的人力、物力、财力等多项资源。因此，必须由单位领导或总会计师亲自执行，建立一个会计电算化组织策划机构来具体负责这项工作。这个机构的主要任务和职责是：制定本单位会计电算化工作发展规划；组织电算化会计信息系统的建立，建立会计电算化管理制度；组织本单位财会人员参加会计电算化培训与学习；负责电算化会计信息系统的投入运行。

二、组织制订会计电算化实施计划

会计电算化工作是一项庞大的系统工程，做好实施计划是搞好会计电算化工作的重要保证。实施计划的主要内容有以下几个方面。

（一）机构及人员配置

不同企业，其电算化会计信息系统的规模大小不同，其机构和人员配置也不相同。如有的企业，除了原有的会计机构外，还专门成立会计电算化科，配备开发人员、系统管理员、系统操作员及系统维护人员等；有些企业只增加系统维护人员，原会计机构不变。因此，企业应根据自身的特点，决定是否建立专门的会计电算化机构和如何配备相应的计算机操作员等。

（二）计算机及其他硬件设备购置

计算机及其他硬件设备是电算化会计信息系统的重要组成部分，制订其购置计划是非常必要的。不同的企业应该根据其会计业务量的大小、企业财务状况、企业未来发展规模等，制订计算机及其他硬件设备购置计划，主要包括硬件模式（单机系统、多用户系统、网络系统等）、计算机台数和价格、打印机等辅助设施的数量和价格及总投资分配等。

（三）软件开发和购置

计算机软件也是电算化会计信息系统的重要组成部分，软件的开发计划或购置会影响会计电算化的实施。对于一个企业来说，配备会计软件的方式主要有选择通用会计软件、定点开发和选择通用会计软件与定点开发相结合三种。

第二节　电算化会计信息系统的建立

电算化会计信息系统包括计算机硬件、软件、财会人员和会计制度。电算化会计信息系统的建立主要是指硬件的配置，系统软件和会计软件的配置，制定会计制度等。

一、硬件的配置

硬件的配置是指电算化所需硬件系统的构成模式。目前主要有单机系统、多用户系统和计算机网络系统等模式。

（一）单机系统

单机系统是指整个系统中只配置一台计算机和相应的外部设备，所使用的计算机一般为微型计算机，在单机结构中，所有的数据集中输入输出，同一时刻只供一个用户使用。

1）优点：投资规模小，见效快。

2）缺点：可靠性差，一台机器发生故障，会使整个工作中断；不利于设备、数据共享，容易造成资源的浪费。

3）适用范围：单机系统一般适用于经济和技术力量比较薄弱的小型单位。

（二）多用户系统

多用户系统是指整个系统配置一台计算机主机和多个终端。数据通过各终端输入，即分散输入。各个终端可同时输入数据，主机对数据集中处理。

1）优点：这种分散输入、集中处理的方式，很好地实现了数据共享，每个用户通过终端控制台与主机打交道，就像自己独有一台计算机一样，这样既提高了系统效率，又具有良好的安全性。

2）缺点：系统比较庞大，系统维护要求高。

3）适用范围：适用于会计业务量大、地理分布较集中、资金雄厚且具有一定系统维护力的单位。

（三）网络系统

网络系统主要是指用通信线连接多台微机，这些微机不仅具有信息处理能力，而且可以通过网络系统共享网络服务器上的硬件资源和软件资源，与其他计算机进行通信和交换信息。

1）优点：能够在网络范围内实现硬件、软件和数据的共享，以较低的费用方便地实现一座办公楼、一个建筑群内部或异地数据通信，具有较高的传输速度，易于维护，可靠性高，使用简单方便，结构灵活且具有扩展性的特点。

2）缺点：安全性不如多用户系统，工作站易被病毒感染等。

3）适用范围：局域网（LAN）适用于大多数用户，广域网（WAN）对具有异地财务信息交换需求单位（如集团型企业）更适用。计算机网络不仅是世界范围计算机应用的潮流，也是财务应用系统的潮流。

二、会计软件的配置

应用软件是根据一个单位、一个组织、一项任务的实际需要，利用系统软件而研制开发的软件，即为了解决某些具体的、实际的问题而开发和研制的各种程序。各种会计软件如账务处理软件、工资核算软件、固定资产核算软件、报表软件等都是应用软件。配备核算精确、功能完备、使用安全、操作简便的会计软件是企事业单位开展会计电算化工作不可缺少的必要条件之一。一般说来，配备会计软件的方式主要有选择通用会计软件、定点开发和选择通用会计软件与定点开发相结合三种。选择通用的商品化会计软件是企事业单位实现会计电算化的一条捷径，它是各单位采用最多的一种方式。

（一）选择通用会计软件的利弊

1. 选择通用会计软件的优点

目前，国内外许多企事业单位使用商品化的会计软件，其优点如下。

（1）成本低

相对于自行开发会计软件，选择商品化通用软件的成本比较低。这主要是因为商品化软件能批量生产，单位成本低，因而售价相对低廉。

（2）见效快

对于基础较好的企事业单位，买到软件即可开始试运行。运行几个月即可正式代替手工记账，其时间短、见效快。而对同样的项目，如果自行开发，往往需要一年甚至几年的时间。

（3）软件质量高

经过财政部和各省市财政部门评审的商品化会计软件，一般都是由实力雄厚的专业软件公司开发的。软件厂家集中了一批会计电算化、会计专业和计算机方面的人才，这些人认真研究各单位的会计核算特点，所开发出的会计软件质量高，符合现行会计制度，功能完善，核算准确，基本上能够满足大多数单位的会计核算要求。

（4）维护有保障

生产商品化会计软件的公司，一般有专门的维护队伍，而且很多厂家实行有偿终身维护。当软件出现问题、会计制度发生重大变动以及企事业单位的需求提高时，大多数财会电算化公司能立即组织力量对软件进行改进和升级。这为各单位电算化的顺利进行提供了保证。

2. 选择通用会计软件的缺点

由于通用会计核算软件自身的局限，也存在一些不足之处。其主要缺点如下。

（1）对会计人员要求较高

在手工方式下，会计人员在进行会计核算时，常常采用一些自己习惯的工作方式。商品化会计软件为保证软件通用，通常设有多种自定义功能，如要求用户根据系统提供的语法，定义各种转账公式、数据来源公式、费用分配公式等。这就要求财会人员必须改变自己的工作习惯，以适应会计软件的要求。当然，从长远看，这有利于会计人员整体综合素质的提高与会计电算化事业的发展。

(2) 不能完全满足单位的核算要求

会计核算软件的通用性是指会计软件适用于不同的企事业单位，不同的会计工作需要及适应单位会计工作不同时期需要的性能，包括纵向与横向两方面的通用性。纵向的通用性是指会计软件适应不同时期会计工作需要的性能；横向的通用性是指会计软件适应不同单位会计工作需要的性能。由于商品化软件要供各单位使用，对通用性要求较高，因而不可能满足各单位的各种会计核算和会计管理要求，对某些特殊的单位也不适用。

解决这个问题的办法是在开展会计电算化的初期，先选择通用的商品化会计软件，因为这种方式投资少、见效快、易于成功。待会计电算化工作深入后，通用会计软件不能完全满足工作需要时，可以在通用会计软件基础上，企事业单位自己或会计软件公司与单位相结合，进行会计软件的再开发，以满足需要。

（二）选择通用会计软件应考虑的问题

目前，我国会计软件公司的发展已具备一定规模。商品化通用会计软件的不断开发、推广与使用，一方面极大地丰富了会计软件市场，给企事业单位在选择软件时以广阔的天地与机会；另一方面，也给企事业单位在选择会计软件时提出了一个难题，即怎样选择既符合国家法律政策与有关规定，又符合本单位实际需要与未来发展要求的软件？我们认为，企事业单位在选择会计软件时应主要从以下几个方面对会计软件进行认真的考查。

(1) 会计软件的行业特点

我国会计制度体系由会计总则与具体的各行业会计制度组成，企事业单位所在行业不同，会计核算的要求也有所不同。因此，各会计软件公司推出的会计软件也有不同的版本，如工业企业版、商品流通企业版、行政事业单位版、饮食旅游服务业版、交通运输企事业单位版、外商投资企事业单位版等。所以，企事业单位在选择会计软件时，首先应根据本单位所处行业选择适合本行业特点的会计软件。

(2) 会计核算与会计管理的特别需要

企事业单位选择的会计软件所提供的功能必须基本满足单位会计业务处理的要求，这是选择会计软件的关键。否则，购买的软件无法使用或不满足要求，不仅影响企事业单位会计工作的正常进行，而且造成资金的闲置与浪费。此外还应该分析商品化会计软件是否满足一些会计核算、会计管理的特殊要求（如外币核算、部门管理、项目管理、预算管理等）。如果一个会计软件既满足某企事业的日常会计核算要求，又能满足会计核算和会计管理的特殊要求，应首先选择该软件。

(3) 会计电算化工作发展的需要

随着社会主义市场经济的发展，企事业单位的会计工作发生重大变化，如经济业务的不断增加，会计组织机构的增减变更等。因此，要分析会计软件是否满足企事业单位发展的需要，是否能够进行相应的设置，满足经济业务增长的需要，满足会计组织的合并、分离等变更处理的需要等内容。

第三节　会计电算化管理制度的建立

实施会计电算化后，不仅使核算手段发生了重大变化，而且还改变了大量的手工管理习惯和方法，对单位管理的方法、程序、核算体系都产生了巨大影响。因此，在制订完实施计划，配置好计算机硬件、系统软件和会计软件后，下一步工作就是建立岗位责任制。

一、建立内部控制制度

内部控制制度是为了保护财产的安全、完整，保证会计及其他数据的正确、可靠，保证国家有关政策的执行，利用系统内部分工而产生相互联系的关系，形成一系列具有控制职能的方法、措施、程序的一种管理制度。内部控制制度是审计工作的重要依据，因此，建立一套有效的内部控制制度非常重要。

二、建立会计电算化岗位责任制

电算化会计信息系统建立之后，会计工作的一个重要内容就是财会人员利用系统提供的各种功能，及时、准确地进行会计核算，提供各种管理信息，更好地参与经营决策。因此，按照会计电算化的要求，对会计电算化人员进行管理，按照责、权、利相结合的原则，明确系统内各类人员的职责、权限，并尽量将其与各类人员的利益挂钩，建立、健全会计电算化岗位责任制。建立、健全会计电算化岗位责任制，一方面可以加强内部牵制，保护资金财产的安全；另一方面，可以提高会计电算化工作效率，充分发挥电算化会计信息系统的作用。

三、会计岗位的划分

会计电算化工作开展后，会计岗位可分为如下两类。

（一）基本会计岗位

基本会计岗位是指会计主管、出纳、财产物资核算、工资核算、成本核算、收入利润核算、资金核算、往来核算、总账报表等工作岗位。

（二）电算化岗位

电算化岗位是指直接管理、操作、维护计算机及会计软件系统的岗位。电算化岗位一般分为以下几种。

1. 系统管理员

负责计算机及会计软件系统的正常运行协调工作，要求具备会计和计算机知识，可由会计主管兼任。

1）负责电算化系统的日常管理工作，监督并保证本系统的正常运行，达到合法、安全、可靠、可审性的要求。在系统发生故障时，应及时到场，并组织有关人员尽快恢复正常运行。

2）协调本系统各类人员之间的工作关系。

3）负责计算机输出的账表、凭证的数据正确性和及时性检查工作。

4）负责本系统各有关资源（硬件资源和软件资源）的调用、修改和更新的审批手续。

5）负责对本系统各类人员的工作质量考评，提出任免意见。

6）完善企业现有管理制度，并制定岗位责任与经济责任考核制度。

2. 系统操作员

负责输入会计数据，处理会计数据和输出会计数据，要求具备会计知识和上机操作知识。

1）负责有关子系统的数据输入、数据备份和输出会计数据（包括打印输出账簿、报表）工作。

2）严格按照系统操作说明进行操作。

3）数据输入操作完毕，应进行自检核对工作，核对无误后交数据审核员复核。

4）对审核过的凭证及时记账，并打印出有关的账表，交有关人员审核。

5）每天数据操作结束后，应及时做好数据备份。

6）注意安全保密，各自的操作口令不得随意泄露，备份数据应妥善保管。

7）操作过程中发现问题，应记录故障情况并及时向系统管理员报告。

3. 凭证审核员

负责对原始凭证和记账凭证进行审核，以保证凭证的合法性、正确性和完整性。凭证审核员应由具备会计师以上职称的财会人员担任。

1）负责凭证的审核工作，包括对各类代码合法性、摘要规范性和数据正确性的审核。

2）将不真实、不合法、不完整、不规范的凭证退还给各有关人员更正修改后，再进行审核。

3）对不符合要求的凭证和输出的账表不予签章确认。

4. 系统维护员

负责保证计算机硬件、软件的正常运行，要求具备计算机知识；维护员一般不对实际会计数据进行操作。

1）定期检查软件、硬件的运行情况。

2）负责系统运行中软件、硬件故障的消除工作。

3）负责系统的安装和调试工作。

4）按规定程序实施软件完善性、适应性和正确性维护。

5. 会计档案资料保管员

负责存档数据软盘、程序软盘、输出的账表、凭证和各种会计档案资料的保管工作以及软盘、数据及资料的安全保密工作。

1）按会计档案管理的有关规定行使职权。

2）负责本系统各类数据软盘、系统软盘及各类账表、凭证、资料的存档保管工作。

3）做好各类数据、资料、凭证的安全保密工作，不得擅自出借。

4）按规定期限，向各类电算化岗位人员催交各种有关的软盘资料和账表、凭证等会计档案资料。

四、具体操作管理制度

建立电子计算机会计系统的运行环境，按规定录入数据，执行各自模块的运行操作，输出各类信息，做好系统内有关数据的备份及故障时的恢复工作，确保计算机系统的安全、有效、正常运行。

除此以外还要建立系统维护、机房管理及档案管理等方面的管理制度，以保证电算化工作的顺利进行。

思考及练习题

1. 如何建立一个完善的电算化会计信息系统？

2. 会计电算化岗位应如何设置？

第三章　我国电算化会计信息系统的作用及发展趋势

第一节　会计电算化的作用

会计电算化是会计发展史上的一次革命，与手工会计系统相比，不仅仅是处理工具的变化，在会计数据处理流程、处理方式、内部控制方式及组织机构等方面都与手工处理有许多不同之处，它的产生对会计理论与实务产生了重大的影响，对于提高会计核算的质量、促进会计职能转变、提高经济效益和加强国民经济宏观管理有十分重要的作用。

一、降低劳动强度，提高工作效率

在手工会计信息系统中，会计数据处理全部或主要是靠人工操作。因此，会计数据处理的效率低、错误多、工作量大。实现会计电算化后，只要把会计数据按规定的格式要求输入计算机，计算机便自动、高速、准确地完成数据的校验、加工、传递、存储、检索和输出工作。这样，不仅可以把广大财会人员从繁重的记账、算账、报账工作中解脱出来，而且由于计算机对数据的处理速度大大高于手工，因而也大大提高了会计工作的效率，使会计信息的提供更加及时。

二、全面、及时、准确地提供会计信息

在手工操作情况下，企业会计核算工作无论在信息的系统性、及时性还是准确性方面都难以适应经济管理的需要。实现会计电算化后，大量的会计信息可以得到及时、准确地输出，即可以根据管理需要，按年、季、月提供丰富的核算信息和分析信息，按日、时、分提供实时核算信息和分析信息。随着企业互联网的建立，会计信息系统中的数据可以迅速传递到企业的任何管理部门，使企业经营者能及时掌握企业自身的经济活动的最新情况和存在的问题，并采取相应措施。

三、提高会计人员素质，促进会计工作规范化

实现会计电算化后，原有会计人员一方面有更多的时间学习各种经营管理知识，参与企业管理；另一方面，还可以通过学习掌握计算机的有关知识，使得知识结构得以更新，素质不断提高。较好的会计基础和业务处理规范是实现会计电算化的前提条件，会计电算化的实施，在很大程度上促进了手工操作中不规范、易出错、易疏漏等问题的解决。因此，会计实现电算化的过程，也是促进会计工作标准化、制度化、规范化的过程。

四、促进会计职能的转变

实行会计电算化，无疑可以使广大财会人员从繁重的手工核算中解脱出来，降低劳动强

度，使其有更多的时间和精力参与经营管理。会计如果能真正发挥其管理、预测、决策以及控制功能，不仅需要丰富的内部财务会计信息，而且还需要丰富的外部信息，如世界经济信息、国家经济政策信息、实时金融信息、市场销售信息、物价变动信息、企业经营信息等。随着全球以国际互联网 Internet 为中心的计算机网络时代的到来，国际互联网作为正在日益扩大的世界最大网络已连通 150 多个国家和地区，用户数以千万计，而且国际互联网作为世界信息高速公路的基本框架，正成为连接未来信息化社会的桥梁，信息的使用者在地球的任何一个地方只需几秒钟即可以将会计信息系统的信息传递到另一个地方，又可以从不同的地方获取所需的会计信息和其他信息。计算机网络技术的发展和会计电算化网络系统的建立，实现了海内外数据共享和信息的快速传递，这恰恰能够满足部门管理、企业管理、行业管理、跨国公司管理对信息的需要。这将为财务管理人员、会计管理与分析人员、企业高层领导利用企业内部会计信息和外部信息进行管理、分析、预测和决策提供良好的机遇。

五、促进会计理论和技术的发展，推进会计管理制度的改革

电子计算机在会计实务中的应用，不仅仅是核算工具的变革，而且也必然会对会计核算的内容、方法、程序、对象等会计理论和技术产生影响，如由于会计电算化的实施，会计凭证的产生方式和存储方式的变化导致会计凭证概念的变更；由于账簿存储方式和处理方式的变化导致账簿的概念与分类的变化；由于内部控制和审计线索的变化导致审计程序的变化等，从而推进会计理论的研究和发展。

六、推动企业管理现代化

在现代社会中，企业不仅需要提高生产技术水平，而且还需要实现企业管理的现代化，提高企业经济效益，使企业在国内外的竞争中立于不败之地。会计工作是企业管理工作的一部分。据统计，会计信息约占企业管理信息的 60% ~70%，而且多是综合性的指标。实现电算化，就为企业管理手段现代化奠定了重要基础，就可以带动或加速企业管理现代化。

第二节　我国会计电算化发展的趋势

我国会计电算化起步比较晚，开始于 20 世纪 70 年代末 80 年代初。从近几年我国会计电算化的发展情况来看，我国的会计电算化有以下发展趋势。

1. 会计电算化普及程度将有很大提高

会计软件水平提高很快，一些专业软件公司的软件产品很受欢迎，为基层单位开展会计电算化工作准备了很好的前提条件。我国在今后几年将掀起会计电算化知识培训的热潮，并为全面普及会计电算化奠定人才基础，推动会计电算化的普及。

2. 会计电算化管理将更加规范

在前几年实践摸索的基础上，通过完善会计电算化管理体制，运用新的管理手段，进一步组织实施已有的管理办法。同时，制定符合我国会计电算化特点的计算机审计准则，研究会计电算化条件下的会计制度，使会计电算化管理工作更加规范化。

3. 商品化会计软件更加实用

自20世纪80年代末以来，我国会计软件得到了高速发展，一大批经财政部门评审的商品化会计核算软件投放市场，为企业实现会计电算化提供了丰富的软件。然而，我国目前大部分会计软件都是核算型会计软件，其主要特征表现为：①软件通用简易，即软件通用化程度高，易学易用，实施期短；②软件品种单一，即一套系统几乎在不同类型和规模的用户中使用；③功能不够完善，即大部分会计软件基本模仿手工会计处理过程，较少考虑会计的管理功能。这些问题在今后几年中将会逐步得到解决，商品化会计软件也会更加实用。

（1）会计软件向广度和深度发展

随着社会主义市场经济的发展，会计核算工作越来越细化，这就要求商品化会计软件在软件功能、系统结构、适用范围等方面向深度和广度发展。

（2）会计软件的功能体系向管理型发展

随着社会主义市场经济的发展，企业的财务活动也发生了重大的变化，企业的会计职能也从单一的核算型模式发展成为既有核算又有管理的综合型模式。要使企业在市场上充满活力，具有竞争力，就必须加强财务管理。目前，我国商品化会计核算软件发展比较成熟，一方面可以在现有的会计核算软件基础上，增加必要的管理功能，使其满足会计核算和会计管理的需要；另一方面，可以运用先进的技术开发管理工具和管理模型相结合的管理型财会软件，财务管理人员可以通过使用管理型财会软件，方便快捷地获取会计核算信息和管理所需的其他信息，运用财务管理模型和管理工具或应用管理工具建立管理模型进行管理、分析、预测和决策工作。

（3）会计软件向多元化发展

目前，我国财会软件大多为计算机上的核算软件，会计核算软件中比较成熟的功能模块主要有账务处理、工资核算、材料核算、固定资产核算和报表处理等模块，主要适用于中小型工业企业和事业单位的基本会计核算工作。为了适应不同规模用户、不同行业会计核算和管理的需要，我国会计软件将向多元化发展，即会计软件的多层次和多类型。会计软件的多层次，即会计软件的研制和生产单位应该根据自身的特点和能力，开发出适合中小型企业、大型企业以及跨国集团公司等不同规模企业的会计核算和会计管理软件；会计软件的多类型，即会计软件的研制和生产单位应该根据不同行业的特点，开发出适合制造业、商业、服务业、行政事业等不同会计核算和会计管理的软件。

4. 会计软件的标准更加成熟

经过多年实践的摸索，人们对会计电算化的规律有了更深入的了解，有利于形成更加科学、细致的标准。随着会计电算化的不断深入，人们越来越重视会计电算化的管理工作，会计制度将进一步完善，计算机审计准则不久将制定，这一切都将促进会计软件的标准走向成熟。

第三节　会计电算化的基本内容

从会计电算化发展过程来看，主要分为会计核算电算化和会计管理电算化两个阶段。

（一）会计核算电算化

这是会计电算化的第一个阶段，这个阶段主要包括以下内容。

1. 初始设置电算化

初始设置电算化包括设置会计科目、设置初始档案等。

2. 填制凭证电算化

有的会计核算软件要求财会人员手工填制好记账凭证，再由操作人员输入计算机；有的会计算软件要求财会人员根据原始凭证，直接在计算机屏幕上填制记账凭证；有的会计软件则要求财会人员直接将原始凭证输入电子计算机，再由计算机根据输入的原始凭证数据自动编制记账凭证。前两种方法比较接近，其区别只在一个是输入已经经过手工写好的记账凭证，一个是边输入边做记账凭证，但都是把所有的记账凭证输入计算机；而最后一种方法与前两种有很大的差别，它不是由人来做记账凭证。

3. 登记会计账簿电算化

会计电算化后，登记会计账簿一般分两个步骤进行：首先由计算机根据会计凭证自动登记机内账簿，然后将机内会计账簿打印输出。

4. 成本计算电算化

根据账簿记录，对经营过程中发生的采购费用、生产费用、销售费用和管理费用进行成本核算，是会计核算的一项重要任务。在会计软件中，成本计算是由计算机根据机内上述费用，按照会计制度规定的方法自动进行的。许多通用会计软件提供了多种成本计算的方法，供用户选用；定点开发会计软件提供的成本计算方法，则相对少一些。

5. 编制会计报表电算化

编制会计报表工作，在通用会计软件中都是由计算机自动进行的。一般都有一个可由用户自定义报表的报表生成功能模块，它可以定义报表的格式和数据来源等内容，这样无论报表如何变化也都可以适应。但是，在各个会计软件中，这个功能模块的开发水平有很大的差别，有的灵活性比较强，有的则比较差。

（二）会计管理电算化

会计管理电算化是在会计核算电算化的基础上，利用会计核算提供的数据和其他经济数据，借助计算机会计管理软件提供的功能，帮助会计管理人员合理地筹措资金、运用资金、控制成本费用开支、编制财务计划，辅助管理者进行投资、筹资、生产、销售决策分析等。

第四节　学习会计电算化过程中应注意的问题

会计电算化是会计与计算机相结合的产物，这就决定了会计电算化学科与其他会计学科的明显差别，只有掌握会计电算化课程的特点，才能提高学习效率。在学习会计电算化过程中，应该注意以下几个问题。

一、准备会计和计算机基本知识

会计电算化课程是在学生已经学习过会计和计算机的基本知识之后才能开始学的一门学科。如果由于各种原因，会计基本知识和计算机基本知识没有很好地掌握的话，就应该复习和准备有关的基本知识。在学习会计电算化之前，要求掌握初级会计、财务会计、管理会计等理论和实践知识，熟悉新的会计制度，掌握计算机的基本工作原理、计算机的组成、计算机软件、计算机硬件使用等，这是学好会计电算化的最基本前提。

二、准备会计电算化的软件和硬件环境

在学习会计电算化理论的同时，还要通过大量的上机练习，才能保证达到会计电算化课程的教学目标。为此，在学习会计电算化之前，要准备好会计电算化所需的软件和硬件环境。

（一）硬件环境的准备

硬件环境的准备主要包括计算机、打印机、网络等设备的安装与调试。根据会计电算化教学的需要，预先调试计算机，联通网络，并保证计算机运行的稳定，是完成会计电算化教学工作的重要前提。

（二）软件环境的准备

软件环境的准备包括软件的选择与安装调试。

1. 会计软件的选择

上机实验是指应用会计软件完成账务处理（凭证录入、凭证审核、记账簿的查询和输出）、会计报表的编制、工资核算、材料核算等工作。上机实验会计软件的好与坏，也会影响会计电算化知识的学习。

2. 软件的安装与调试

目前教学用会计软件较多，其所需的软件环境不尽相同。所以，根据所选的会计软件要求，安装操作系统（如 Dos、Windows、Unix 等）、数据库系统（如 Foxpro、Access、Sybase

等）等软件后，再安装会计软件和有关的应用软件。

三、合理安排理论教学与上机实验的时间

会计电算化是一门新兴的边缘学科，和以往的会计学科相比，其实验性更强，对实验环境的要求也更高。所以，合理地安排理论教学与上机实验是十分重要的。

四、认真理解电算化信息系统中的会计数据处理过程

在学习电算化会计信息系统的基本原理时，要理解会计数据在计算机中怎样被输入、加工以及输出；在学习每一个具体子系统时（如账务处理子系统、工资核算子系统、固定资产核算子系统等），要理解和掌握各子系统的功能和特点，分析手工业务处理流程和计算机业务处理流程的异同，并了解在计算机中各个子系统间的直接数据传递关系等。

思考及练习题

1. 简述我国电算化的发展趋势。
2. 简述电算化的基本内容。

第二部分

商品化财务软件的运用

第四章 用友教学软件系统

由于用友财务软件目前在市场上应用面较广，在同类财务软件中开发得也比较成熟，所以本书选用了用友 U8（V8. 50）版本作为蓝本。

第一节 软件的安装步骤及说明

用友教学软件是用友软件股份有限公司根据我国企业管理信息化的实际需求而研发的管理及教学软件，主要面向全国专业技术人员计算机应用水平考试、全国计算机信息高新技术考试、用友 ERP 认证相关模块、管理信息系统、企业信息系统应用、会计信息系统应用等课程教学及练习环节，适用于各类院校的经济管理、信息、计算机、会计、电子商务等专业实训教学使用。

由于该教学软件基于企业最新实际应用环境出发，所以对于安装环境及安装顺序有一定要求。为了避免教学过程中出现软件安装及使用的基础问题，请在安装软件前仔细阅读安装说明。

（一）安装前的准备事项

1）请对照光盘“用友合作”文件夹下的“用友 ERP 简介”文件中的“二、用友 ERP-U8应用的系统运行环境”部分所描述的配置准备环境。

2）安装时操作系统所在的磁盘分区剩余磁盘空间必须大于 500 MB。

3）安装 SQL 数据库环境。

4）关闭杀毒软件。

（二）SQL 安装简要步骤及说明

用友教学软件需要 SQL 数据库支持。因此，在安装用友教学软件前应先准备好 SQL 数据库环境。如果计算机上已经装有 SQL Server 2000，则可以直接安装用友教学软件系统；如果没有，建议安装数据库 SQL Server 2000 个人版，此版在多个操作系统上适用。要注意记好 SA 密码。安装完成后，重启系统，并启动 SQL Server 服务管理器。

如果没有 SQL Server 2000 个人版，可以直接安装光盘的“ERP-U8 安装”→“MSDE 2000 安装”文件夹中的 MSDE 2000 数据库简装版（该版本对未知的 SA 密码无法清除）。

下面以安装 MSDE 2000 为例说明数据库安装的简要步骤。

1）运行安装盘的“ERP-U8 安装”→“MSDE 2000 安装”文件夹中的“MSDEStp2000. exe”文件。

2）在安装程序界面中选择“安装 MSDE 数据库”选项。

3）安装完毕重新启动计算机，并启动 SQL Server 服务管理器，准备安装用友教学软件系统（详见“安装简要步骤”部分）。

注意：由于用友 ERP-U8 是一个企业资源计划系统，涉及企业整体财务与业务的管理工作，因此对系统的安全性要求比较高，其相应的数据库环境和安装设置也比以往的教学版本复杂。教学过程中，建议不要修改 SA 密码和系统管理员 admin 的密码，以免遗忘密码，影响正常教学。

如果计算机中已安装 SQL Server 数据库系统，则安装用友教学软件系统后，系统提示要求输入的 SA 密码与原 SQL Server 数据库系统 SA 密码相同。如果是第一次安装数据库系统，则系统默认 SA 密码为空。当 SA 密码被他人修改或遗忘无法修改时，可以先安装 SQL Server 2000，在 SQL Server 2000 中选择【企业管理器】→【SQL Server 组】→【安全性】→【登录】下的 SA 并双击，删除 SQL Server 身份验证中的密码，然后重新设置即可。

（三）演示账套安装简要步骤及说明

为方便用户了解用友教学软件的主要功能，用友教学软件中包含 999 和 998 两个演示账套。为了节省硬盘空间，用友教学软件系统将两个演示账套的压缩备份文件分别存储在用友教学软件安装路径（系统默认为“U8SOFT”目录）下的 DEMO999 和 DEMO998 目录中。如果需要使用演示账套，则启动【开始】→【程序】→【用友 ERP-U8】→【系统服务】下的【系统管理】程序，以系统管理员 admin 身份注册（系统默认口令为空），单击【账套】下的【引入】选项，选择相应的账套备份文件 UFErpAct. lst 进行演示账套引入系统操作。

（四）安装简要步骤

1. 安装模式

用友 ERP-U8 应用系统采用三层架构体系，即逻辑上分为数据库服务器、应用服务器和客户端。

（1）单机应用模式

将数据库服务器、应用服务器和客户端安装在一台计算机上。

（2）网络应用模式但只有一台服务器

将数据库服务器和应用服务器安装在一台计算机上，而将客户端安装在另一台计算机上。

（3）网络应用模式且有两台服务器

将数据库服务器、应用服务器和客户端分别安装在三台不同的计算机上。

2. 安装步骤

这里介绍第一种安装模式的安装步骤。建议学生采用此种安装模式。

1）运行安装光盘的“ERP-U8 安装”文件夹中的“Setup. exe”。

2）在安装欢迎界面中单击【下一步】按钮，如图 4－1 所示。

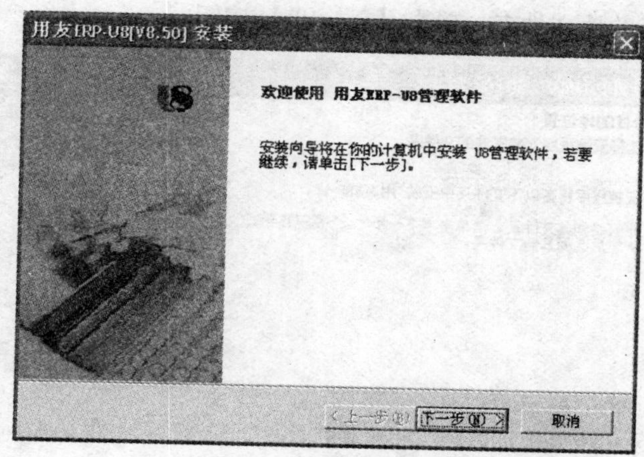

图4－1　欢迎界面

3）如果同意许可协议，单击【是】按钮，如图4－2所示。

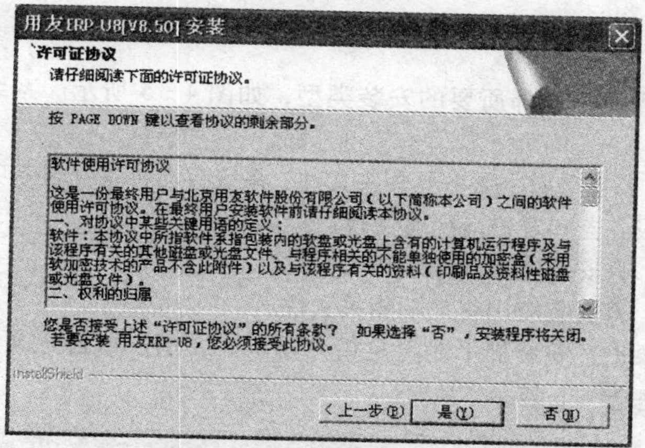

图4－2　软件使用许可协议

4）输入用户名和公司名称，单击【下一步】按钮，如图4－3所示。

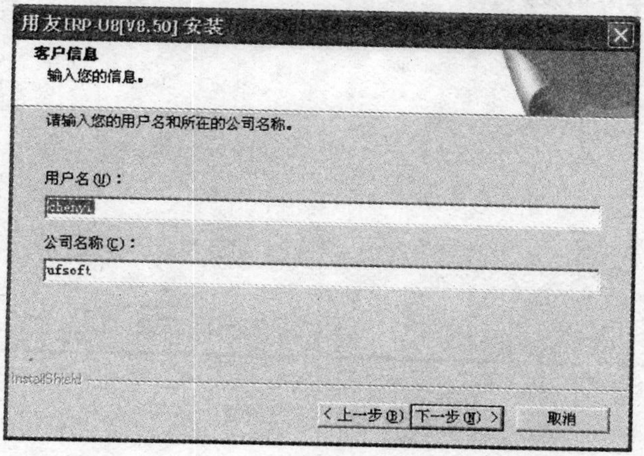

图4－3　客户信息

5）选择安装的目的地文件夹，单击【下一步】按钮。

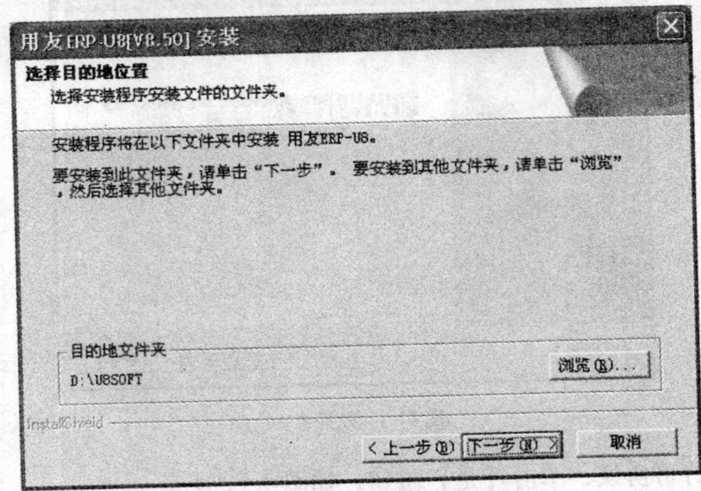

图4-4 选择目的地位置

6）在安装类型界面中选择所要的安装类型，如图4-5所示。系统提供了5种安装类型，分别如下。

① 数据服务器：只安装数据服务器相关文件。系统自动将系统服务功能安装在此机器上。

② 完全：安装服务器和客户端所有文件。

③ 应用服务端：只安装应用服务端相关文件。

④ 应用客户端：只安装应用客户端相关文件。

⑤ 自定义：如果上述安装都不能满足用户要求时，用户可自定义选择安装产品。此种安装模式要选择“完全”安装。

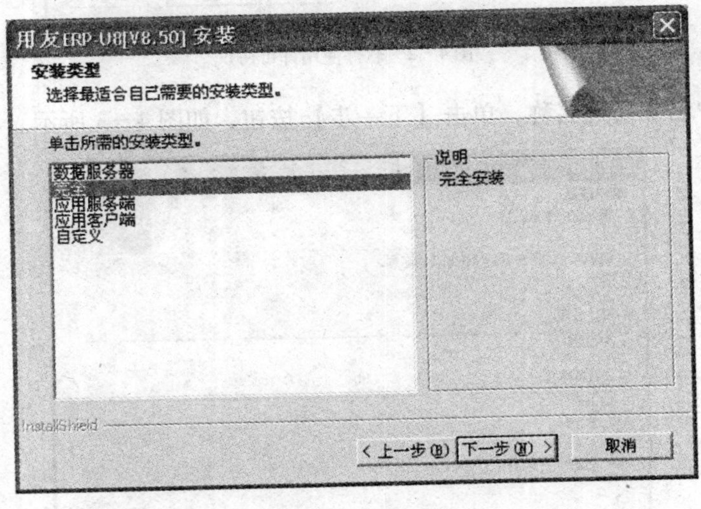

图4-5 安装类型

● 安装类型为“应用服务端”时如图4-6所示。

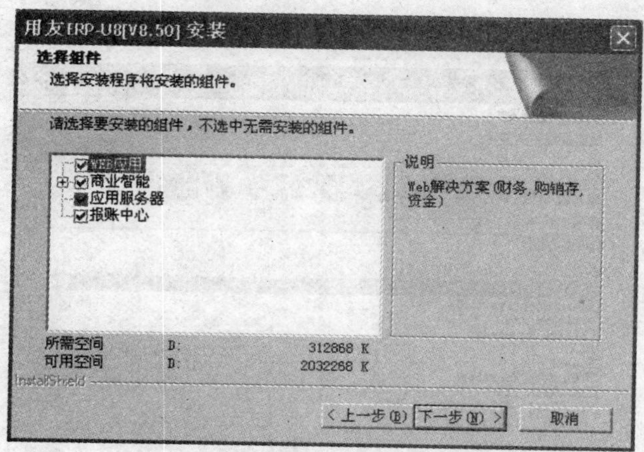

图 4-6　应用服务端

- 安装类型为“应用客户端”时如图 4-7 所示。

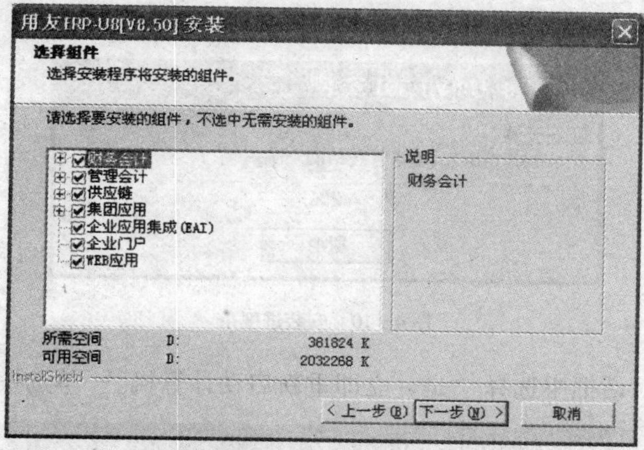

图 4-7　应用客户端

- 安装类型为“自定义”时如图 4-8 所示。

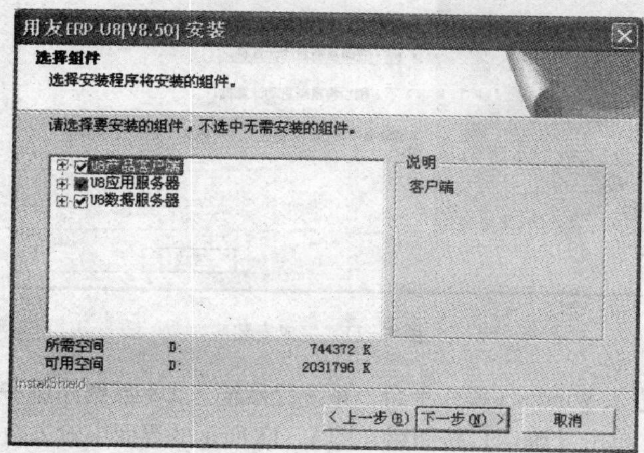

图 4-8　自定义

7）定义程序文件夹名称，如图 4－9 所示。

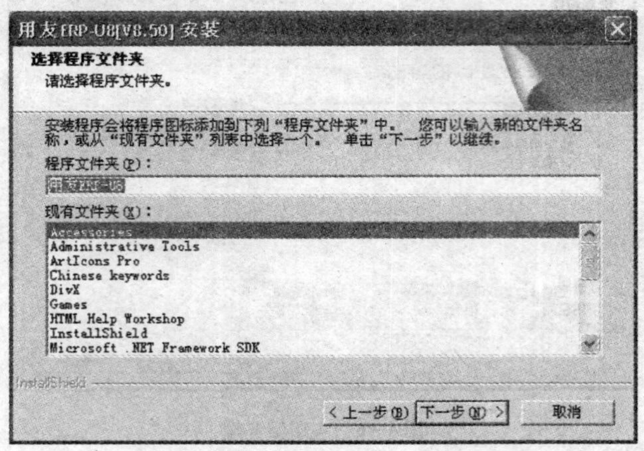

图 4－9　定义文件夹名称

8）各产品文件的安装过程进度条如图 4－10 所示。

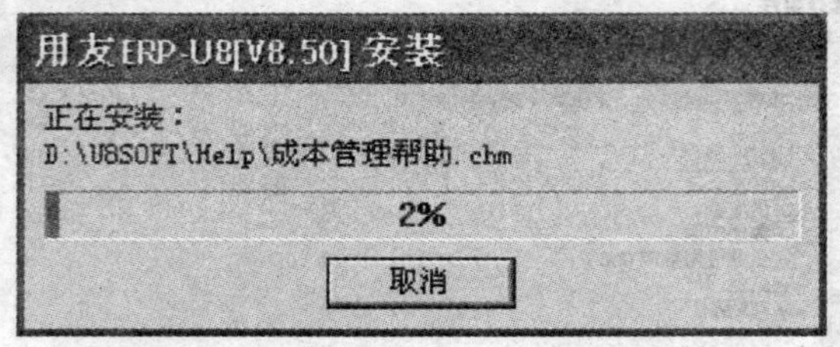

图 4－10　安装进度条

9）在安装完成对话框中选择“是，立即重新启动计算机。”单选按钮，如图 4-11 所示。

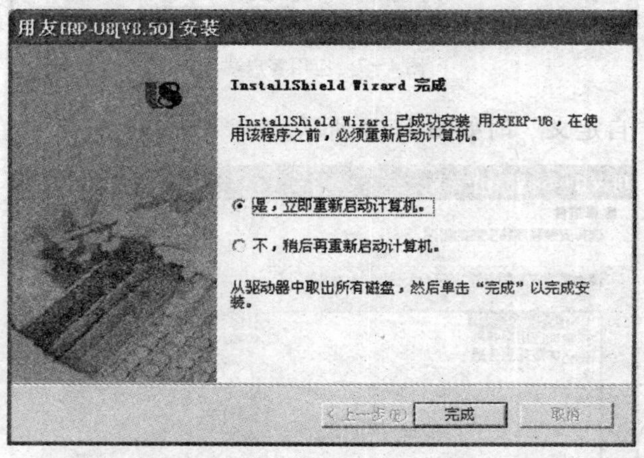

图 4－11　完成安装

重新启动计算机进入 Windows 操作平台，系统提示输入 U8 数据库服务器和数据库管理员密码，如图 4－12 所示。单击【确定】按钮后在图 4－13 所示的界面中输入数据库服务器名称和 SA 密码（此处输入安装数据库时输入的 SA 密码，如果计算机中以前已经安装 SQL 数据库并设置 SA

密码，则输入以前的SA密码；若首次安装，系统默认SA密码为空）。如果安装成功，在右下角任务栏显示，表示SQL Sever服务管理器安装成功，显示表示U8服务管理器安装成功。

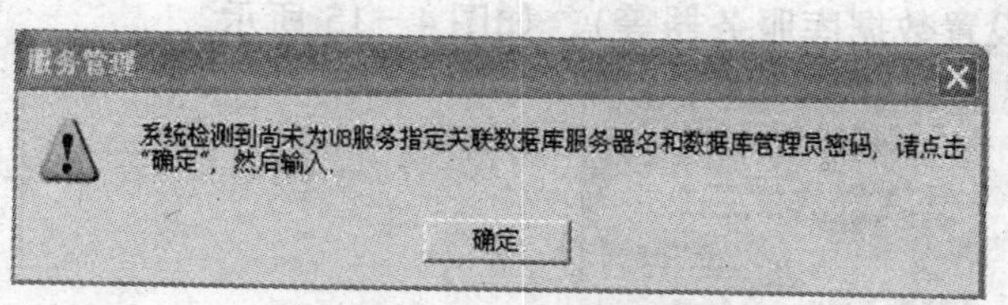

图4－12　提示输入管理员密码

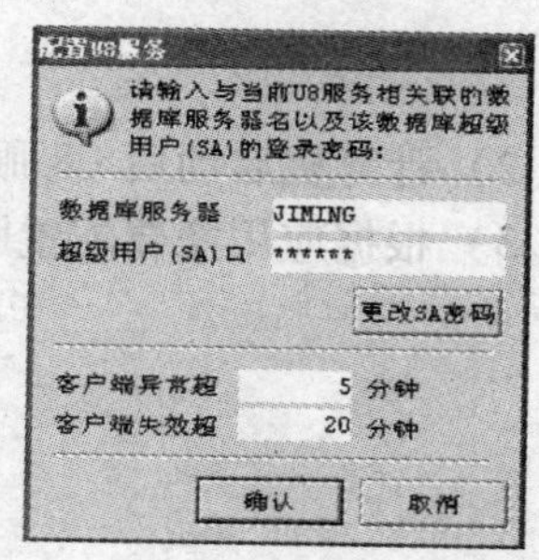

图4－13　输入服务器名称和SA密码

第二节　常见问题及解决方法

（一）安装中的常见问题及解决办法（见表4－1）

表4－1　常见问题及解决方法

环　境	现　象	说明及解决办法
Windows 9x Winnt 4.0 Windows 2000 Windows XP	文件拒绝访问	该问题往往是由于查毒软件的实时监控造成，请关掉查毒软件的实时监控功能，并重新启动计算机
Winnt 4.0 Windows 2000 Windows XP	建立IIS虚拟目录不成功	IIS建立不正确，检查IIS及其相关的组件是否正确
Windows 9x Winnt 4.0 Windows 2000 Windows XP +SQL Server 7.0	Analysismethodcom.dll、Indexcom.dll、Pscmcom.dll、Sendemail.dll、Topiccom.dll等控件没有正确注册 有些文件没有覆盖	管理驾驶舱操作系统只支持Windows NT和Windows 2000 Server（advandce Server） 数据库只支持SQL Server 2000标准版以上 没有使用管理驾驶舱可以不管这些文件 1. 检查是否有系统在运行，有的话退出后再安装 2. 检查操作系统的系统目录下的DLLCache子目录是否存在相同的旧文件，存在应删除再安装 3. IIS中U8 Web相关程序没退出，重新启动计算机或重新启动IIS服务

（二）产品安装后系统初始的常见问题

安装后的必要步骤说明如下。

1）产品安装完成后必须选择重新启动计算机，重新启动后在右下角能看到U8服务的图标，如图4－14所示。

图 4-14　安装完成后 U8 服务的图标

2）计算机启动后 U8 服务管理器会自动运行。

3）根据应用需要配置服务（设置数据库服务器等），如图 4-15 所示。

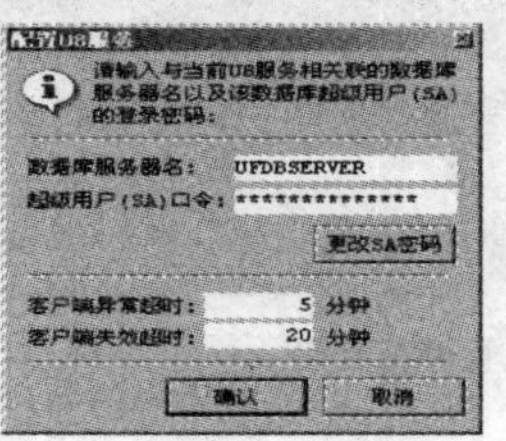

4-15　配置 U8 服务器

4）在数据库服务器端运行系统管理进行建账或用户权限等操作。

常见问题如表 4-2 所示。

表 4-2　系统管理的常见问题及解决办法

现　象	说明及解决办法
配置数据库服务器后确定，提示连接数据库失败	检查所指定的数据库服务器的 SQL Server 是否正常
客户端登录时提示：不能登录到服务器［…］请检查 U8 管理服务是否已启动	检查客户端机器与服务端机器的网络连接是否正常（可使用 Ping 命令测试）
配置数据库服务器后确定，提示数据库 SA 登录失败	检查 SQL Server 安装时是不是选择的混合登录模式，在企业管理器中选择相应的注册，编辑其注册属性，选择使用 SQL Server 身份验证
如果将 U8 与生产制造 U8 的数据库服务器混装在一台服务器上的时候，U8 无法正常运行	数据库使用 SQL 2000，按默认安装方式安装数据库用于 U8，然后安装一个新的数据库实例，使用二进制排序方式用于安装生产制造 U8 的数据库服务器
将 U8 与生产制造 U8 的数据库服务器安装在同一机器上时，U8 或生产制造 U8 的数据库服务器不能正常工作	如将 U8 与生产制造 U8 的数据库服务器安装在同一机器上，请安装完 U8 后，安装生产制造 U8 的数据库服务器，或安装完数据库服务器后，修复 U8

（三）产品维护（修改、修复、卸载）的常见问题

运行操作系统的控制面板或安装盘的 Setup. exe，可对产品进行维护。

常见问题如表 4-3 所示。

表4－3　产品维护的常见问题及解决办法

现　象	说明及解决办法
文件无法卸载	检查产品是否正在运行
Analysismethodcom. dll、Indexcom. dll、Pscmcom. dll、Sendemail. dll、Topiccom. dll 等控件没有正确注册	由于这些控件在安装时未正确注册
当产品使用中发生异常断电等事故后，重新启动计算机时 SQL Server 会自动进行数据库恢复，如果此时打开了查毒软件的实时监控功能，由于查毒软件会锁定文件，就会造成数据库无法恢复，数据丢失	关闭查毒的实时监控功能

（四）产品加密狗的常见问题

1）U8 产品支持并口和 USB 口的加密狗。

2）产品安装后，计算机中如果还存在 U8 以前的版本，则以前版本可能不能正常运行。

3）如果使用通狗，请到支持网站上下载加密狗驱动程序并安装。

常见问题如表4－4所示。

表4－4　产品加密狗的常见问题

现　象	说明及解决办法
插入加密狗，运行产品时提示演示版	检查并口或 USB 口是否损坏；检查加密狗是否为 U8 的加密狗 使用服务管理器测试加密狗的正确性
产品正在运行时插入 USB 加密狗，登录时检查不到加密狗	退出产品后重新启动 U8 服务

第五章　系统管理与基础设置

学习目标： 掌握用友 U8 管理软件中系统管理的相关内容，理解系统管理在整个系统中的作用及基础设置的重要性。

重点与难点： 建立企业核算账套、进行系统启用、增加操作员及权限设置、修改账套参数、备份及恢复账套数据。

用友 U850 财务软件是由若干个子系统组成的，各个子系统彼此相对独立又具有紧密的联系，通常需要它们具备公用的基础信息、拥有相同的账套和年度账，业务数据要共用一个数据库。因此，系统管理模块的主要功能就是对财务管理软件的各个功能模块进行统一管理。

第一节　系统管理

一、账套管理

在运行其他系统模块之前，首先要为该使用单位建立一个新的账套。在账套建立之后，有些信息如果发生变化，则需要修改账套。为了账套数据的安全，日常管理时要经常进行数据备份。

（一）建立账套

每个独立核算的企业都拥有一套完整的账簿体系，把这样一套完整的账簿体系建立在计算机系统中就称为一个账套。账套实际上就是相互关联的账务数据构成的数据文件。企业可以为每一个独立核算的下级单位建立一个账套。换句话说，在会计信息系统中，可以为多个企业分别建账，且各账套数据之间相互独立，使资源得以最大程度地利用。

具体操作：用户安装好系统后，以系统管理员（admin）的身份注册登录，如图 5－1 和图 5－2 所示。

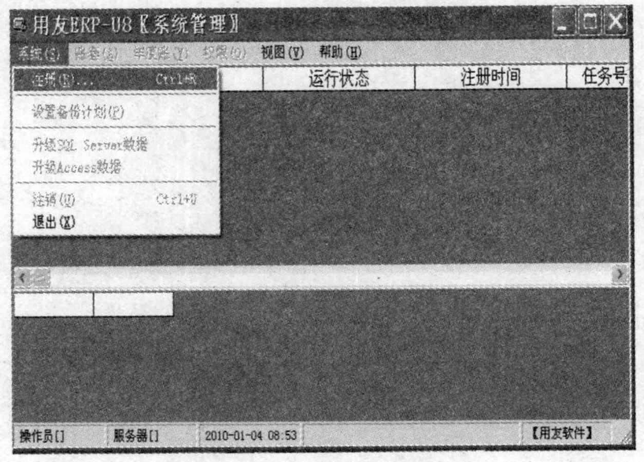

图 5－1　系统管理员注册窗口

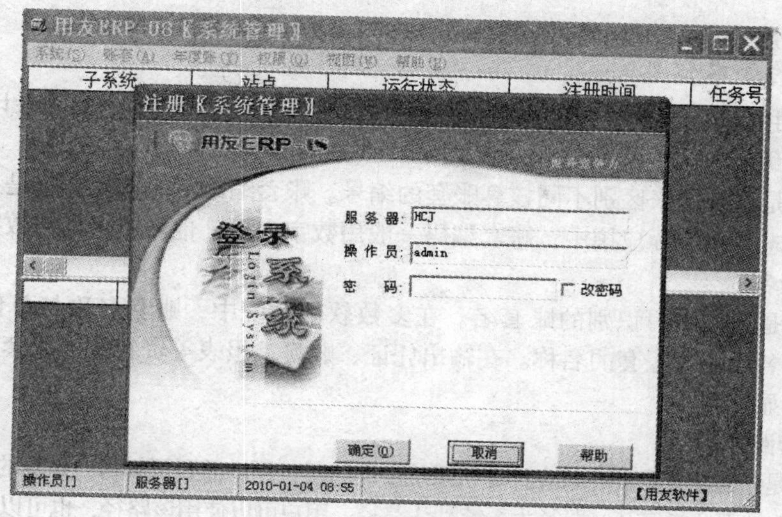

图5-2　系统管理员登录窗口

系统管理只允许以两种身份登录：① 以系统管理员的身份登录，可以进行账套的建立、引入和输出，设置用户及权限，指定账套主管，设置和修改用户的密码，清除异常任务等；② 以账套主管的身份登录，可以进行账套的修改、对年度账的管理及系统的启用等。

以系统管理员身份登录以后，可在【账套】菜单下创建账套，如图5-3所示。

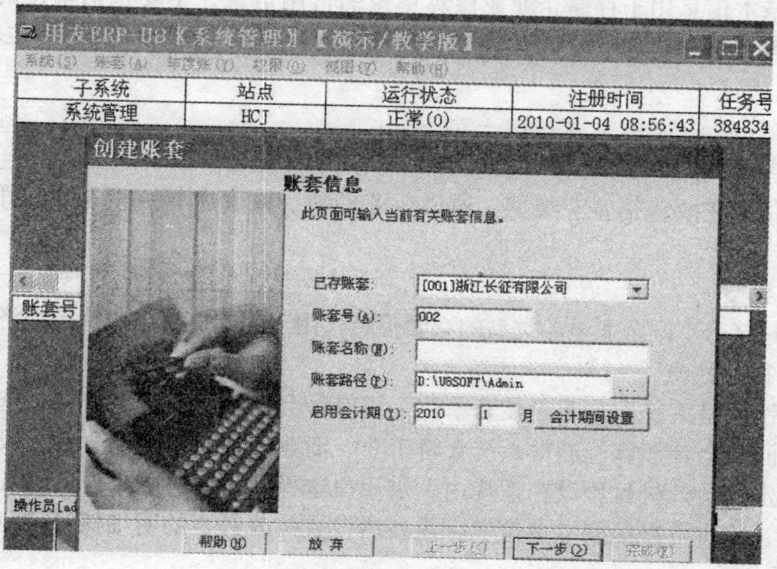

图5-3　建账窗口

根据企业的具体情况设置基础参数，软件将按照这些基础参数自动建立一套“账”，而系统的数据输入、处理、输出的内容和形式就是由账套基础参数决定的，账套参数主要包括以下内容。

1. 账套的基本信息

账套信息主要包括账套编码（或称账套号）、账套名称、账套路径、启用会计期等内容。

（1）账套编码

账套编码是系统用来区别不同核算账套的编号。账套编码不能重复，它是系统识别不同账套的唯一标志。在实际应用中，账套编码一般用数字表示，也可用字母与数字混合表示。

（2）账套名称

账套名称是指供用户识别的账套名。在多数软件系统中，账套名称与单位名称是一致的，即以单位名称作为账套的名称。在输出凭证、账簿、报表等资料时，账套名通常会被打印在资料的明显位置。

（3）账套路径

账套路径是新建账套所要存放在计算机系统中的路径，用户需要了解每一账套的数据存放位置。一般通用会计软件都会指定某一路径为系统默认路径，用户可以使用该路径，也可以另选其他路径。

（4）启用会计期

启用会计期表示新建的账套开始使用的日期，通常是指定某一会计期间。有的软件要求确认启用月份，系统默认为当前的计算机系统时间。用户可以修改启用日期，但账套被正式启用后，账套启用日期就不能再修改了。

2. 核算单位基本信息

核算单位基本信息用于存储企业或核算单位的常用信息，主要包括单位的名称、简称、地址、邮政编码、法人代表、电话、传真、税号、营业执照号码等。其中单位名称及简称是系统必要信息。

3. 账套核算信息

账套核算信息主要包括企业类型、所属行业性质、账套主管、记账本位币、编码方案、数据精度等。

（1）企业类型

企业类型是区分不同企业业务类型的必要信息，用于明确核算单位特定经济业务的类型。

（2）所属行业性质

所属行业性质是系统用来明确核算单位采用何种会计制度的重要信息。选择不同的行业性质，执行不同的会计核算。通常系统会将工业、商业、交通运输、金融、股份制等现行行业会计制度规定的会计科目预设在系统内，供用户选择使用。一般来说，预置会计科目只有一级会计科目，用户可以根据本单位实际需要增设或修改必要的明细核算科目。

（3）账套主管

账套主管是系统指定的本账套的负责人，一般就是核算单位的会计主管。设置账套主管是为了便于对该账套的管理，明确会计核算人员的职责和权利。

（4）记账本位币

记账本位币是核算单位按照会计法规要求采用的记账本位币名称，通常系统默认的记账本位币为人民币。如果需要进行外币核算，在账务处理系统中还要确定币种以及相应的汇率。

（5）编码方案

编码方案是指设置编码的级次方案。为了便于识别和统计数据，软件通常将重要核算信息进行编码。编码级次和各级编码长度的设置，取决于核算单位经济业务的复杂程度和分级核算、统计、管理的要求以及软件所固有的数据结构要求。

（6）基础信息分类选择

基础信息分类选择是指确认对某些要素进行核算时是否对这些信息进行分类以及如何进行分类的设置。如果一个单位的规模比较大，经常接触很多供应商、客户，同时也会有许多品种的存货，而对这些信息进行合理的分类与处理将有助于企业提高管理水平和工作效率。

（7）数据精度

数据精度是指定义数据的保留小数位数。在会计核算过程中，多数时候都要求对核算数据进行小数保留位数的取舍。定义主要数量、金额的数据精度有助于计算机系统在数据处理过程中，对数据的小数位数进行取舍，从而保证数据处理的一贯性。

（二）修改账套

当账套建立完成后，需要修改一些参数，或要查看账套信息，可通过修改功能来完成。通常只有账套主管才有权进行账套信息的修改。

具体操作：以该账套的账套主管的身份注册登录，如图5-4所示。单击【修改】命令即可对一些账套信息进行修改。

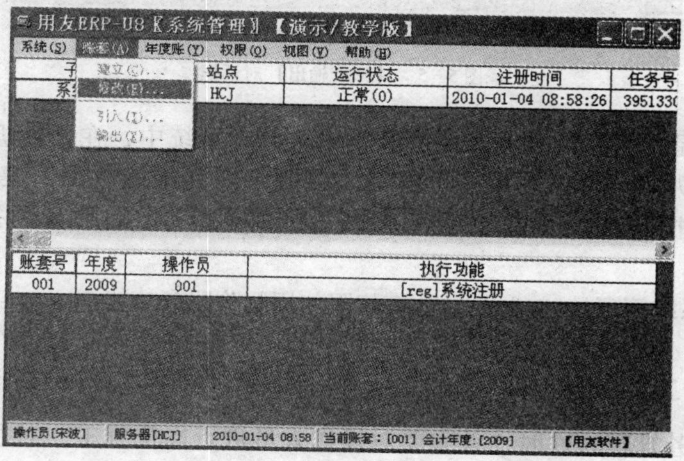

图5-4　【修改账套】窗口

注意：

1）只有账套主管才有权限修改相应的账套信息。

2）账套开始运行后，强行修改账套已经使用的参数信息，有可能会造成数据库混乱。

新建账套在没有设置操作员之前，可以用默认的账套主管进入系统管理界面进行账套信息的修改。系统默认的账套主管有demo、SYSTEM、UFSOFT。企业在新建账套时已在

demo、SYSTEM 和 UFSOFT 之间进行了相应的选择。

（三）账套的输出和引入

账套的输出就是将系统产生的数据备份到硬盘、软盘等存储介质上保存起来，也称为财务数据的备份。账套输出的目的就是要长期保存财务数据，防止意外事故等造成数据的丢失，给财务工作带来不便。在账套输出的同时，如果系统不需要继续保留该账套时，还可以把该账套删除。

具体操作：以系统管理员（admin）身份注册后，打开【账套】下的【输出】菜单，单击【确认】按扭后备份至硬盘，如图 5－5 所示。

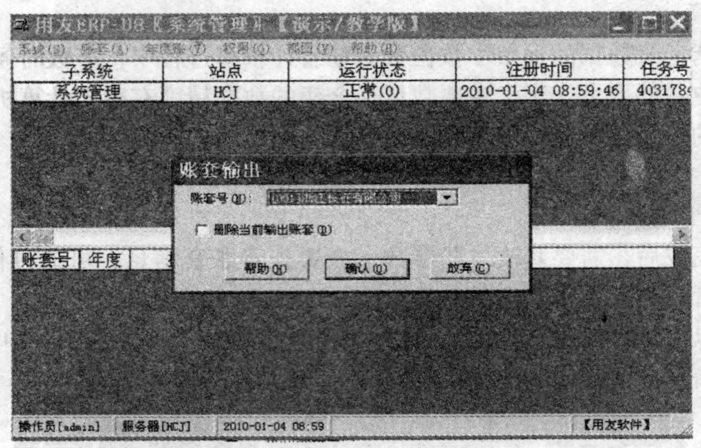

图 5－5　【账套输出】对话框

账套的引入是指将系统外的某账套数据引入到本系统中，在计算机系统出现故障等造成系统数据丢失时，可以利用账套的引入功能来恢复系统数据。集团公司还可以将子公司的账套数据定期引入到总公司系统中，来进行有关账套数据的分析和合并工作。

注意：只有系统管理员（admin）才有权限使用删除账套功能。

二、财务分工

实施企业财务管理软件时，首先要对操作人员进行岗位分工，对指定的操作人员的使用权限进行明确规定，实行权限控制，以避免无关人员对系统进行错误或恶意操作，同时也可以对系统所包括的各个功能模块的操作进行协调，从而保证整个系统和会计数据的安全性和保密性。财务分工的工作包括设置操作员和为操作员分配操作权限两部分内容。

（一）设置角色

角色也可以理解为一个具体的岗位。

具体操作：在【权限】菜单下点击【角色】，出现如图 5－6 所示的界面。

角色ID	角色名称	备注
DATA-MANAGER	账套主管	
DECISION-001	CEO	
DECISION-FI1	财务总监（CFO）	
DECISION-LO1	物流总监	
MANAGER-EM01	企管科主管	
MANAGER-FI01	财务主管	
MANAGER-HR01	人力资源部主管	
MANAGER-MM01	物料计划主管	
MANAGER-PU01	采购主管	
MANAGER-PU01	采购主管	
MANAGER-QA01	质量主管	
MANAGER-SA01	销售主管	
MANAGER-ST01	仓库主管	
OPER-EM-0001	企管科文员	
OPER-FI-0001	会计主管	
OPER-FI-0002	总账会计	
OPER-FI-0011	应收会计	
OPER-FI-0012	应付会计	
OPER-FI-0021	成本会计	
OPER-FI-0022	成本核算员	

图 5－6　【角色管理】界面

使用界面上的【增加】、【修改】和【删除】按钮可以完成相应的操作。

（二）设置用户

用户即为具体的操作员。账套主管可以根据需要增加必要的用户，也可以修改或删除用户，但所设置的用户一旦以其身份进入过系统，便不能够再对其进行修改或删除。

在增加用户时，必须明确如下用户的特征信息。

1）用户编号，即用来标识用户的编号，用户编号不允许重复。

2）用户姓名，设置用户的姓名全称。

3）用户所属部门，用户所在的部门名称。

4）用户口令，是用户登录系统时的口令。

具体操作：在【权限】菜单下单击【角色】命令，出现如图 5－7 所示的界面。

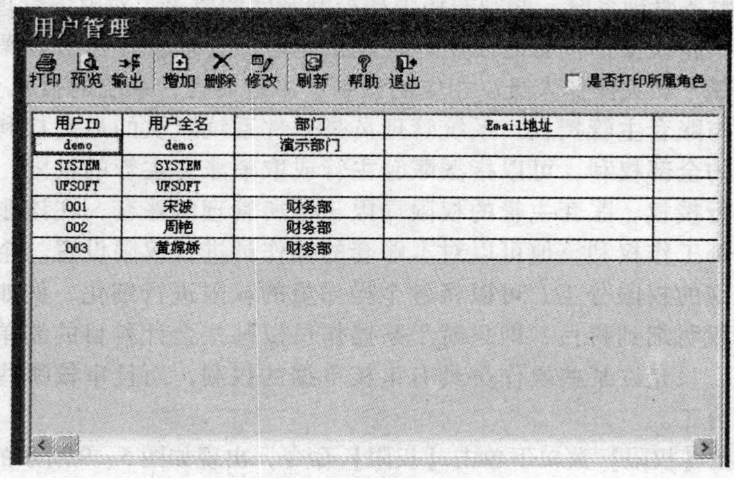

用户ID	用户全名	部门	Email地址
demo	demo	演示部门	
SYSTEM	SYSTEM		
UFSOFT	UFSOFT		
001	宋波	财务部	
002	周艳	财务部	
003	黄辉娇	财务部	

图 5－7　【用户管理】界面

单击【增加】按钮，可以增加一个用户，如图5－8所示。

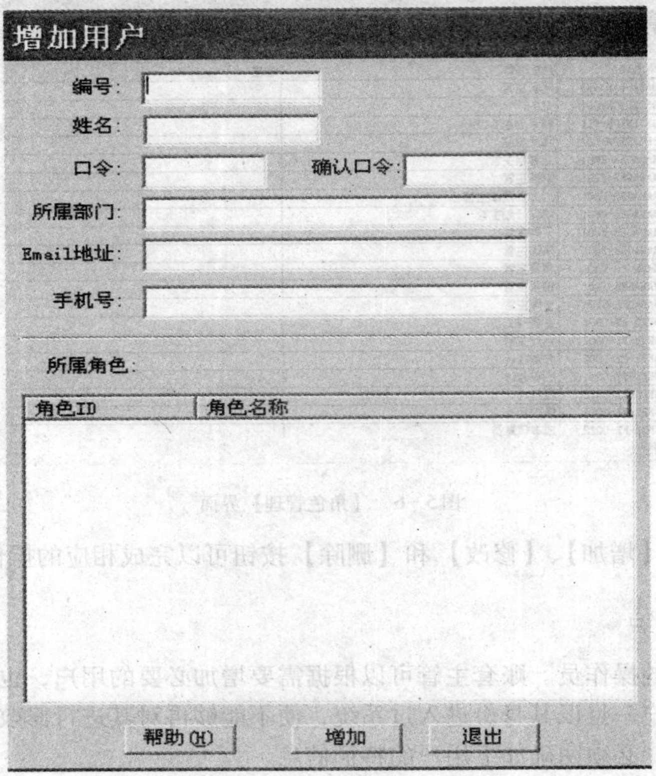

增加用户

编号：

姓名：

口令：　确认口令：

所属部门：

Email地址：

手机号：

所属角色：

角色ID	角色名称

帮助(H)　增加　退出

图5－8　【增加用户】对话框

也可以使用【修改】和【删除】按钮完成相应的操作。

（三）设置用户权限

一个企业的财务管理系统，必须按照内部控制制度的要求，对财务管理人员进行严格的岗位分工，严禁越权操作行为的发生。因此企业财务管理软件要求对操作员的权限进行限制，由系统赋予相关操作人员以相应的权利。一般而言，系统的授权分为两个层次，即系统理员授权与账套主管授权。系统管理员是软件系统默认的最高权利执行者，他拥有执行软件系统的全部权利，可以指派账套主管或取消账套主管的权限，也可以对各个账套的操作员进行授权。账套主管的权限局限于他所管理的账套，在该账套内，账套主管被默认拥有全部工作权利，他可以对本账套的操作员进行权限设置。企业财务管理软件通常都具有较细的权限分工，可以将各个操作员的权限进行细化。例如，某些软件将财务模块的制单权明细到科目，即只赋予某操作员以某些会计科目的制单权；还有的将审核权进行细化，只允许某些操作员具有审核单据的权利，而且审核哪些操作员的单据都有明确的权限分工。

具体操作：在【权限】菜单下单击【权限】命令，出现如图5－9所示的界面。

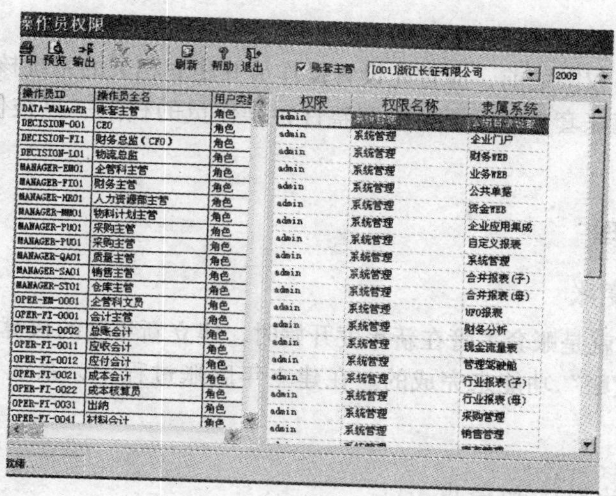

图5－9　【操作员权限】界面

1．账套主管的设定或取消

一般的企业财务管理软件限定，只有系统管理员才有权进行账套主管的设置。在设定账套主管时，应首先选定作为账套主管的用户（如果是新的用户，应先行设置操作员），然后选择相应的账套，选中账套主管，或者是在相应账套的选项内，选取作为账套主管的用户。取消账套主管的操作是去掉该账套主管的选中标记。有些软件允许一个账套指定多个账套主管。

由于一般软件系统默认账套主管拥有该账套的全部权限，因此对账套主管而言，只有设定或取消其资格的操作，而无须进一步明确具体权限。

2．一般用户权限的增加或删除

对于非账套主管的用户而言，通常由账套主管对其设置权限。

具体操作：选中要给予权限的用户，单击【修改】按钮弹出【增加和调整权限】对话框，从中选取赋予该操作员的权限选项即可。取消某操作员的权限，只需单击【删除】按钮弹出【增加和调整权限】对话框，取消其相应的权限即可。如图5－10所示。

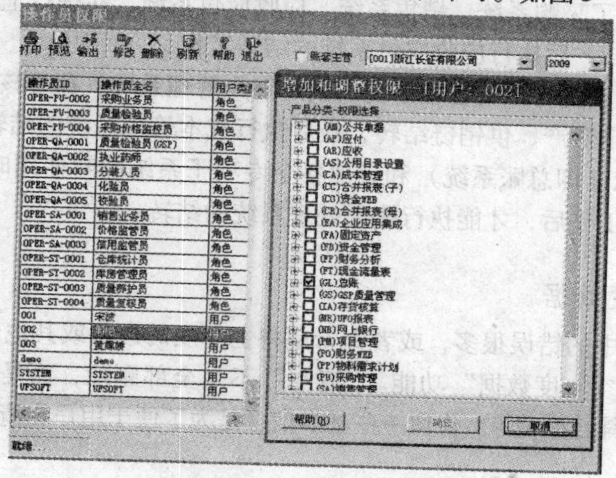

图5－10　【增加和调整权限】对话框

注意：

1）在设置操作员权限之前，应首先设置操作员并建立相关的系统核算账套。

2）为了保证核算账套数据库资料的完整性，操作员的权限一旦被使用，便不能再被修改或删除。

三、年度账管理

（一）建立年度账

建立年度账功能就是账套主管在新年度开始时，建立新年度的核算账簿。这是通过系统管理中的“建立年度账”功能来完成的。在建立年度账过程中，系统自动将所选账套的当前会计年度加1。

（二）年度账的引入和输出

年度账的引入和输出，其基本含义与账套的引入和输出基本相同，作用也基本一致。不同之处是：两者的数据范围不一样，账套的引入与输出是针对整个账套的全部数据，而年度账的引入和输出则是针对账套中的某一特定年度数据进行的。一般而言，两者所使用的备份文件由系统所给的默认前缀名是不同的。

（三）结转上年数据

企业会计核算的基本前提之一就是持续经营，因此会计核算工作相应地就是一个连续性工作。在账务结构变动不大的情况下，启用新年度账后，就需要把上年度的相关账户的余额及其他会计信息结转到新年度账中。在结转上年数据之前，要先建立年度账才能执行结转操作，并且在企业财务管理软件中，如果涵盖了财务、购销存、决策等各个模块，就需要注意各模块结转的先后顺序。

1）一般来说，资金管理、工资管理、供销链（包括采购计划、采购管理、库存管理、销售管理等）的上年会计数据结转，可以根据需要不分先后顺序进行。

2）如果同时使用了采购系统、销售系统、应收应付系统，在进行上年会计数据结转时，必须先执行供销链结转，后执行应收应付系统的结转工作。

3）如果成本管理系统与工资管理系统、固定资产管理系统、存货核算系统同时使用时，必须先完成工资、固定资产、供销链结转，最后执行成本管理系统的结转。

4）账务处理系统（即总账系统）和其他各个专项子系统同时使用时，必须先将各个专项子系统执行完结转工作后，才能执行账务处理系统的结转。

（四）清空年度数据

如果上年年度账中的错误很多，或者不希望将上年度的余额或其他信息全部转入下一年度时，可以使用“清空年度数据”功能。“清空”不是全部删除，而是要保留一些信息，如账套基础信息、预置科目报表等。保留一些基本信息是为了便于用户在清空后的年度账中重新做账。

注意：清空年度账数据前一定要将数据先备份到其他存储介质，然后再进行操作。

第二节　基础设置

一个新账套建立以后，在进行核算前要对一些模块共用的基础信息进行设置。一般应根据企业的实际情况以及业务要求，先行整理出一份基础资料，再按照软件系统的要求将其输入到计算机中，以便顺利进行初始建账工作。

基础设置的内容很多，一般包括编码方案、数据精度等基本信息的设置，部门档案、职员档案等机构信息的设置，客户分类与档案、供应商分类与档案、地区分类等往来单位信息的设置，存货分类、存货档案等存货信息的设置，会计科目、凭证类别、项目核算目录等财务信息的设置，结算方式、付款条件、本单位开户银行等收付结算信息的设置以及进销存系统仓库信息、出入库类型、采购类型、销售类型等信息的设置。

这里仅介绍部门档案设置、往来单位设置和存货设置的内容，其他基础设置将在有关章节中介绍或者参照这些方法进行设置。

一、部门档案

在会计核算中，将数据按部门逐级分类汇总，是常用的数据分类方法之一。因此，一个企业的组织结构对于设计会计核算体系具有重要意义。部门档案就是将企业组织结构按照系统要求所形成的软件系统分类方案。它是设置会计科目中要进行部门核算的部门名称以及个人往来核算中的职员所属部门的名称。

部门档案需要按照已经定义好的部门编码级次原则输入部门编号及信息，其内容通常包括部门编号、部门名称、负责人、部门属性等信息。另外，如果要设置“部门负责人”，则应从已经输入职员档案的职员中选择，若还未设置职员档案，则可以在设置职员档案后再返回到部门档案设置中，选择修改功能补充设置完成。

具体操作：进入用友 U8 的企业门户，在【基础设置】的【机构设置】菜单下进行部门档案设置，如图 5－11 至图 5－13 所示。

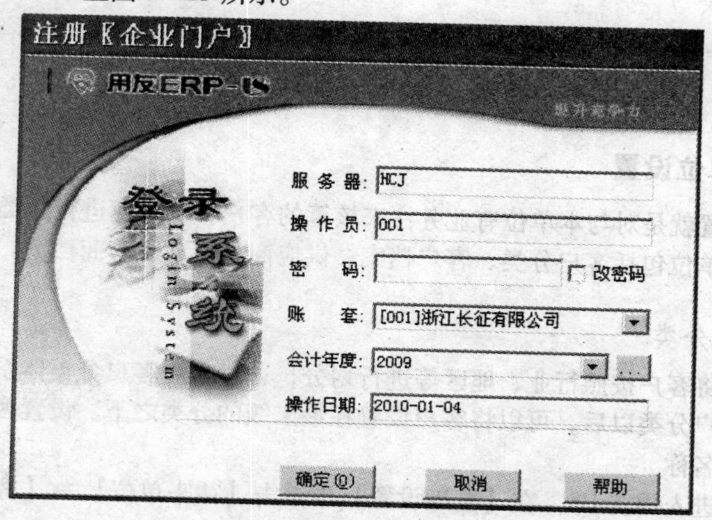

图 5－11　【系统登录】界面

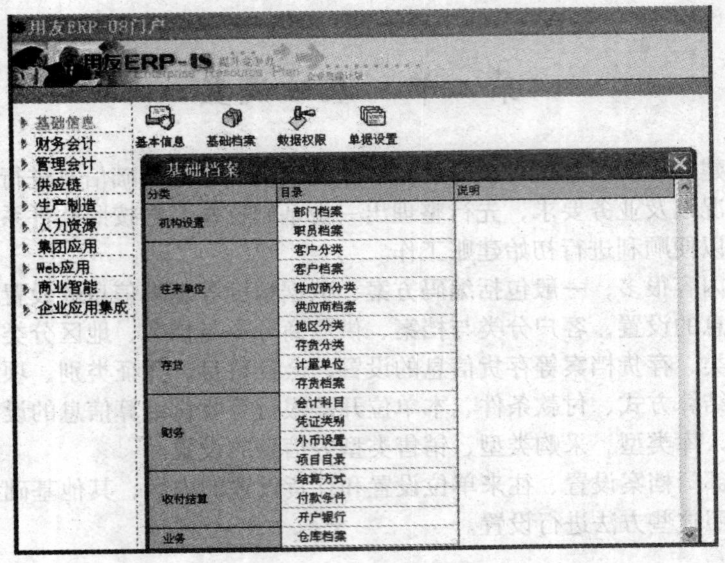

图 5－12　【基础档案】界面

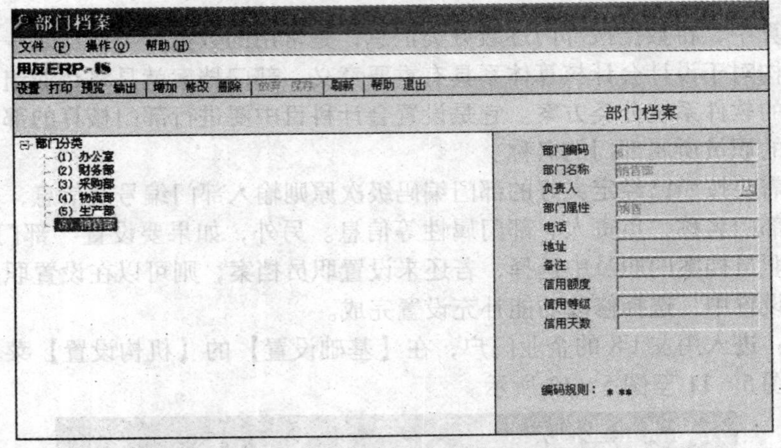

图 5－13　【部门档案】界面

二、往来单位设置

往来单位设置就是对与本单位有业务往来核算的客户和供应商进行分类，并设置其基本信息。设置往来单位包括客户分类、客户档案；供应商分类、供应商档案。

（一）客户分类

客户分类是将客户按照行业、地区等进行划分，通过建立客户分类体系，对客户进行分类管理。设置客户分类以后，可以将客户设置在最末级的分类之下。设置客户分类包括客户分类编码和类别名称。

具体操作：进入用友 U8，在【基础设置】中单击【往来单位】→【客户分类】菜单进行客户分类设置，如图 5－14 所示。

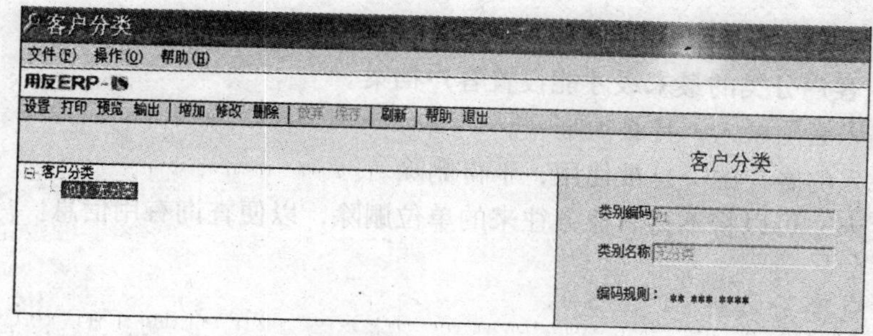

图 5－14　【客户分类】界面

注意：

1）客户分类编码必须按照编码方案中的编码原则进行设置，必须录入而且必须唯一。

2）客户分类名称可以是汉字或英文字母，但是不能为空和重复。

3）客户分类设置可以对客户分类进行增加、删除操作。但是，已经使用的客户分类和非末级分类不能删除。

（二）客户档案

建立客户档案可以对客户的数据进行分类、汇总和查询，以便加强往来管理。使用客户档案管理往来客户时，首先要收集整理与本单位有业务关系的客户基本信息，以便在客户档案设置时将信息准确输入。客户档案信息主要包括客户编号、客户名称、客户所属分类、开户银行名称、账号、税号、联系方式、信用等级等。

具体操作：进入用友 U8，在【基础设置】中单击【往来单位】→【客户档案】菜单进行客户档案设置，单击【增加】按钮，如图 5－15 所示。

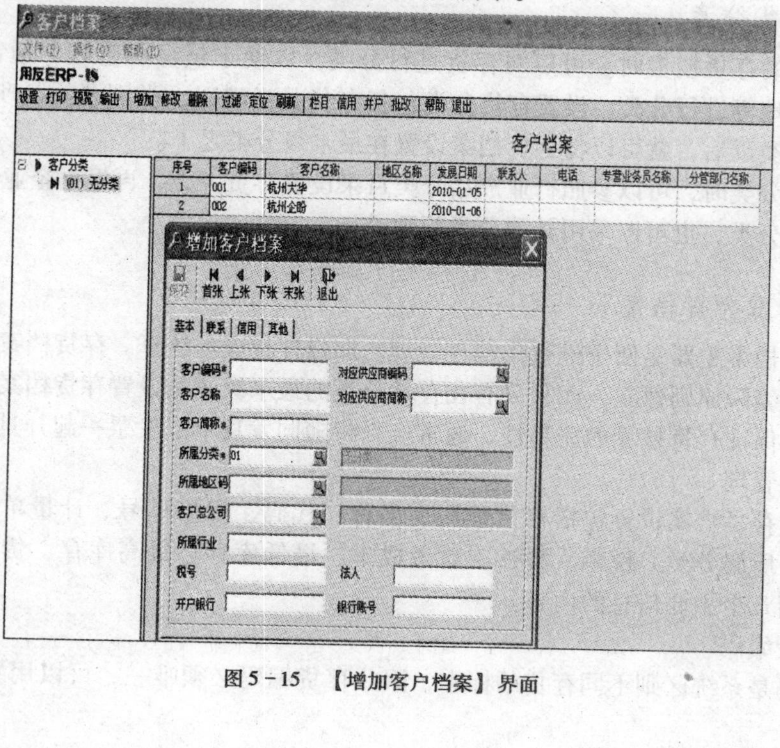

图 5－15　【增加客户档案】界面

注意：

1）只有在客户分类的最末级才能设置客户档案。

2）客户编码必须录入，且必须唯一。

3）已经录入的客户的一旦被使用，不得删除。

4）在年度末，可以将不再有业务往来的单位删除，以便查询有用信息。

（三）供应商分类

供应商分类是将供应商按照行业、地区等进行划分，通过建立供应商分类体系，对供应商进行分类管理。设置供应商分类以后，可以将供应商设置在最末级的分类之下。设置供应商分类包括供应商分类编码和类别名称。设置供应商分类时应注意的问题与设置客户分类时应注意的问题相同。

（四）供应商档案

建立供应商档案可以对供应商的数据进行分类、汇总和查询，以便加强往来管理。使用供应商档案管理往来供应商时，先要收集整理与本单位有业务关系的供应商基本信息，以便在供应商档案设置时将信息准确输入。供应商档案信息主要包括供应商编号、供应商名称、供应商所属分类、开户银行名称、银行账号、税号、联系方式等。建立供应商档案时需要注意的问题与设置客户档案时应注意的问题相同。

具体操作同客户分类及客户档案设置。

三、存货分类及存货档案

（一）存货分类

如果企业的存货较多时，可以对存货进行分类，以便于核算和管理。通常，可以按性质、用途、产地等进行分类。设置存货分类包括存货分类编码、类别名称及所属经济分类。建立起存货分类以后，就可以将存货档案设置在最末级分类之下。

设置存货分类时，可以参照行业产品分类目录设置存货大类，再根据企业存货的范围或属性继续进行分类，也可以采用其他分类原则进行。

（二）设置存货档案

设置存货档案主要是便于进行购销存管理，加强存货成本核算。存货档案应当按照已经定义好的存货编码原则建立，而且只有在存货分类的最末级才能设置存货档案。在建立存货档案时，为了保证存货核算的完整性，通常应当将随同发货单或发票一起开具的应税劳务或商品进行分类管理。

一般地，存货档案设置包括存货编码、名称、代码、规格型号、计量单位、辅计量单位、换算率、所属分类、税率、属性、参考成本、最低库存、最高库存、货位等信息的设置。下面介绍几个主要信息的内容。

(1) 存货编码

存货编码是系统区别不同存货的标志，因此存货编码必须唯一，可以用数字 0 ~9 或英文字母 A ~ Z 表示。

（2）存货名称

存货名称必须输入，可以是汉字或英文字母。

（3）存货代码

存货代码也是区别不同存货的标志，不能重复，必须唯一，可以用数字 0 ~ 9 或英文字母 A ~ Z 表示。有些软件禁止使用特殊符号，

（4）规格型号

规格型号可以是汉字或英文字母，但存货名称加规格型号必须唯一，以区别不同存货。

（5）计量单位

计量单位可以是任何汉字或字符。在建立计量单位时，首先要对计量单位进行分组，设置好组别，然后再建立计量单位。

（6）所属分类码

所属分类码由系统根据存货分类自动填写，不能输入或修改。

（7）税率

税率是该存货的增值税税率。在存货采购或销售时，此税率为专用发票或普通发票上该存货默认的进项税率或销项税率。

（8）存货属性

存货属性包括销售、外购、生产耗用、自制、在制、劳务费用等选项。同一存货可以设置多个属性。

具体操作：如上述的部门档案设置一样，在【基础设置】的【存货】菜单下进行存货的分类和档案设置。

课堂单项实验一

系统管理

【实验目的】

掌握用友 U8 软件中有关系统管理的相关内容，理解系统管理在整个财务管理系统中的作用及重要性，充分理解财务分工的意义。

【实验内容】

1）建立单位账套。

2）增加操作员。

3）进行财务分工。

4）备份账套数据。

5）账套数据引入。

6）修改账套数据。

【实验资料】

1. 建立新账套

账套号：学生各自的学号。账套名称：浙江太阳科技有限公司。账套路径默认。启用会

计期：2010年9月。会计期间设置：1月1日至12月31日。单位名称：浙江太阳科技有限公司。单位简称：太阳公司。该企业的记账本位币为人民币（RMB）；企业类型为工业；行业性质为新会计制度科目；按行业性质预置科目。该企业有外币核算，进行经济业务处理时，需要对存货、客户、供应商进行分类。科目编码级次：42222。其他：默认该企业对存货数量、单价小数位定为2。

2. 财务分工

(1) 001 张小小（口令：1）——账套主管

负责财务软件运行环境的建立及各项初始设置工作；负责财务软件的日常运行管理工作，监督并保证系统的有效、安全、正常运行；负责总账系统的凭证审核、记账、账簿查询、月末结账工作；负责报表管理及其财务分析工作。具有系统所有模块的全部权限。

(2) 002 王东东（口令：2）——出纳

负责现金、银行账管理工作。具有“总账—凭证—出纳签字”权限，具有“总账—出纳”的全部操作权限。

(3) 003 李刚刚（口令：3）——会计

负责总账系统的凭证管理工作以及客户往来和供应商往来管理工作。具有“总账—凭证—凭证处理”的全部权限，具有“总账—凭证—查询凭证、打印凭证、科目汇总、摘要汇总表、常用凭证、凭证复制”权限，具有“总账—期末—转账设置、转账生成”权限。

【实验要求】

1）以系统管理员 admin 的身份注册系统管理。

2）在D盘建立一个命名为 BEIFEN 的文件夹，将实验内容备份到该文件夹中。

3）实验内容5、6不做实质上的操作，只要求学生在形式上掌握。

课堂单项实验二

基础档案设置

【实验目的】

掌握用友U8软件中有关基础档案设置的相关内容，理解基础档案设置在整个系统中的作用，理解基础档案设置的数据对日常业务处理的影响。

【实验内容】

设置基础档案。包括部门档案、职员档案、客户分类、供应商分类、地区分类、客户档案、供应商档案、开户银行、外币及汇率、结算方式。

【实验准备】

引入实验一的账套数据。

【实验资料】

浙江太阳科技有限公司分类档案资料如下。

（1）部门档案

部门编码	部门名称	部门属性
1	综合部	管理
2	财务部	管理
3	市场部	销售及供应
301	销售部	销售
302	供应部	供应
4	生产部	生产

（2）职员档案

职员编号	职员名称	所属部门	职员属性
101	林天宇	总经理办公室	总经理
201	张小小	财务部会计	主管
202	王东东	财务部	出纳
203	李刚刚	财务部	会计
301	罗敏	销售部	部门经理
302	张强	销售部	职员
303	周知渊	销售部	职员
304	王佳	供应部	部门经理
305	郑佳佳	供应部	职员
401	宋小江	生产部	部门经理
402	林达	生产部	职员

（3）客户分类

分类编码	分类名称
01	长期客户
02	中期客户
03	短期客户
04	其他

（4）供应商分类

分类编码	分类名称
01	材料供应商
02	配件供应商
03	模具供应商
04	其他

（5）地区分类

地区分类	分类名称
01	东北地区
02	华北地区
03	华东地区
04	华南地区
05	西北地区
06	西南地区

（6）客户档案

客户编号	客户名称	客户简称	所属分类码	所属地区	税号	开户银行	银行账号
001	上海市朝阳公司	朝阳	01	03	11111111111	工行	73853654
002	四川通达公司	通达	02	06	22222222222	工行	69325581
003	海南万邦公司	万邦	03	04	33333333333	工行	36542234
004	辽宁哈飞公司	哈飞	02	01	44444444444	中行	43810587

（7）供应商档案

供应商编号	供应商名称	供应商简称	所属分类码	所属地区	税号	开户银行	银行账号
001	杭州迅杰公司	迅杰	02	03	55555555555	中行	648723367
002	杭州中南公司	中南	01	03	66666666666	中行	676473293
003	上海钢材厂	上钢	01	03	77777777777	工行	655561275
004	北京模具厂	北模	03	02	88888888888	工行	685115076

（8）外币及汇率

币符：USD。币名：美元。固定汇率 1:6.275。

第六章 总账子系统

学习目标： 通过本章的学习，应熟练掌握总账子系统的基本原理和功能，掌握总账子系统初始化设置的方法，掌握凭证的处理，明确出纳管理的内容和操作流程，学会进行各种账簿输出的操作，深刻理解总账系统辅助核算管理的作用和意义，掌握总账系统结账的方法。

重点与难点： 总账子系统的基本原理、功能及软件的日常业务处理；出纳管理和辅助核算管理。

第一节 总账子系统概述

一、总账处理系统的作用与特点

（一）总账处理系统的含义

为了连续、完整、准确、及时地反映和监督企事业单位资金活动的情况，必须有一套完整的会计核算方法，包括设置会计账户、复式记账、填制和审核会计凭证、登记和管理会计账簿、财产清查、成本计算、编制会计报表，并对会计核算进行综合分析等。这些方法相互联系、相互贯通、紧密结合，形成了会计核算的一套完整的方法体系。在会计电算化条件下，为了加强各种会计核算之间的联系，充分发挥计算机进行数据处理的先进功能，把设置账户、填制和审核凭证、复式记账、登记和管理会计账簿等功能集中于一个核算模块，统称为总账处理系统。

（二）总账处理系统的作用

在电算化会计信息系统中，总账处理系统是最基本、最重要的一个模块。它与各种应收/应付往来核算、工资核算、进销存的材料核算、固定资产的核算、产成品的成本核算、销售核算以及财务分析、决策支持系统等功能模块相比，是会计核算系统、管理系统的控制中心，同时也是其他各个功能模块的传输中心、信息存储和汇总中心。其他进行专项核算任务的各子系统必须将核算结果产生的信息资料送到总账处理系统进行集中处理，才能实现信息的交换、汇总和存储，同时，各子系统在核算中也需要从账务处理系统中提取一些会计数据进行专项处理。所以账务处理系统在电算化会计信息系统中处于核心地位。评价一套会计应用软件的好坏，账务处理系统是关键的因素，它与各种应用模块之间的控制方式与接口好坏，直接影响会计信息系统的整体性能。

（三）总账处理系统的特点

总账处理系统在整个会计信息系统中处于核心地位，相对于其他子系统，总账处理系统具有如下特点。

1．业务处理的综合性

在电算化会计信息系统中，各子系统只是分别侧重于某一经营环节或某类经济业务的核算和管理，其数据经过加工处理，必须传送到账务处理系统进行汇总并处理，而且各子系统之间进行的数据交换也必须经过账务处理系统才能进行。而账务处理系统则是电算化会计信息系统的关键，它以货币为主要计量单位，综合、全面、系统地反映企业供产销的所有方面，在对其他子系统传输的数据进行处理的同时，还将某些数据传送给其他子系统供其使用。因此，账务处理系统在整个电算化会计信息系统中起着桥梁和纽带的作用，它将其他各子系统有机地结合在一起，形成了一个完整的会计电算化核算系统。

2．会计信息的规范性

账务处理系统输出的会计信息是单位各项经济活动以及资金运动的集中反映，是单位内部管理阶层的决策依据，同时，也为财务信息外部使用者提供了有用的决策支持。账务处理系统必须严格按照社会公认的《企业会计制度》和《企业会计准则》规定的会计科目、会计报表编制要求来组织其数据体系，必须保证所输出的会计数据的正确性、真实性和完整性，保证所输出的账簿、报表文件的规范性。而其他子系统则可以在符合《企业会计制度》和《企业会计准则》要求的前提下，根据不同用户的管理要求和核算要求，自行处理经济业务并进行专项核算。

二、总账处理系统的基本业务流程

总账处理系统在整个电算化会计信息系统中处于核心地位。要掌握总账处理系统的基本业务流程，需要首先了解总账处理系统的基本结构。总账处理系统由若干功能模块组成，一般包括系统初始化、日常处理、出纳管理、账簿管理、辅助核算、期末业务处理、数据维护等模块。

总账处理系统的基本业务流程是在手工方式下总账务处理业务流程的基础上，抽象出来的总账务处理系统数据流程。因此，为了更好地掌握总账处理系统的操作流程，我们要先了解手工核算方式下总账处理的基本业务流程，这也是学习总账处理系统的关键。

（一）手工方式下账务处理的基本业务流程

1）根据原始凭证，填制记账凭证。

2）根据记账凭证及所附的原始凭证，逐笔登记日记账。

3）根据记账凭证及所附的原始凭证，逐笔登记明细账。

4）根据记账凭证，定期编制科目汇总表或汇总记账凭证。

5）根据科目汇总表或汇总记账凭证，定期登记总分类账。

6）定期核对总分类账、日记账、明细分类账。

7）定期进行财产清查。

8）根据核对无误后的总账、明细账编制会计报表。

（二）总账处理系统的数据流程

数据流程可以直观地描述总账处理系统数据处理的过程。在电算化会计信息系统中，总账处理是从输入会计凭证开始的，经过对会计数据的处理，生成各种凭证、账簿文件，在与银行对账单进行核对后，完成整个处理过程。

1）将记账凭证（手工凭证或机制凭证）输入计算机，并存入临时凭证数据库中。

2）经过人工审核或计算机审核后，进行记账处理，形成账簿文件和记账凭证文件，同时按照科目汇总后更新科目汇总文件。

3）输出总分类账、明细账、日记账等账簿。

4）月终输入银行对账单，生成对账单文件，进行银行对账，输出银行存款余额调节表。

通过对手工方式下总账处理业务流程和电算化会计信息系统中的总账处理系统的介绍，我们可以看出，账务处理的电算化是在手工方式的基础上采用计算机对会计数据进行处理后形成的。无论手工方式还是电算化方式，都必须遵循相同的会计制度和会计准则，采用相同的会计基本理论和会计基本方法，对原始的会计数据进行加工并保存会计档案。但是，二者毕竟还有区别，例如，工作的起点和终点、会计数据的处理方式及存储方式、会计科目的编码体系以及会计数据处理过程的规范性等都存在很多差异。相对于手工方式下的账务处理，电算化总账处理系统极大地提高了总账处理工作的质量和效率，并为企业管理的现代化奠定了基础。

（三）总账处理系统的基本操作过程

由于总账处理系统要涉及整个会计核算系统中的记账、算账、报账过程，涉及会计业务处理中国家统一规定的凭证、账簿和报表格式，因此任何会计软件都必须符合现行会计制度的要求。通常，一个完整、通用的财务管理软件的账务处理系统是由系统初始化、日常处理、账簿管理、辅助核算、期末业务处理、会计数据的维护等功能模块组成的，因此总账处理系统的基本操作过程可概括如下。

1）进行系统初始化，包括设置会计科目、设置凭证类别与结算方式、设置会计账簿、设置外汇汇率和自动转账、结账科目，录入期初余额。

2）进行日常处理，包括填制凭证、查询凭证、汇总审核、审核凭证、记账等业务。

3）账簿管理，包括总账查询与输出、明细账查询与输出、多栏账和日记账查询与输出。

4）辅助核算，包括银行对账，项目、部门、往来单位核算等。

5）期末业务处理，包括生成转账凭证、结账。

6）会计数据维护，包括数据备份、数据恢复、删除往年数据、远程数据传输等。

第二节　总账系统初始化

作为系统使用的基础，账务处理的初始化至关重要。首次使用会计核算软件时，最好指定专人或由财务主管进行此项工作，有些初始设置必须在第一次使用时一次设置好，以后不能修改，因此要认真对待。通过账务处理系统的初始设置阶段，可以把核算单位的会计核算规则、核算方法、应用环境以及基础数据输入计算机，实现会计手工核算向计算机核算的过渡，同时完成将通用的账务处理系统向适合本单位实际情况的专用账务处理系统的转化。

账务处理系统的初始设置一般是在系统安装完成并进行了初始参数设置后，由系统管理员（一般是本单位的财务主管人员）根据本单位的实际情况负责完成的。基本程序包括：设置账簿选项、定义外汇及汇率、设置会计科目、建立辅助核算、设置明细权限、定义结算方式、设置凭证类别、设置自定义项、定义常用凭证及常用摘要等。本节只介绍账务处理系统下设置会计科目、输入期初余额、设置凭证类别及结算方式、设置外币汇率、设置项目档案、常用摘要和常用凭证定义等内容。

一、设置会计科目

会计科目是对会计对象的具体内容分门别类进行核算的项目。它是组织会计核算的重要依据，在整个账务处理系统中至关重要。设置会计科目就是对会计对象的具体内容分类进行核算的方法。为了充分体现计算机管理的优势，现有的一些通用账务处理系统已经根据行业特点在系统中预设了一级科目，但并不能完全满足会计核算所需的所有科目。因此，在初次使用账务处理系统时，使用单位必须根据自身业务特点和实际需要，设置会计科目。一般来讲，为了减少输入工作量，使用单位可以对系统预设的会计科目进行增加、插入、修改、删除、查询、拷贝、打印等操作。

设置会计科目的基本内容包括设置科目编码、科目助记码、科目名称、科目类型、方向、辅助账等。

具体操作：在基础信息下的【基础档案】的【财务】中打开【会计科目】，也可以在总账系统中的【设置】菜单下打开【会计科目】窗口，如图 6－1 所示。

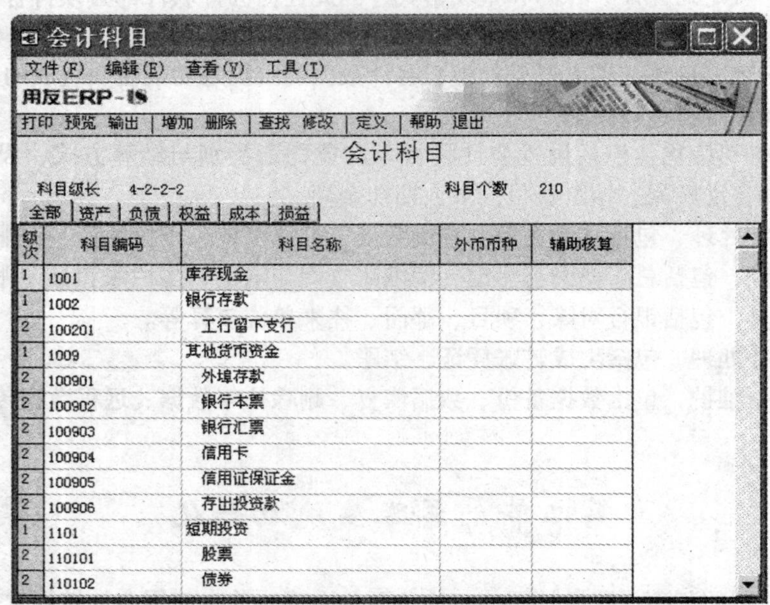

图 6－1 【会计科目】窗口

再单击【增加】按钮，如图 6－2 所示。

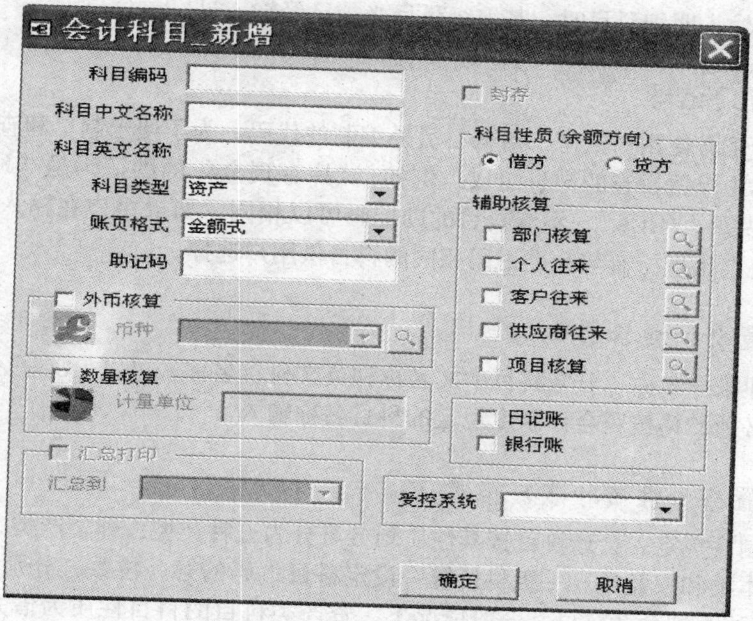

图6-2　【会计科目—新增】对话框

（一）设置科目编码

设置科目编码是指对每一科目的编码按科目编码规则进行定义。

1．设置会计科目编码规则

会计科目编码规则即在账务处理系统初始化过程中，定义该核算单位所使用的会计科目的级数和各级科目的级长。科目长度的定义要与本单位的实际核算要求相适应，通常可采用三级到四级核算。按财政部规定的标准工业企业会计一级科目，级长为四位数，二级三级级长可以自定，但一般都为二位数。例如，以会计核算科目"应交税费"为例，如果采用三级核算，编码规则为4—2—2，则一级科目为四位数，二级科目为二位数，三级明细科目为二位数，科目编码总长级为八位数。

科目编码	科目名称
2211	应交税费
221106	应交增值税
22110601	进项税额

凭证处理时，如输入科目编码"22110601"，则系统自动转换为汉字"应交税费——应交增值税——进项税额"。如果需要改变科目编码级次，可在"基础设置"里的"编码方案"中进行。

2．科目编码设置

科目编码必须采用分段编码方式与会计科目一一对应。分段的个数及每段的长度在设置核算单位时确定。输入科目编码时必须遵守以下原则：科目编码必须唯一，不能重复；科目编码必须按照其级次的先后次序建立；输入各级科目编码的长度必须符合所定义的科目编码长度；科目编码输入明细科目时，其上级科目必须已经输入过。

（二）设置助记码

助记码是为了方便用户记忆，对科目另外编制的代码。为了便于制单和查询，助记码一般可由科目名称中汉语拼音的声母组成。例如，“库存现金”的助记码是“KCXJ”，“银行存款”的助记码是“YHCK”。不同科目的助记码可以相同，如果用户在输入凭证时输入了助记码，屏幕上会出现所有与此助记码相同的科目供用户选择。

（三）设置会计科目名称

科目名称即账户名称，分为科目中文名称和英文科目名称，可以是汉字、英文字母或数字。科目名称必须严格按照会计制度规定的科目名称输入。

（四）设置科目性质和账户格式

按照会计制度规定，会计科目按其性质划分可分为五种类型，即资产类、负债类、所有者权益类、成本类和权益类。一级科目统一设定科目编码的第一位数，分别为1、2、3、4、5，分别代表上述5种会计科目。一般情况下，资产类科目的科目性质为借方；负债和权益类科目的科目性质为贷方。账户格式是定义该科目在账簿打印时默认的打印格式，一般可分为普通三栏式、数量金额式、外币式等格式。其中普通三栏式又常称为金额式；外币式是指同一会计科目采用人民币和外币两种方式进行核算。一般情况下，有外币核算的科目，可采用外币式格式，而对原材料和材料采购的核算则可以设置数量金额式的账户格式。

（五）设置辅助账

在设置会计科目的过程中，根据使用单位会计核算和管理的需要，可以对有关科目设置必要的辅助核算项目，用来说明本科目需要附加的内容。如果项目、部门、往来单位很多，应事先予以必要的分类，然后建立相应的档案或卡片。常见的辅助账有银行账、往来账、部门账和项目账。例如，若将“管理费用”设置为部门核算，则在对发生的管理费用填制凭证时，系统自动提示输入部门代码，有关的费用就可以直接分摊到具体部门或单位。

注意：

1）建立会计科目时，先建立上级科目，才能建立下级科目。

2）删除和修改会计科目时，先删除下级科目，才能删除上级科目。

3）已被录入期初余额的科目或者已被制单的科目，不能删除或修改。

二、输入期初余额

如果是第一次使用账务处理系统，必须使用此功能输入所有明细科目的年初余额和启用月份前各月的发生额。当余额不平或因其他原因需要对科目进行修改时，也必须使用此功能。如果在年初建账，需要把上一年的年末余额在启用账务处理系统时作为本年的年初余额予以输入；如果在年中建账，应录入各账户此时的余额和年初到此时的借、贷方累计发生额，系统会自动算出年初余额。如果科目设置了辅助核算，还应输入各辅助项目的期初余额。

一般情况下录入期初余额时，只要求录入最末级核算科目的余额和累计发生额，上级科目的余额和累计发生额数由系统自动计算。如果某科目为外币核算，应先录入本币余额，后录入外币余额；如果某科目设置了辅助核算，输入期初余额时，需要调出辅助核算账输入余额（若启用了应收/应付核算系统，则应到应收应付系统中录入期初余额），系统自动将辅助账的期初余额之和计为该科目的总账期初余额。另外还要注意对个别科目借贷方向的调整，有的核算软件有“方向”调节按钮供调整，有的可以输入“借”字或“贷”字更正，以调节余额方向。如果有的软件不能提供更改方向的功能，则在输入余额时必须用负数来调节。期初余额输入后，应对期初余额进行试算平衡，以保证期初余额的准确性。如果不平，需要进行查找修正，并再次进行试算，直到平衡为止。检验余额试算平衡，由计算机自动进行。

当新的会计年度开始时，有些软件需要使用年初结转功能，将上一年度的期初余额结转为新会计年度的期初余额，而有些软件可以自动进行，并可修改余额。

具体操作：在总账系统中的【设置】菜单下打开【期初余额录入】界面，如图6－3所示。

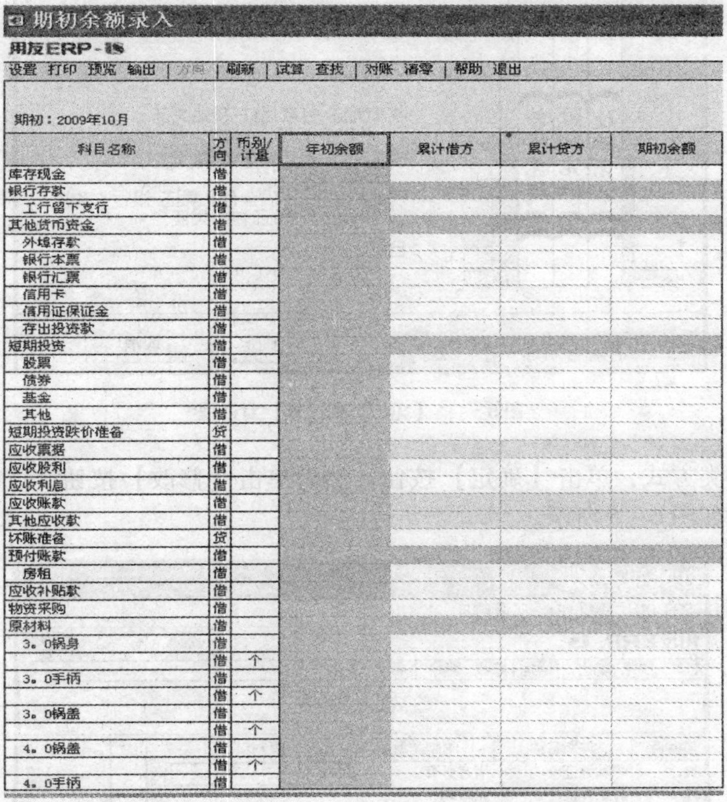
期初余额录入
用友ERP-U8
设置 打印 预览 输出 方向 刷新 试算 查找 对账 清零 帮助 退出
期初：2009年10月
科目名称
方向
币别/计量
年初余额
累计借方
累计贷方
期初余额
库存现金 借
银行存款 借
工行留下支行 借
其他货币资金 借
外埠存款 借
银行本票 借
银行汇票 借
信用卡 借
信用证保证金 借
存出投资款 借
短期投资 借
股票 借
债券 借
基金 借
其他 借
短期投资跌价准备 贷
应收票据 借
应收股利 借
应收利息 借
应收账款 借
其他应收款 借
坏账准备 贷
预付账款 借
房租 借
应收补贴款 借
物资采购 借
原材料 借
3。0锅身 借
借 个
3。0手柄 借
借 个
3。0锅盖 借
借 个
4。0锅盖 借
借 个
4。0手柄 借

图6－3　【期初余额录入】界面

三、设置凭证类别与结算方式

（一）设置凭证类别

许多单位为了便于管理和登账，一般对会计凭证进行分类编制，但各单位的分类标准不尽相同，所以系统提供了“凭证类型设置”功能，用户可以按照本单位的需要对凭证进行分类。通用账务处理系统提供了常见的几种凭证类型划分方式，例如，可以是单一的按顺序号排列的记账凭证，可以是收款凭证、付款凭证、转账凭证三大类凭证，也可以细划分为现金收款、现金付款、银行收款、银行付款、转账凭证等五大类型凭证，还可以自定义凭证类别。

在设置凭证类别的过程中，有些财务软件还设立了凭证科目必有或必无项目的选择功能。例如，在银行付款凭证中，贷方必有科目设定为银行存款，如果录入的凭证与此不符合，系统会自动提示出错。对转账凭证，其凭证必无科目是库存现金和银行存款科目，如果在填制转账凭证时，输入了库存现金和银行存款科目，系统会“认为”有错而拒绝保存该张凭证。

凭证类别定义并使用后，不能进行修改，否则会造成不同时期凭证类别的混乱，影响凭证的查询和打印。

具体操作：在【基础设置】下面的【财务】中打开【凭证类别】，如图6－4所示。

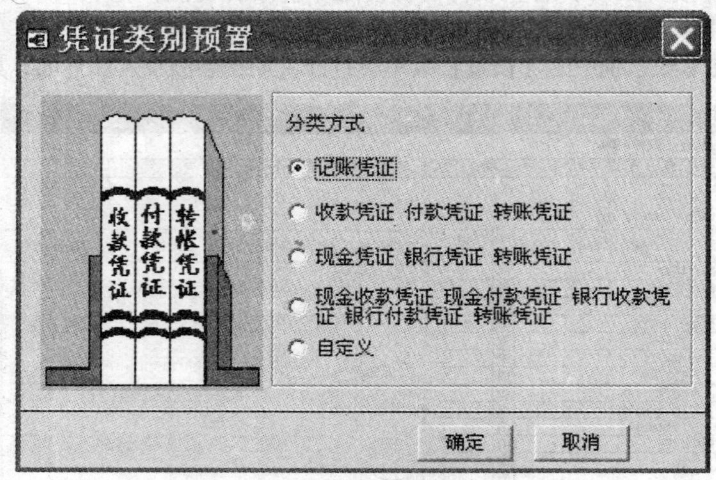

图6－4　【凭证类别预置】对话框

选择一个分类方式，单击【确定】按钮，然后单击【修改】按钮，进行限制类型及限制科目的设置，如图6－5所示。

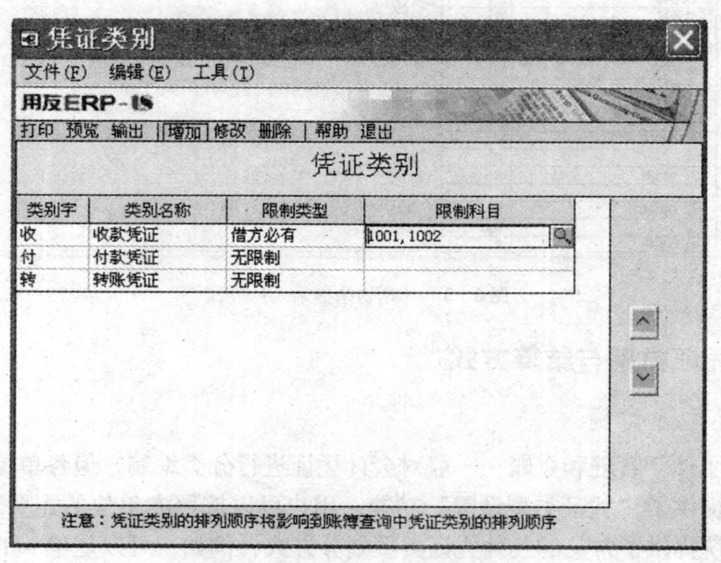

图6－5　【凭证类别】窗口

（二）设置结算方式

该功能用来建立和管理在经营活动过程中所涉及的与银行之间的货币资金结算方式，如现金结算、电汇结算、商业汇票、银行汇票等。为了方便管理，提高银行对账的效率，账务系统一般要求用户设置与银行间的资金结算方式。

结算方式设置的主要内容包括结算方式编码、结算方式名称、票据管理标志等。结算方式标志一般采用顺序编号，可以用数字型代码和字母型代码。结算方式名称指其汉字名称。票据管理是账务系统为辅助银行出纳对银行结算票据的管理而设置的功能。

具体操作：在【基础设置】下面的【收付结算】中打开【结算方式】，如图6－6所示。

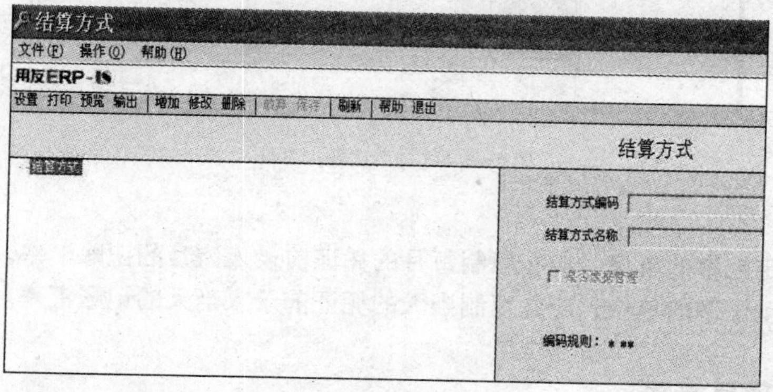

图6－6　【结算方式】窗口

通过上面的【增加】、【修改】等功能完成结算方式的设置。

四、设置外币汇率

对账套所使用的外币进行定义，可以在制单或其他操作中调用。

具体操作：在总账的【设置】菜单下打开【外币及汇率】，如图6－7所示。

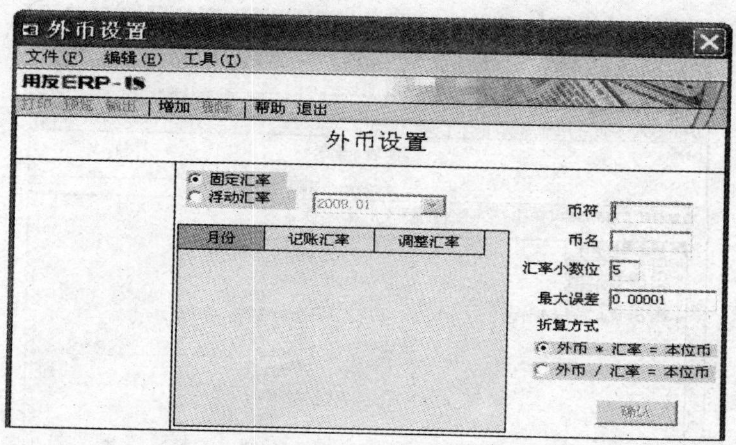

图6－7　【外币设置】窗口一

输入币符、币名及汇率小数位等，单击【确认】按钮后，录入记账汇率即可，如图6－8所示。

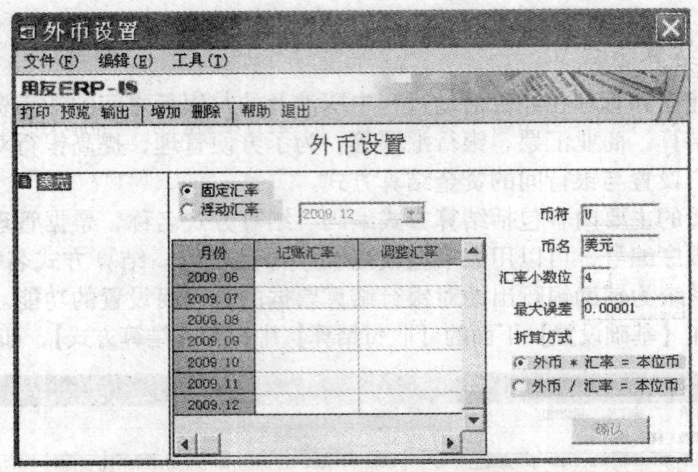

图6-8 【外币设置】窗口二

注意：

1）使用固定汇率的单位，应在填制每月的凭证前录入该月的记账汇率。

2）使用浮动汇率的单位，应在填制当天的凭证前录入当天的记账汇率。

五、设置项目档案

项目核算是辅助核算管理的一项重要功能。项目可以是一个专门的经营项目内容，企业可以将具有相同特征的一类项目定义成一个项目大类，在总账处理的同时进行项目核算和管理。

（一）项目分类设置

1. 设置项目大类

具体操作：在总账的【设置】菜单中打开【编码档案】下的【项目目录】，如图6-9所示。

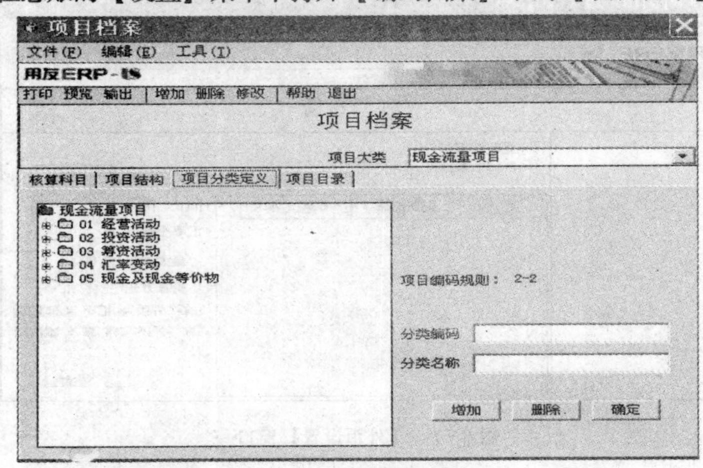

图6-9 【项目档案】窗口一

单击【项目分类定义】，然后单击【增加】按钮，输入相关信息，如图 6－10 所示。

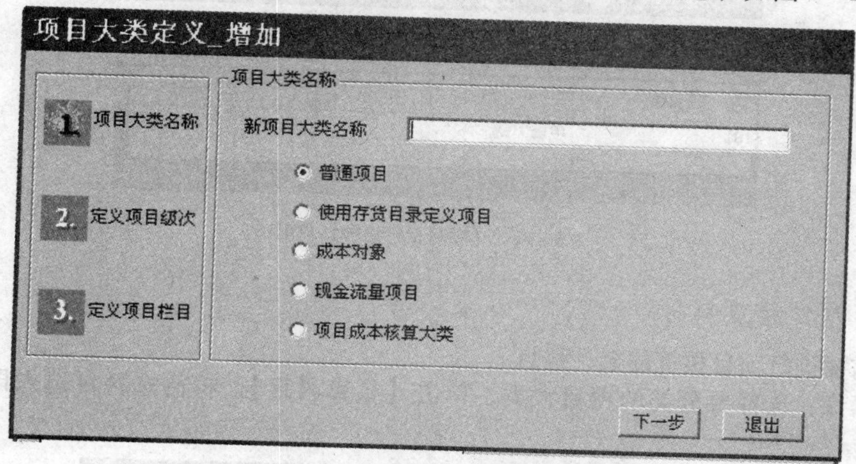

图 6－10　【项目大类定义_增加】窗口

2. 设置项目分类

选择要分类的项目大类，输入项目编码及项目名称，单击【确定】按钮即可，如图 6－11 所示。

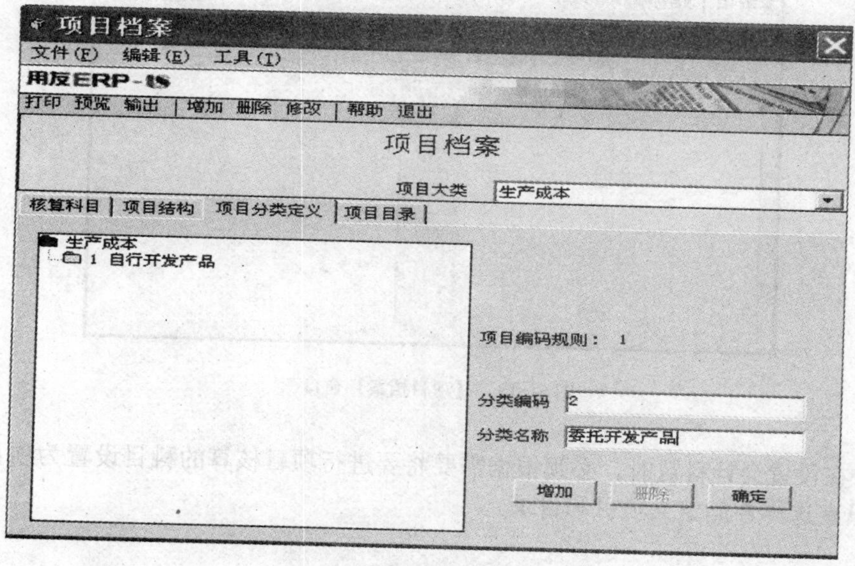

图 6－11　【项目档案】窗口二

（二）定义项目目录

定义项目目录是将各个大类中的具体项输入系统。

具体操作：选择要分类的项目大类，依次单击【项目目录】→【维护】，出现如图 6－12所示的界面。

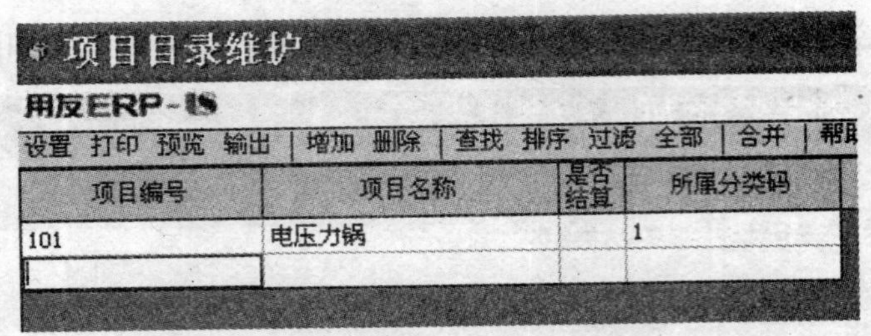

图 6－12 【项目目录维护】界面

（三）指定核算科目

指定需要进行项目核算的会计科目。

具体操作：选择要分类的项目大类，单击【核算科目】，将待选科目选入即可，如图 6－13 所示。

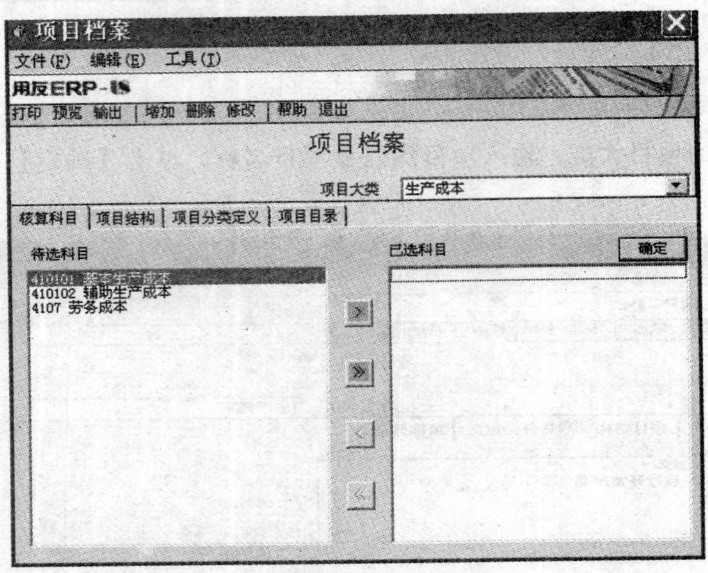

图 6－13 【项目档案】窗口三

注意：在设置会计科目时，必须根据需要将要进行项目核算的科目设置为项目核算类会计科目，只有这样才能定义项目和目录。

六、常用摘要与常用凭证的定义

在会计核算过程中，有许多经济业务大量并反复地发生，例如，到银行提取现金、月末计提累计折旧、购办公用品、报销职工差旅费等业务。这些业务的性质基本相同，每笔业务的摘要内容及会计分录也没有太大区别。如果每次发生这样性质相同的经济业务，在录入凭证的过程中，都要重复输入内容相同的摘要和凭证，势必会降低输入速度而影响工作效率。如果将经常使用的摘要和凭证存储在计算机中供随时调用，就会提高业务的处理能力。账务处理系统就提供了编制“常用摘要”和“常用凭证”的功能。

（一）定义常用摘要

凭证摘要是对已发生的经济业务内容的简单叙述，摘要的内容应简单明了。定义常用摘要就是对使用频率较高、内容相同的凭证摘要，根据初始凭证定义录制到摘要库，供需要时调用。其目的是通过将本单位日常重复发生的经济业务的摘要存储起来，在填制会计凭证时随时加以调用，以便提高录入凭证的效率。定义常用摘要主要是对摘要编码、摘要内容和相关科目进行定义。

具体操作：在总账的【凭证】菜单下打开【常用摘要】，如图 6－14 所示。

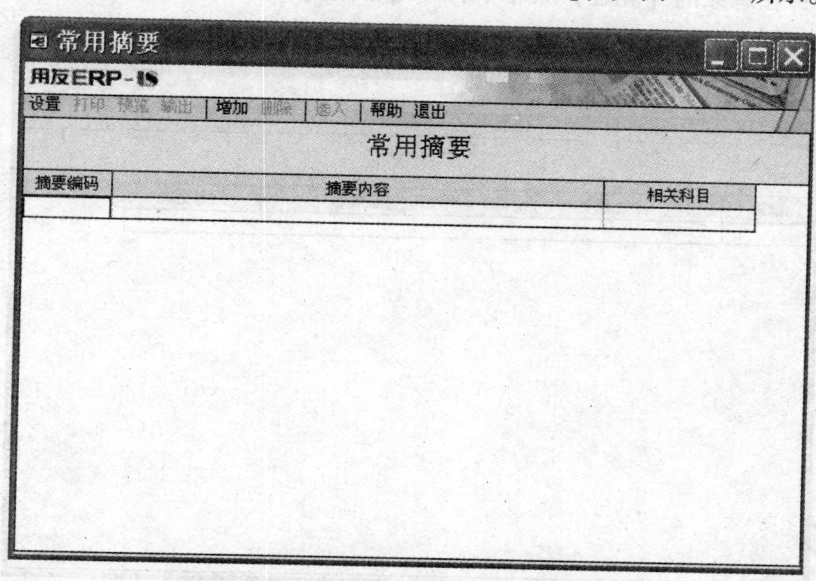

图 6－14　【常用摘要】窗口

1. 摘要编码

摘要编码是用来标识常用摘要的代号，便于系统直接调用。

2. 摘要内容

摘要内容是根据经济业务的性质和本单位的实际情况，简要说明发生的经济业务的主要内容。

3. 相关科目

如果某常用摘要与某科目对应，则可以在此项中输入这个科目，这样在以后日常业务处理中，可以通过调用常用摘要和相关科目，减少输入工作量。

调用常用摘要的方法通常是在填制完凭证表头内容以后，通过有关的功能键输入常用凭证摘要号，计算机能将相应的摘要自动填入摘要栏，操作员可根据当前处理的经济业务内容直接使用或修改后使用。

（二）定义常用凭证

常用凭证是指将单位经常发生的业务事项，按照会计制度要求编制凭证并存储到常用凭证库中。在填制会计凭证时，根据需要加以调用，可以大大提高填制凭证的速度，避免许多重复劳动。

在账务处理系统下，“常用凭证”提供了常用会计凭证的模板，在此模板中可预先对日常发生频繁的业务凭证的摘要、对应科目进行定义，在填制凭证时可直接输入常用凭证的编码或按快捷键调用常用凭证模板，填入各科目的发生额，即可快速形成一张记账凭证。

定义常用凭证主要是登记常用凭证的编号、常用凭证的类别、借方会计科目和贷方会计科目。

具体操作：在总账的【凭证】菜单下打开【常用凭证】，如图 6－15 所示。

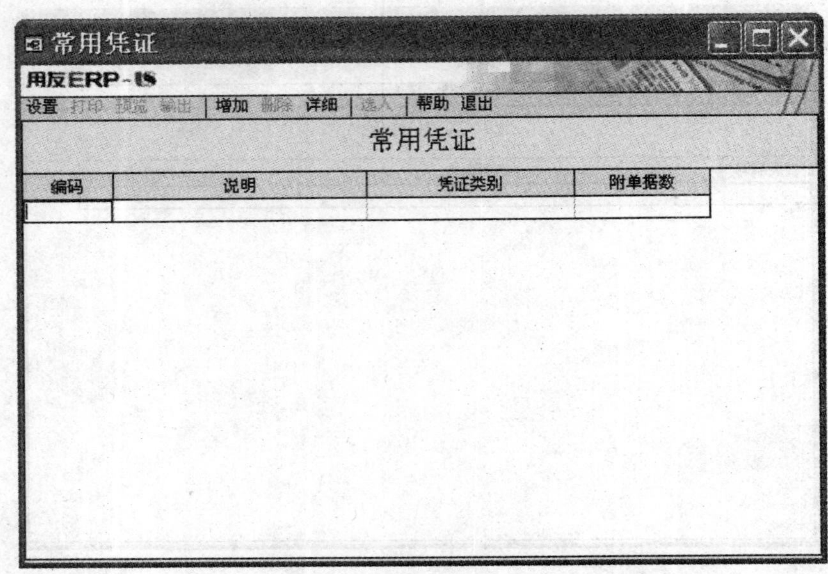

图 6－15　【常用凭证】窗口

课堂单项实验三

总账管理系统初始设置

【实验目的】

掌握用友 U850 软件中总账系统初始设置的相关内容，理解总账系统初始设置的意义，掌握总账系统初始设置的操作方法。

【实验内容】

1）总账系统控制参数设置。

2）基础档案设置：会计科目、凭证类别、项目目录。

3）期初余额录入。

【实验准备】

引入实验二账套数据。

【实验要求】

以张小小的身份进行初始设置。

【实验资料】

1. 总账控制参数（见表6－1）

表6－1　总账控制参数

选项卡	参数设置
凭证	制单序时控制 支票控制 可以使用应收、应付系统的受控科目 打印凭证页脚姓名 凭证审核控制到操作员 出纳凭证必须经出纳签字 凭证编号由系统编号 外币核算采用固定汇率 进行预算控制
账簿	账簿打印位数每页打印行数按软件默认的标准设定 明细账查询权限控制到科目 明细账打印按年排页
会计日历	会计日历为1月1日～12月31日
其他	数量小数位和单价小数位设为2位 部门、个人、项目按编码方式排序

2. 基础数据

表6－2　2010年9月份会计科目及期初余额表

科目名称	辅助核算	方向	币别计量	期初余额
库存现金（1001）	日记	借		6 875.70
银行存款（1002）	银行日记	借		193 829.16
工行存款（100201）	银行日记	借		193 829.16
中行存款（100202）	银行日记	借	美元	
应收账款（1131）	客户往来	借		157 600.00
其他应收款（1133）	个人往来	借		3 800.00
坏账准备（1141）		贷		800.00
预付账款（1151）	供应商往来	借		
物资采购（1201）		借		－294 180.00
生产用物资采购（120101）		借		－101 000.00
其他物资采购（120102）		借		－193 180.00
原材料（1211）		借		2 058 208.00
生产用原材料（121101）	数量核算		吨	1 500.00
		借		150 000.00
其他原材料（121102）		借		1 908 208.00
周转材料（1221）		借		

续表

科目名称	辅助核算	方向	币别计量	期初余额
包装物（122101）		借		
低值易耗品（122102）		借		
材料成本差异（1232）		借		1 000.00
库存商品（1243）		借		544 000.00
电压力锅（124301）	数量核算		只	544.00
		借		544 000.00
委托加工物资（1251）		借		
长期待摊费用（1301）		借		642.00
报刊费（130101）		借		642.00
固定资产（1501）		借		260 860.00
累计折旧（1502）		贷		47 120.91
在建工程（1603）		借		
人工费（160301）	项目核算	借		
材料费（160302）	项目核算	借		
其他（160303）	项目核算	借		
待处理财产损益（1911）				
待处理流动资产损益（191101）				
待处理固定资产损益（191102）				
无形资产（1801）		借		58 500.00
短期借款（2101）		贷		200 000.00
工商银行借款（210101）		贷		200 000.00
应付账款（2121）	供应商往来	贷		276 850.00
预收账款（2131）	客户往来	贷		
应付职工薪酬（2151）		贷		8 200.00
应付工资（215101）		贷		
应付福利费（215102）		贷		8 200.00
应交税费（2171）		贷		−16 800.00
应交增值税（217101）		贷		−16 800.00
进项税额（21710101）		贷		−33 800.00
销项税额（21710105）		贷		17 000.00
其他应付款（2181）		贷		2 100.00

续表

科目名称	辅助核算	方向	币别计量	期初余额
实收资本（3101）		贷		2 609 052.00
本年利润（3131）		贷		
利润分配（3141）		贷		−119 022.31
未分配利润（314115）		贷		−119 022.31
生产成本（4101）		借		17 165.74
直接材料（410101）	项目核算	借		10 000.00
直接人工（410102）	项目核算	借		4 000.74
制造费用（410103）	项目核算	借		2 000.00
折旧费（410104）	项目核算	借		1 165.00
其他（410105）	项目核算	借		
制造费用（4105）		借		
工资（410501）		借		
折旧费（410502）		借		
主营业务收入（5101）		贷		
其他业务收入（5102）		贷		
主营业务成本（5401）		借		
营业务税金及附加（5402）		借		
其他业务成本（5405）		借		
销售费用（5501）		借		
管理费用（5502）		借		
工资（550201）	部门核算	借		
福利费（550202）	部门核算	借		
办公费（550203）	部门核算	借		
差旅费（550204）	部门核算	借		
招待费（550205）	部门核算	借		
折旧费（550206）	部门核算	借		
其他（550207）	部门核算	借		
财务费用（5503）		借		
利息支出（550301）		借		

3. 凭证类别

凭证类别	限制类型	限制科目
收款凭证	借方必有	1001，100201，100202
付款凭证	贷方必有	1001，100201，100202
转账凭证	凭证必无	1001，100201，100202

4. 项目目录

项目设置	设置内容
核算科目	生产成本（4101） 直接材料（410101） 直接人工（410102） 制造费用（410103） 折旧费（410104） 其他（410105）
项目分类	1. 自行开发项目 2. 委托开发项目
项目名称	电饭煲（自行开发项目） 电压力锅（自行开发项目） 电磁炉（委托开发项目）

5. 结算方式

结算方式编码	结算方式名称	票据管理
1	现金结算	否
2	支票结算	否
201	现金支票	是
202	转账支票	是
3	其他	否

6. 期初余额

1）总账期初余额表（见“会计科目及期初余额表”）。

2）辅助账期初余额表。

会计科目：1133　　其他应收款余额：借 3800 元

日　期	凭证号	部　门	个　人	摘　要	方　向	期初余额
2010－6－26	付－118	总经理办公室	林天宇	出差借款	借	2000.00
2010－7－27	付－156	销售一部	罗敏	出差借款	借	1800.00

会计科目：1131　应收账款余额：借 157600 元

日 期	凭证号	客 户	摘 要	方 向	金 额	业务员	票 号	票据日期
2009-12-10	转-15	通达公司	销售商品	借	58000	王佳	Z111	2009-12-10
2009-12-25	转-118	哈飞公司	销售商品	借	99600	王佳	P111	2009-12-25

会计科目：2121　应付账款余额：贷 276850 元

日 期	凭证号	供应商	摘 要	方 向	金 额	业务员	票 号	票据日期
2009-11-20	转-45	迅杰	购买商品	贷	276850	郑佳佳	C000	2009-11-20

会计科目：4101　生产成本余额：借 17165.74 元

科目名称	电饭煲	电压力锅	电磁炉	合 计
直接材料（410101）	3000.00	6000.00	1000.00	10000.00
直接人工（410102）	1000.00	2500.74	500.00	4000.74
制造费用（410103）	800.00	1000.00	200.00	2000.00
折旧费（410104）	500.00	500.00	165.00	1165.00
合计	5300.00	10000.74	1865.00	17165.74

第三节　总账系统日常账务处理

当初始设置工作完成并确保正确以后，就可以进行账务处理系统的业务处理工作了。账务系统业务处理是会计核算中经常性的工作，是实行计算机记账后会计日常业务处理中的重要部分。其内容包括凭证的填制、修改、删除，凭证的审核、输出，记账，出纳管理和期末的对账、结账等工作。

凭证处理是进行账务系统业务处理的第一个环节，是整个账务处理系统的基础部分。凭证处理的好坏，将影响整个账务处理系统的应用效果，对系统会计数据输出的正确性起着决定作用。凭证处理主要包括填制凭证、修改凭证、删除凭证、审核凭证及凭证的汇总输出等工作。

一、填制凭证

在账务系统业务处理中，填制记账凭证的工作量最大。记账凭证是登记账簿的依据，是电算化会计信息系统中最基础的数据，所以应确保这一工作的质量。

（一）填制凭证的方式

在实际工作中，填制记账凭证的主要有两种方式：①用户可直接在计算机上根据审核无误准予报销的原始凭证填制记账凭证，也称为前台处理；② 先由人工制单，然后集中输入到计算机，也称为后台处理。

使用单位可以根据本单位的实际情况灵活选择采用哪种方式。一般来讲，业务量不多或基础工作较好或使用网络版的单位可采用第一种方式（前台处理），而在第一年首次使用账务处理系统或正处于人机并行阶段，可以采用第二种方式（后台处理）。

（二）填制凭证的一般方法

记账凭证的格式采用单一的借贷金额式或借贷标志式，其格式的内容包括凭证编号、日期、附单据数、摘要、会计科目、借方金额和贷方金额、辅助核算信息、合计、制单人签字等。下面简要介绍基本的填制方法。

1. 凭证编号

凭证编号是凭证的唯一标识。同一类凭证按月连续编号，不允许断号。

2. 日期

日期是指该张凭证经济业务发生的日期，包括年、月、日。系统通常将进入系统的当天作为默认日期。为了保证记账的序时连续性，填制凭证日期应按实际业务的发生日期对系统的默认日期进行修改，凭证日期不能超过系统日期。

3. 附单据数

附单据数指本张凭证所附原始凭证张数。

4. 摘要

摘要是对该笔经济业务内容的简述。凭证的每行均有一个摘要，不同行的摘要内容可以不同。如果在账务系统初始化中已经设置了“常用摘要”，此时可以利用参照按钮进行选择。输入的摘要内容将随相应会计科目出现在明细账和日记账中。

5. 会计科目

填制凭证时，会计科目可以通过科目代码或科目助记码输入，计算机根据科目代码或助记码自动切换为对应的会计科目名称。在输入科目时，必须录入该科目最末级科目编码或助记码，才能保证计算机在记账时不会漏记明细账。

6. 借方金额和贷方金额

借方金额与贷方金额即该笔分录的借方或贷方本位币金额。在一张凭证中，一个科目的借方金额、贷方金额不能为零，也不能在借方和贷方同时有金额。金额可以是负数，红字金额的凭证可以用负数形式输入。一个凭证的借贷金额合计应相等，系统对输入的金额进行平衡校验，系统拒绝接受金额不等的凭证。

7. 辅助核算信息

根据科目属性输入相应的辅助信息，如部门、个人、项目、客户、供应商、数量、结算方式等。只有在设置会计科目时定义了辅助项，才能在填制凭证时输入辅助信息。

1）若输入的科目是分部门核算的科目时，要求输入相应的部门代码。部门代码必须是末级，也可用【参照】按钮选择。

2）当输入的科目是银行科目时，要求输入“结算方式”、“票据日期”和“票据号”其中“结算方式”输入银行往来结算方式，“票据日期”输入该笔业务发生的日期。这些信息在银行对账时使用。

3）当输入的科目是往来科目时，要求输入对方的单位代码和业务员，可以通过参照功能输入。

4）若输入的科目是外币科目，要求输入外币币种、外币金额和记账汇率。

5）当输入的科目为数量核算时，要求输入数量和单价。

6）若输入的科目为项目核算科目，则要求输入“项目”信息，可输入代码或名称，也可用参照功能进行选择。

8. 合计

自动计算借方科目和贷方科目的合计金额。

9. 制单人签字

系统根据进入制单功能时注册的操作员姓名自动输入。

具体操作：在总账的【凭证】菜单下打开【填制凭证】，单击【增加】按钮，输入有关内容即可，如图6－16和图6－17所示。

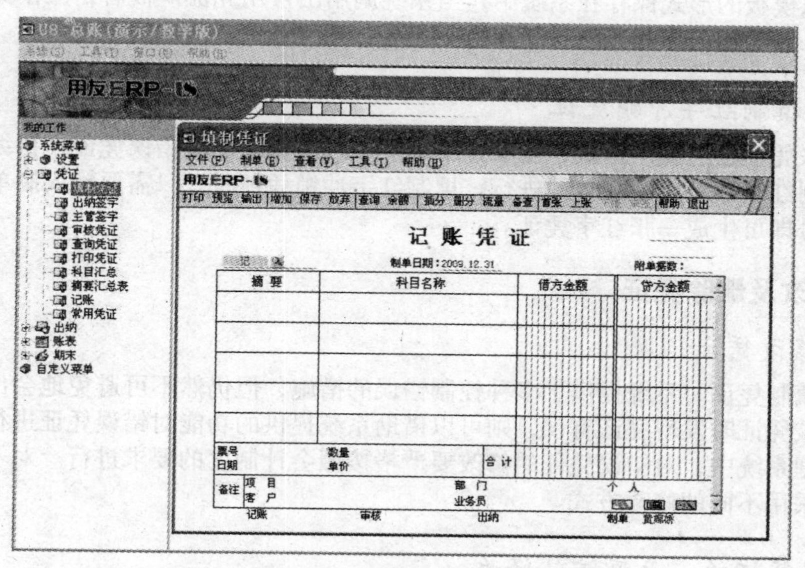

图6－16 【填制凭证】窗口一

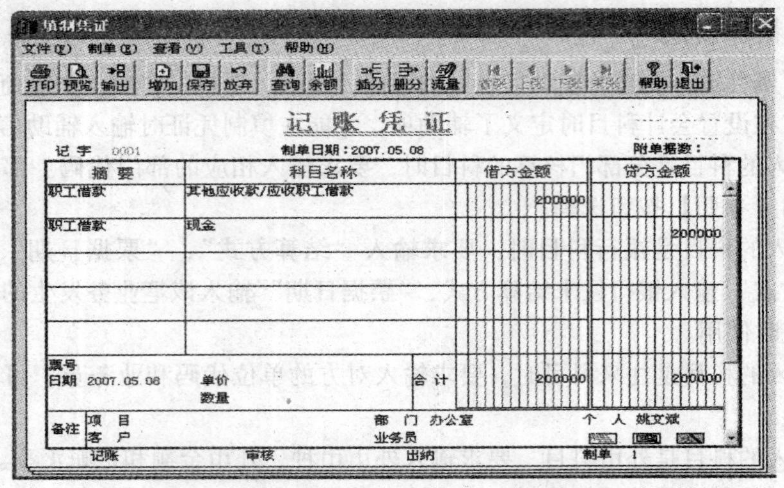

图 6－17 【填制凭证】窗口二

(三) 填制凭证的其他方法

1. 调用常用摘要填制凭证

在账务处理系统初始化中，由于已经对经常发生的经济业务内容设置了常用摘要并将其存储在常用摘要库中，因此，在填制会计凭证时，可以直接输入预先定义好的常用摘要编码，或利用参照功能选择，系统将自动转化为对应的摘要内容，这样就可以加快凭证录入速度。

2. 调用常用凭证填制凭证

在填制凭证过程中，可以按照经济业务的内容将存储在系统中的常用凭证调用出来。这些常用凭证以模板的形式保存在系统中，当系统调用出常用凭证模板后，操作员可以对其信息进行修改，然后输入本业务的日期和金额即可，减少了重复输入的工作。

3. 快速填制红字冲销凭证

如果记账凭证已经发生错误，需要先编制一张红字凭证冲销错误凭证，再编制一张正确的凭证，编制红字冲销凭证可自动进行。填制红字冲销凭证时，只需要输入制单月份和要冲销的凭证编号即可生成一张红字凭证。

二、修改及删除凭证

(一) 修改凭证

尽管在填制凭证时系统提供了多种控制错误的措施，但仍然不可避免地会出现错误。如在填制或审核凭证时发现凭证有误，则可以借助系统提供的功能对错误凭证进行修改。在电算化账务处理系统中，对错误凭证的修改要严格按照会计制度的要求进行。对不同状态的错误凭证要求采用不同的修改方式。

1. 错误凭证的“无痕迹”修改

“无痕迹”修改是指不留下任何曾经修改的线索和痕迹。以下两种状态下的错误凭证可实现无痕迹修改：① 对已经输入但未审核的错误凭证，通过凭证的编辑输入功能直接进行修改或删除，但凭证编号不能修改；② 对已经过审核但是未记账的错误凭证，可先取消审核，然后通过凭证的编辑输入功能进行修改。

2. 错误凭证的"有痕迹"修改

"有痕迹"修改是指通过保留错误凭证来更正凭证的方式，留下曾经修改的线索和痕迹。如果已经记账的凭证发现有错，不能直接修改，这时对错误凭证的修改要采用有痕迹修改。修改的方法可采用红字冲销法或补充凭证法。红字冲销法，即将错误凭证采用增加一张"红字"凭证全额冲销，然后再编制一张正确的"蓝字"凭证进行更正。如果原错误凭证是金额多计，也可采用此方法将多余的金额填写一张红字凭证予以冲销。补充凭证法是将原错误凭证少计金额再按原来的分录填制一张凭证，补充少计的差额。

（二）删除凭证

在账务系统处理凭证时，如果要将错误或不需要的凭证删除，可以通过"作废/恢复"功能先将其作废，然后再通过"整理凭证"功能，将不需要的凭证彻底删除。作废凭证不能修改和审核，记账时也不对作废凭证进行数据处理。在对某凭证进行作废处理后，已作废的凭证依然保留凭证的内容和编号，因此要彻底删除这些信息，需通过"凭证整理"功能对剩余凭证重新进行编号整理，这样在账簿记录中就不会出现断号现象了。

具体操作：在总账的【凭证】菜单下打开【填制凭证】，单击【制单】菜单下的【作废/恢复】按钮，凭证上就出现了红色的"作废"两字，再单击一下就可以取消作废，如图6－18所示。

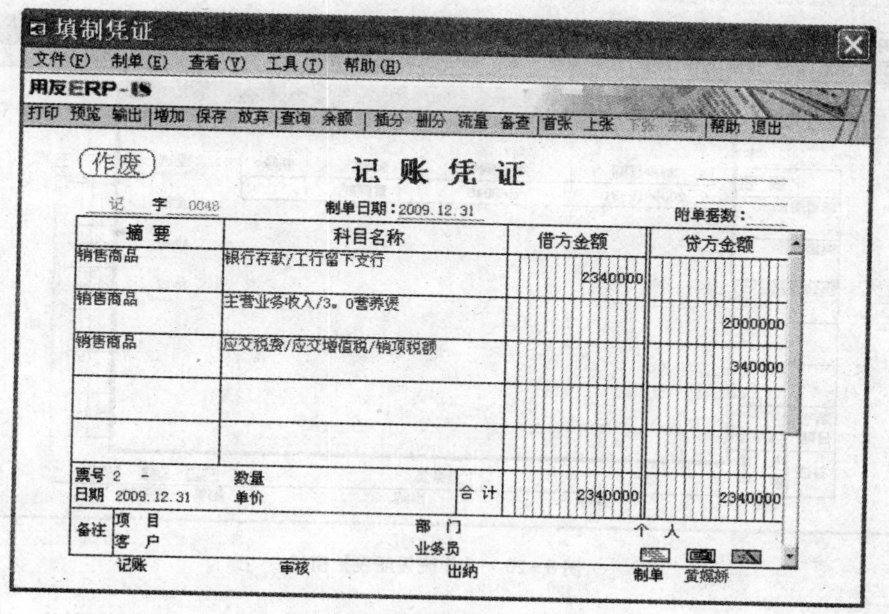

图6－18　【作废凭证】窗口

已作废的凭证可以删除。

具体操作：在总账的【凭证】菜单下打开【填制凭证】，点击【制单】菜单下的【整理凭证】按钮，选择要删除的凭证所在的月份，如图6-19和图6-20所示。

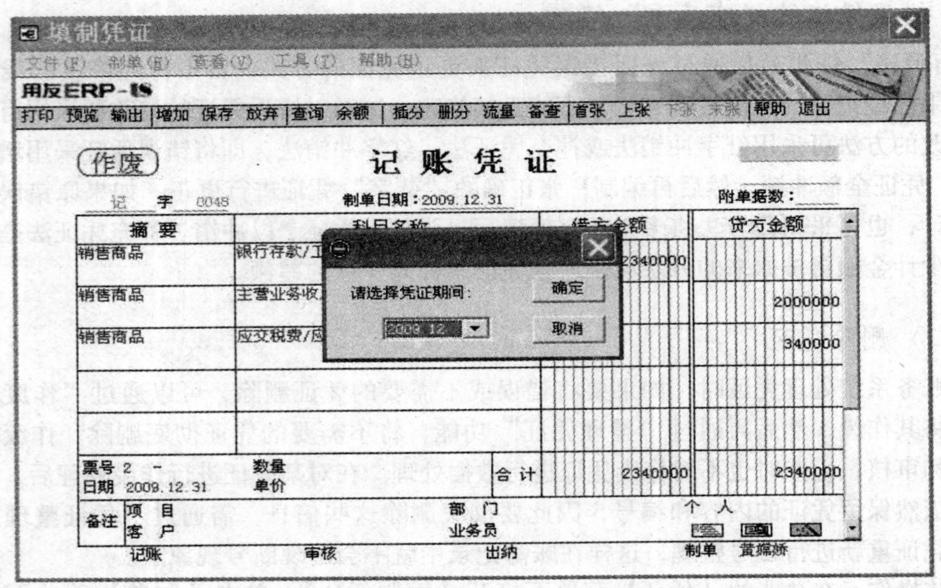

图6-19 【整理凭证】窗口

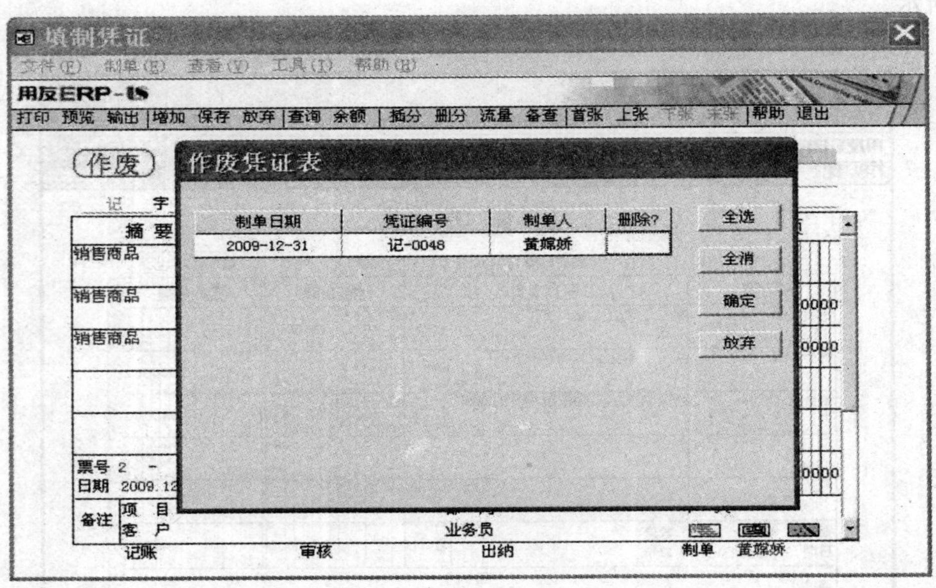

图6-20 【作废凭证表】窗口

选择要删除的凭证后，系统询问要不要整理断号，确定后完成凭证的删除，如图6-21所示。

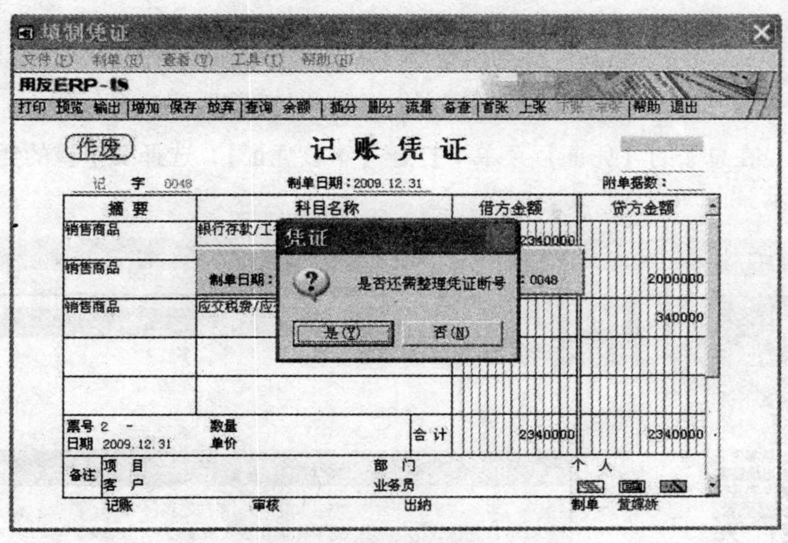

图6－21　【确认整理凭证】对话框

三、审核凭证

审核凭证方式有两种：① 账务处理系统程序本身设定的自动纠错审核，② 由具有审核权限的人员进行人工审核，这两种审核的作用不能相互替代。自动纠错审核主要是完成对凭证日期、凭证科目、金额相等三方面的审核；人工审核是具有审核权限的人员为了防止填制凭证过程中发生错误和舞弊行为，而对凭证的正确性和合法性进行检查核对，要审核记账凭证是否与原始凭证相符、会计分录是否正确、业务金额是否与原始凭证相等。在进行人工审核中，如果审核人认为凭证有错或有异议，应标记有错，交给填制人员修改后再审核；如果认为凭证正确，就发出签字的指令，计算机自动将具有审核权限的操作员的姓名输入到凭证上，凭证只有经过审核才能记账。审核凭证主要包括出纳签字和审核凭证两个方面。

（一）出纳签字

在进行出纳签字前，必须指定会计科目。指定会计科目是指定出纳的专管科目，系统中只有指定科目后，才能进行出纳签字，或查看现金、银行存款日记账。

具体操作：在总账的【凭证】菜单下打开【出纳签字】，选择要签字的凭证的月份等，如图6－22所示。

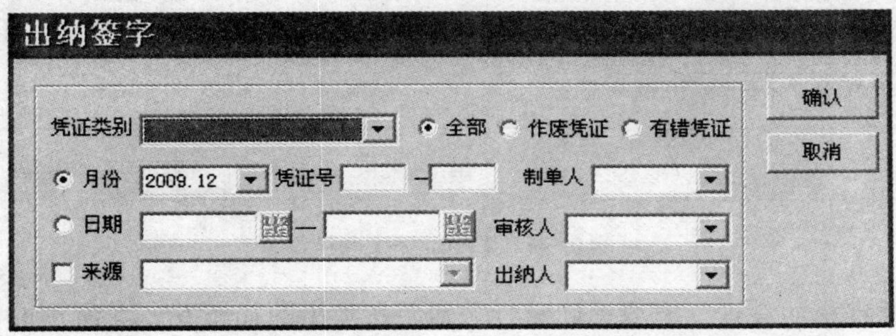

图6－22　【出纳签字】窗口

单击【确认】按扭和主界面中的【签字】按钮，就可以完成签字过程。

（二）审核凭证

具体操作：在总账的【凭证】菜单下打开【审核凭证】，选择要审核的凭证的月份等，如图6-23所示。

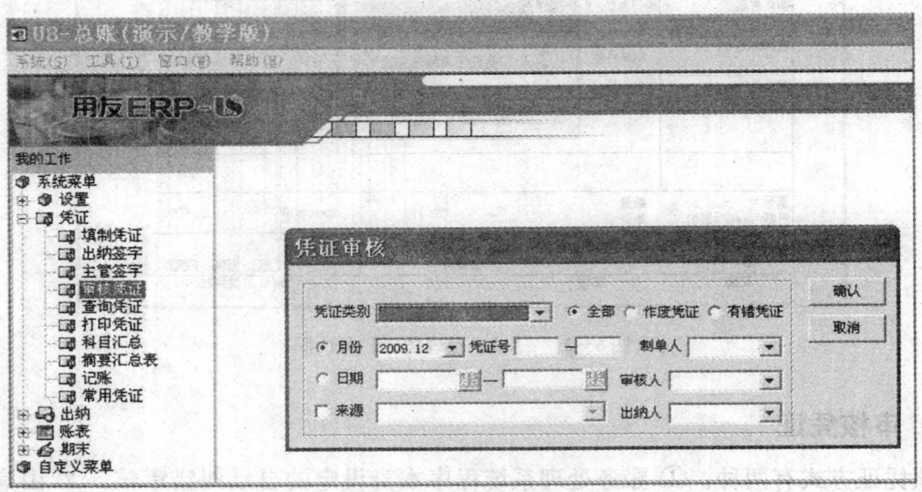

图6-23 【凭证审核】窗口一

单击【确定】按钮后弹出凭证明细，如图6-24所示。

凭证审核

凭证共 24 张　　已审核 22 张　　未审核 2 张

制单日期	凭证编号	摘要	借方金额合计	贷方金额合计	制单人	审核
2009.12.31	记 - 0024	提现	5,000.00	5,000.00	宋波	
2009.12.31	记 - 0025	收到利息	778.90	778.90	宋波	
2009.12.31	记 - 0026	缴纳电费	4,438.23	4,438.23	黄媖娇	宋
2009.12.31	记 - 0027	企业缴纳上月增值税	9,611.65	9,611.65	黄媖娇	宋
2009.12.31	记 - 0028	购买材料	244,530.00	244,530.00	黄媖娇	宋
2009.12.31	记 - 0029	购入材料	47,058.00	47,058.00	黄媖娇	宋
2009.12.31	记 - 0030	发放工资	79,400.00	79,400.00	黄媖娇	宋
2009.12.31	记 - 0031	支付有关税收	1,812.19	1,812.19	黄媖娇	宋
2009.12.31	记 - 0032	支付有关保险费	48,308.40	48,308.40	黄媖娇	宋
2009.12.31	记 - 0033	销售产品	234,000.00	234,000.00	黄媖娇	宋
2009.12.31	记 - 0034	销售产品	321,750.00	321,750.00	宋波	黄
2009.12.31	记 - 0035	计提折旧	4,908.33	4,908.33	宋波	黄

对照式审核　取消审核　确定　退出

图6-24 【凭证审核】窗口二

选择需要审核的凭证，单击【确定】按钮，在弹出的如图6-25所示的窗口中单击【审核】按钮，就可以完成凭证的审核过程。

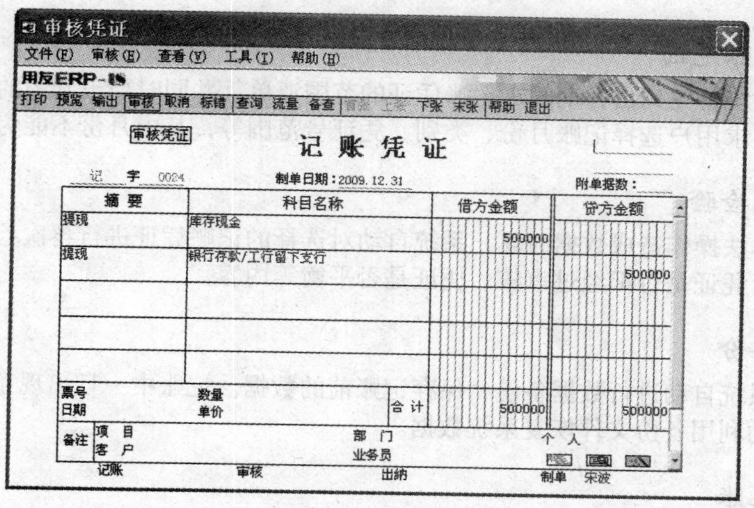

图 6-25 【审核凭证】窗口

四、凭证输出与管理

为了做好会计档案的保管和管理工作，需要对系统内的数据进行输出存档。就凭证而言，输出凭证是将系统内的凭证按照标准格式进行屏幕输出或打印机输出。

凭证输出可以按照条件来进行，例如可按日期范围、凭证编号、会计科目、金额范围、制单人、审核人等条件进行输出。

五、记账

凭证经过审核签字后，即可据以正式计入总分类账、明细账、日记账、部门账、往来账等账簿中。

由于记账过程采用向导方式自动完成，所以人工无法干预记账过程。按照记账向导进行的记账过程如图 6-26 所示。

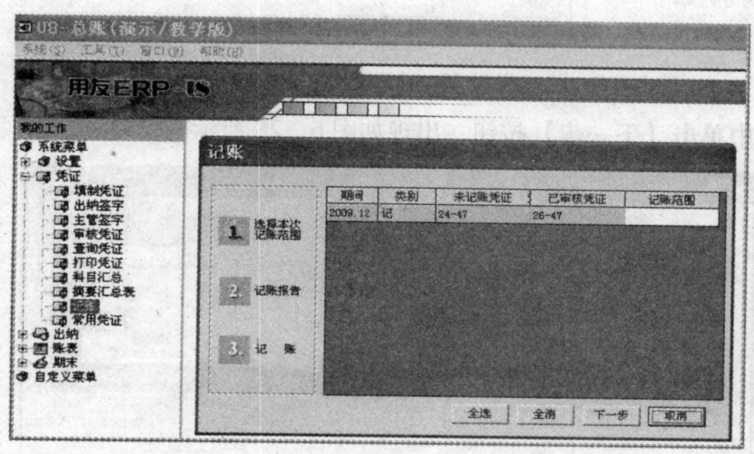

图 6-26　【记账】窗口

1．选择记账范围

记账前，系统首先列出各期间未记账凭证的范围清单，并同时列出其中的空号与已审核凭证的范围，要求用户选择记账月份、类别、凭证号范围等，其中月份不能为空。

2．合法性检验

为了防止非法操作造成数据破坏，系统自动对选择的记账凭证进行再次检验，包括检验上月是否结账、凭证是否都经过审核、凭证是否平衡等内容。

3．数据备份

记账前，系统自动进行数据备份，保存记账前的数据。记账中一旦出现意外，系统立即停止记账并自动利用备份文件恢复系统数据。

4．正式记账

首先更新记账凭证文件，将未记账前存入在临时数据库中的凭证转入另外一个稳定的数据库文件中，使之正式形成系统的基础数据。其次，更新科目汇总表文件，对记账凭证按科目进行汇总，更新“科目汇总表文件”相应科目的发生额，并计算余额。第三，更新有关辅助账数据库文件。最后，删除，即系统自动将已记账凭证从“临时凭证文件”中删除，以防重复记账。如图6－27所示。

图6－27　【记账】窗口一

在图6－27中单击【下一步】按钮，出现如图6－28所示的窗口。

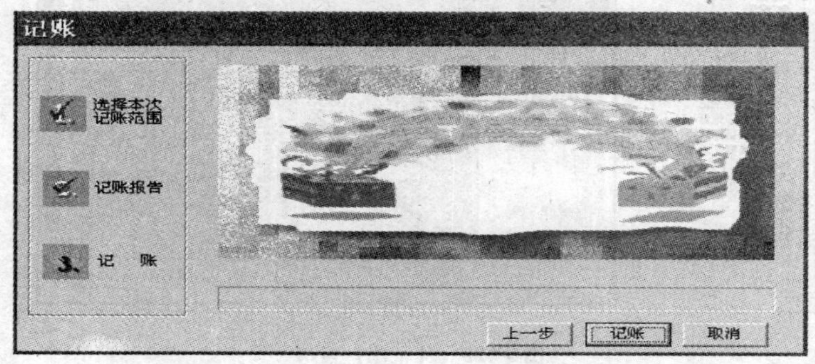

图6－28　【记账】窗口二

六、账簿查询

记账后的会计资料可以通过账簿查询功能进行不同需求的检索和查询。查询内容包括已记账的总账查询、明细账查询、日记账查询、部门往来账的查询等。账务处理软件通过良好的人机界面来满足用户的查询需要。查询账簿通常有指定条件查询和组合条件查询。指定查询是只要选取或输入需要查询的条件，计算机即可按条件自动显示相应内容以供查阅。总账查询通常采用指定条件查询，查询条件主要有日期和科目编号。组合条件查询是同时指定两个或两个以上条件进行筛选查询。通常查询明细账时采用此方法，其查询条件有日期范围、科目编号、凭证类型、凭证号范围、摘要、发生额范围、结算号、制单人、审核人等。查询到的内容可以打印输出。

七、账簿打印与管理

通过账簿查询打印输出的结果仅供平时查询使用，不能作为正式会计账簿保存。只有应用“账簿打印”功能专门打印输出正式账簿，才能作为正式保存的资料。账簿打印是指用打印机打印输出会计账簿，包括打印总账、明细账、日记账、辅助账、科目汇总表等。账簿打印是账务处理的最终目标之一，账簿打印输出的会计账簿要符合国家会计制度统一规定的格式，其基本条件有日期和科目名称，且两者不能同时为空。账簿打印输出一般在月末进行。如果已结账，打印会计账簿时有特殊标记，以示区别。

（一）总账的打印与管理

总账可以一年打印一次，也可以随时打印，选择总账打印的条件主要包括科目范围、级次范围、账页格式以及其他备选条件。账簿打印格式的确定一般在初始化设置时选择设定。打印条件选择后，就可发布打印指令输出账簿，并妥善建档保存。

（二）明细账的打印与管理

明细账的打印与管理基本与总账相同，系统提供明细账打印的账页格式主要有金额式（普通三栏式）、数量金额式、外币金额式、外币数量式等格式，用户可以根据实际需要选择。可以在月末或季末打印本月或本季需要存档保管的明细账，在年底打印输出全年的明细账。

（三）日记账的打印与管理

日记账是按业务发生的时间顺序以流水账的形式反映单位的资金运转情况，主要包括现金日记账和银行存款日记账。如果单位的资金活动业务较多，可以每天将日记账打印输出，否则可以按旬打印输出。在保管日记账时，要定期将打印输出的活页账页装订成册。

（四）辅助账的打印与管理

为了满足企业管理的需要，账务处理系统除了提供基本会计账簿的打印与管理功能外，还提供了辅助核算账簿的打印与管理功能，以便为管理层提供账务核算的辅助信息。这一功能主要包括往来核算、部门核算、项目核算、部门收支分析、项目统计表等辅助账簿的打印和管理。为了做好会计文件资料的保管，采用磁质介质存储会计数据后，仍需对账簿进行打印输出，以纸质形式立卷、归档、保管、调阅。

课堂单项实验四

总账管理系统日常业务处理

【实验目的】

掌握用友 U8 务软件中总账系统日常业务处理的相关内容，熟悉总账系统日常业务处理的各种操作，掌握凭证管理、出纳管理和账簿管理的具体内容和操作方法。

【实验内容】

1）凭证管理：填制凭证、审核凭证、修改凭证及记账。

2）出纳管理：账簿管理，总账、科目余额表、明细账、辅助账

【实验准备】

引入实验三的账套数据。

【实验要求】

1）以李刚刚的身份进行填制凭证和凭证查询操作。

2）以王东东的身份进行出纳签字、现金及银行存款日记账和资金日报表的查询与支票登记操作。

3）以张小小的身份进行审核、记账、账簿查询操作。

【实验资料】

1月经济业务如下。

1）2 日，销售一部罗敏购买了 200 元的办公用品，以现金支付。（附单据一张）

借：销售费用（5501）200

　　贷：库存现金（1001）200

2）3 日，财务部王东东从工行提取现金 10000 元，作为备用金。（现金支票号 XJ001）

借：库存现金（1001）10000

　　贷：银行存款——工行存款（100201）10000

3）5 日，收到中南集团投资资金 10000 美元，汇率 1:6.275。（转账支票号 ZZW001）

借：银行存款——中行存款（100202）62750

　　贷：实收资本（3101）62750

4）8 日，供应部采购材料 500 吨，每吨 100 元，材料直接入库，货款以银行存款支付。（转账支票号 ZZR001）

借：原材料——生产用原材料（121101）50000

　　贷：银行存款——工行存款（100201）50000

5）12 日，销售部收到哈飞公司转来一张转账支票，金额 99600 元，用以偿还前欠货款。（转账支票号 ZZR002）

借：银行存款——工行存款（100201）99600

　　贷：应收账款（1131）99600

6）14 日，供应部从中南公司购入材料 100 吨，单价 100 元（不含税），货税款暂欠，商品已验收入库。（适用税率 17%）

借：原材料——生产用材料（121101）10000

　　应交税金——应交增值税/进项税额（21710101）1700

　　贷：应付账款（2121）11700

7）16 日，总经理办公室支付业务招待费 1200 元。（转账支票号 ZZR003）

借：管理费用——招待费（550205）1200

　　贷：银行存款——工行存款（100201）1200

8）18 日，总经理办公室林天宇出差归来，报销差旅费 1800 元，交回现金 200 元。

借：管理费用——差旅费（550204）1800

　　库存现金（1001）200

　　贷：其他应收款（1133）2000

9）20 日，生产部领用原材料 250 吨，单价 100 元，用于生产电压力锅。

借：生产成本——直接材料（410101）25000

　　贷：原材料——生产用原材料（121101）25000

第四节　总账系统期末处理

在账务处理系统下，每一个会计期末，会计人员都需要借助系统定义并生成自动转账凭证、完成会计账户的试算平衡、进行银行对账及完成对账和结账工作，对这些业务的处理称为账务系统的期末业务处理。

一、银行对账

准确掌握银行存款的实际余额，了解实际可以运用的货币资金数额，企业必须定期将企业的银行存款日记账与银行对账单进行核对，并编制银行存款余额调节表，这就是银行对账。为辅助单位出纳人员完成银行对账工作，账务处理系统提供了银行对账功能，即将系统登记的银行存款日记账与银行对账单核对。凡是在设置会计科目时，已设置"银行账"账户类别的科目都可以使用银行对账功能。银行对账工作包括银行账期初余额的录入、未达账项的初始录入，录入银行对账单、对账、编制银行存款余额调节表、删除已达账等内容。

具体操作：在总账系统的【出纳】菜单下打开【银行对账】，单击【银行对账期初录入】，选择银行科目后如图 6－29 所示。

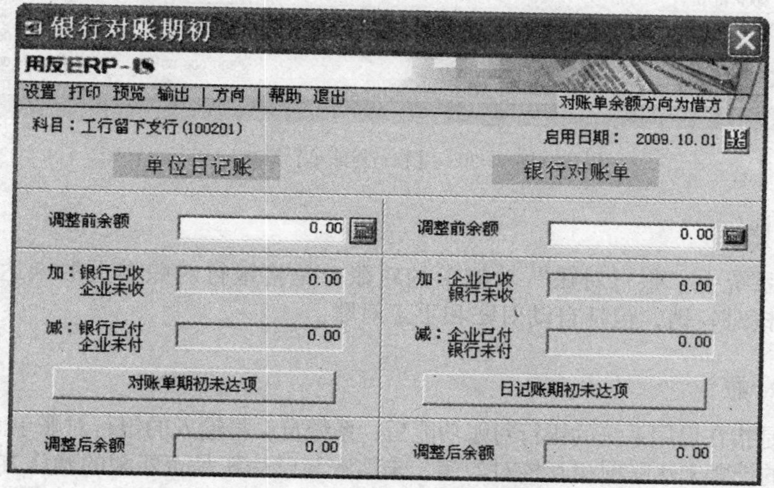

图 6－29　【银行对账期初】窗口

输入调整前余额，单击【对账单期初未达项】或【日记账期初未达项】按钮可以输入相应的期初未达账项。

（一）未达账项的初始录入

进行未达账项的初始录入，必须在第一次使用系统且科目余额已经输入以后进行。在账务系统下，期初未达账项是指自上次手工勾对截止日期到系统启用期前的未达款项。为了确保银行对账的准确性，顺利完成手工勾对向系统自动对账的转换，在使用银行对账功能前，必须将银行未达账项和企业未达账项输入到系统中。只有在首次使用银行对账模块时，才需要录入期初未达账。在使用银行对账模块后，一般不再需要录入银行对账期初余额。在输入未达账项时，一般输入企业未达账项业务发生时填制凭证的日记、结算凭证的类别、结算凭证号、借贷金额等。另外，在执行对账功能之前，应将银行存款与单位银行账的账面余额调整平衡。

（二）录入银行对账单

在每月月末对账前，必须将银行开具的银行对账单的内容输入计算机并保存。输入的主要内容包括对账单上每一笔业务银行的入账时间、结算方式、结算的凭证编号、借贷金额、银行账户的余额等。输入完成后，系统按照“企业银行日记账期末余额 + 企业未达账借方金额 - 企业未达账贷方余额 = 开户银行对账单期末余额 + 对账单未达账借方金额 - 对账单未达账贷方金额”的公式，进行平衡校验，如果不平衡，需要检查修正直至平衡。

具体操作：在总账系统的【出纳】菜单下打开【银行对账】，单击【银行对账单】，选择银行科目后如图 6 - 30 所示。

U8-总账(演示/教学版) - [银行对账单]

系统(S) 工具(T) 窗口(W) 帮助(H)

用友ERP-U8

设置 打印 预览 输出 | 增加 保存 删除 | 过滤 | 引入 | 帮助 退出

科目：工商银行(100201)

日期	结算方式	票号	借方金额	贷方金额	余额
2009.10.10	101		1,000,000.00		1,000,000.00
2009.10.10	101		2,000,000.00		3,000,000.00
2009.10.10	102			67.00	2,999,933.00
2009.10.10	102			5,000.00	2,994,933.00
2009.10.10	102			4,000.00	2,990,933.00
2009.10.10	102			60,000.00	2,930,933.00
2009.10.10	102			500,000.00	2,430,933.00
2009.10.10	102			18,000.00	2,412,933.00

图 6 - 30 【银行对账单】窗口

（三）对账

账务处理系统中“银行对账”功能中的对账，是将银行对账单上的未达账与日记账上的未达账进行核对勾销，包括自动对账和手工对账。

1. 自动对账

自动对账是指在启用系统的银行对账功能后，系统自动将输入的银行对账单上的未达账项和通过记账产生的记账未达账项相互核对勾销。未达账与已达账是否匹配的确认方式主要有两种：① 结算凭证号（如支票号）和业务发生额均相同时，可以认为是一笔业务的已达账加以核销；

② 只按金额比较，若金额相同，可以认为是同一笔业务采用手工对账加以补充。

2. 手工对账

手工对账的目的是核对自动对账未能找到的已达账项。由于同一笔经济业务在单位银行日记账和银行对账单上的记录内容可能不会完全相同，因此，自动对账有时并不能核销这些本来相同的业务，从而无法实现全面彻底对账。此时，需要采用手工核销未达账项的方法加以补充。手工对账时，可以采用手工的方式逐笔核销日记账和对账单未达账项。

具体操作：在总账系统的【出纳】菜单下打开【银行对账】，单击【银行对账】，选择银行科目后，单击【对账】按钮，如图 6－31 所示。

U8-总账(演示/教学版) - [银行对账]

系统(S)　工具(T)　窗口(W)　帮助(H)

用友ERP-U8

对账　取消 | 过滤　对照 | 检查 | 帮助　退出　　科目：100201 (工商银行)

单位日记账

凭证日期	票据日期	结算方式	票号	方向	金额	两清	凭证号数	摘　要
2009.10.10	2009.10.08	6		借	3,000,000.00		收-0001	收到投资款
2009.10.12				贷	67.00	○	付-0001	购买支票
2009.10.12				贷	5,000.00	○	付-0002	提现 备用
2009.10.17				贷	4,000.00	○	付-0003	验资，注册费用
2009.10.21				贷	560,000.00		付-0006	购买电脑，机器设备
2009.10.21				贷	18,000.00	○	付-0007	支付房租

银行对账单

日期	结算方式	票号	方向	金额	两清
2009.10.10	101		借	1,000,000.00	
2009.10.10	101		借	2,000,000.00	
2009.10.10	102		贷	67.00	○
2009.10.10	102		贷	5,000.00	○
2009.10.10	102		贷	4,000.00	○
2009.10.10	102		贷	60,000.00	
2009.10.10	102		贷	500,000.00	
2009.10.10	102		贷	18,000.00	○

图 6－31　【银行对账】窗口

（四）查询输出银行存款余额调节表

自动对账和手工对账完成后，系统自动整理汇总未达账和已达账，生成银行存款余额调节表，并可通过查询功能了解对账后已达账和未达账的数目、金额，调整后银行存款的余额等情况。在检查完毕后，还应打印输出银行存款余额调节表，作为会计档案保存。

具体操作：在总账系统的【出纳】菜单下打开【银行对账】，单击【余额调节表查询】，选择银行后，单击【查看】按钮，如图 6－32 所示。

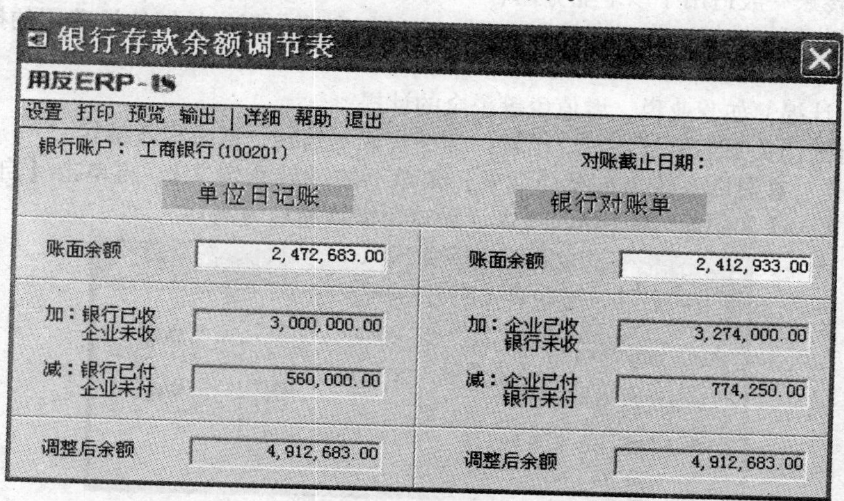

图 6－32　银行对账余额调节表

（五）删除已达账

在确保对账准确后，系统中已达账项已没有保留的必要，可以通过删除已达账功能，清空用于对账的日记账已达账项和银行对账单已达账项，以便可以重新使用银行对账功能。

二、账务处理系统内部自动转账

账务处理系统的内部转账是与将其他专项核算子系统生成的凭证转入账务处理系统的外部转账相对而言的，即指在账务处理系统内部把某个或几个会计科目中的余额或本期发生额结转到另外的一个或多个会计科目中去。而内部自动转账，是指在账务处理过程中，将凭证的摘要、会计科目、借贷方向、金额的取数公式等信息预先定义并储存在计算机中，形成自动转账凭证，供月末转账时随时调用，完成自动转账。

（一）定义自动转账凭证

定义自动转账凭证的目的是减少在每个会计期末出现频率高的业务处理工作。自动转账凭证可分两类：① 独立自动转账凭证，其金额的取数与本月发生的其他经济业务无关；② 相关自动转账凭证，其金额的大小与本月发生的某些业务有关。账务处理系统下的自动转账类型包括自定义转账、期间损益结转、销售成本结转、汇兑损益结转和对应结转等。

1. 自定义转账凭证设置

在使用自定义转账功能设置转账模型之前，应根据用户单位自身的具体情况，先对每个会计期末所要进行的转账业务进行整理、归类，同时确定每笔业务的会计分录，并确定数据来源、结转方向、计提或分摊的比例等内容，然后将这些较为固定的、便于按标准格式处理的会计业务逐项输入计算机。

操作中需要注意的是：作为自动转账凭证的定义项，定义的是转账凭证的模板，这个模板只有在运行了凭证生成功能后，才能生成转账类记账凭证，并由系统根据当月凭证数据库的内容自动进行编号与排序。

自定义转账一般适用于以下业务内容。

1）费用分配与结转，如工资费用分配、应付福利费分配、长期待摊费用的摊销、无形资产摊销。

2）税金计提，如营业税、增值税等税金的计提。

3）具有配比关系的科目的对应结转，如销售成本结转、期末损益结转。

具体操作：在总账系统里选择【期末】菜单下的【转账定义】，再单击【自定义转账】按钮，如图6-33和图6-34所示。（以计提短期借款利息为例）

图6-33 【转账目录】对话框

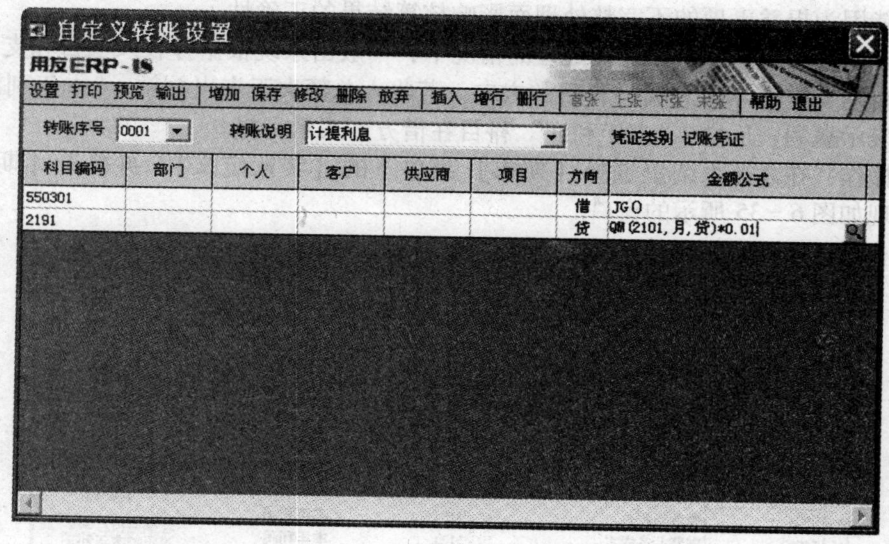

图 6－34 【自定义转账设置】窗口

有关项目定义规则如下。

（1）转账序号

转账序号即所定义的自动转账凭证的编号。这个序号指的是所定义的凭证模板的编号，而不是所生成的记账凭证的编号。记账凭证的编号是在凭证生成后由系统根据当前凭证库中的凭证数量确定的。

（2）摘要

摘要出现在所生成的记账凭证的每一行中的摘要内容。编写摘要内容时要照顾到凭证中的每一会计科目的内容与特点。

（3）科目与项目

科目与项目指凭证借贷双方的会计科目与辅助核算项目。在此设置的内容与直接填制的记账凭证中的内容相同。

（4）公式

公式即在日后由系统调用模板生成凭证时，凭证中金额的来源公式。借方可以用“JG()”表示，含义为“取对方科目计算结果”，贷方为“QM（2101，月，贷）×0.01”，含义为短期借款的月末贷方余额乘以月利率。这些公式的设置可以利用公式向导来完成。

2．期间损益结转设置

期间损益结转设置是指在一个会计期间终了时对损益类科目余额结转凭证的设置。通常，将所有损益类科目的余额都转入“本年利润”科目。

通用软件对这一凭证的常用处理方法有两种，① 由系统自动根据期末各损益科目的余额生成一张结转本期损益的记账凭证，采用这种处理方法时，要求用户十分准确地定义损益类科目；② 由用户使用自动转账功能定义期末结转凭证模型，然后按一般的自定义转账方式生成结转损益的记账凭证。

注意：结转期末损益只有在其他结转业务均已完成并已登记入账的情况下才可进行，否则，有可能因为损益事项的不完整处理而影响核算结果的正确性。

在将期末业务集中于一张凭证处理的情况下，一般由系统根据各收入项目和支出项目的余额情况自动安排“本年利润”科目的方向。若收入总额大于支出总额，“本年利润”科目在贷方，表示赢利；反之，“本年利润”科目在借方，表示亏损。

具体操作：在总账系统里选择【期末】菜单下的【转账定义】，再单击【期间损益】按钮，出现如图 6-35 所示的窗口。

期间损益结转设置

凭证类别 记 记账凭证　本年利润科目 3131

损益科目编号	损益科目名称	损益科目账类	本年利润科目编码	本年利润科目名
510101	3.0营养煲		3131	本年利润
510102	4.0营养煲		3131	本年利润
5102	其他业务收入		3131	本年利润
5201	投资收益		3131	本年利润
5203	补贴收入		3131	本年利润
5301	营业外收入		3131	本年利润
5401	主营业务成本		3131	本年利润
5402	主营业务税金及		3131	本年利润
5405	其他业务支出		3131	本年利润
550101	差旅费		3131	本年利润
550102	工资		3131	本年利润
550103	水电费			

确定　取消　打印　预览

每个损益科目的期末余额将结转到与其同一行的本年利润科目中

若损益科目与之对应的本年利润科目都有辅助核算，那么两个科目的辅助账类必须相同。本年利润科目为空的损益科目将不参与自动结转收支

图 6-35 【期间损益结转设置】窗口

3. 销售成本结转设置

自动转账的销售成本结转功能，是指在月末按一定方法计算出库存商品（或产成品）的平均单价的基础上，计算出各类商品（或产品）的销售成本，并对成本结转业务进行账务处理。由于企业商品销售成本的计算较为复杂，为了辅助企业完成商品销售成本的计算和结转，有的软件系统专门设计了商品销售成本的自动结转功能。

使用销售成本结转功能时，在会计科目中必须指定“库存商品（产成品）”科目、“主营业务收入”科目和“主营业务成本”科目，且要求这三个科目具有相同的明细科目结构。当由系统自动进行成本计算时，系统很可能对销售成本的计算方法有一定的约束，如库存商品必须设有数量账，计价方法中只能采用全月一次平均法或移动加权平均法等。

销售成本结转凭证的设置比较简单，但在具体使用本功能时，为确保核算结果正确有效，应注意以下几个问题。

1）库存商品、主营业务收入及主营业务成本三个科目的设置应一一对应，其明细科目的设置也不允许有任何出入。

2）无论企业所生产经营的商品品种有多少，上述三个科目所属的每一最末级科目均应对应一种具体的商品。在此，对最末级科目可视商品数量的多少，设置为二级科目、三级科目或四级科目。

3）由系统自动生成的销售成本结转凭证，也将自动进入临时凭证数据库。

具体操作：在总账系统里选择【期末】菜单下的【转账定义】，再单击【销售成本结转】按钮，出现如图 6-36 所示的窗口。

销售成本结转设置

凭证类别 记 记账凭证

库存商品科目

商品销售收入科目

商品销售成本科目

确定

取消

当商品销售数量 > 库存商品数量时：

按商品销售（贷方）数量结转（结转金额=商品销售贷方数量合计*库存单价）

按库存商品数量（余额）结转（结转金额=库存商品金额余额）

当某商品的库存数量 <= 0 时：

结转此商品的库存金额余额

注：库存商品科目、商品销售收入科目、商品销售成本科目的下级科目的结构必须相同，并且都不能带往来辅助核算，如果想对带往来辅助核算的科目结转成本，请到[自定义转账]中定义

图 6-36　【销售成本结转设置】窗口

4. 汇兑损益结转设置

汇兑损益是指单位在经营过程中，由于外币兑换或外汇汇率发生变动，而将外币折合为记账本位币时所形成的差额（收益或损失）。汇兑损益结转设置，用于定义自动计算外币账户的汇兑损益，并在期末自动生成汇兑损益转账凭证。汇兑损益一般只处理以下外币科目：外汇存款户，外币现金，外币结转的各项债权、债务。一般不处理所有者权益科目、成本类科目和损益类科目。

设有外币核算科目的单位，每月月末在将本月所有凭证记账后，均应通过系统提供的汇兑损益结转功能进行本月汇兑损益的计算和结转处理，其一般处理步骤如下。

1）通过系统的汇率管理功能输入本月各种外币的月末汇率。

2）选择输入应计算汇兑损益的科目，同时输入汇兑损益的入账科目，系统即可自动计算并生成汇兑损益的结转凭证。有的软件也把选择入账科目的步骤放在系统初始化阶段处理。

3）每月自动生成的汇兑损益结转凭证将自动进入临时凭证数据库。

具体操作：在总账系统里选择【期末】菜单下的【转账定义】，再单击【汇兑损益】按钮，出现如图 6-37 所示的窗口。

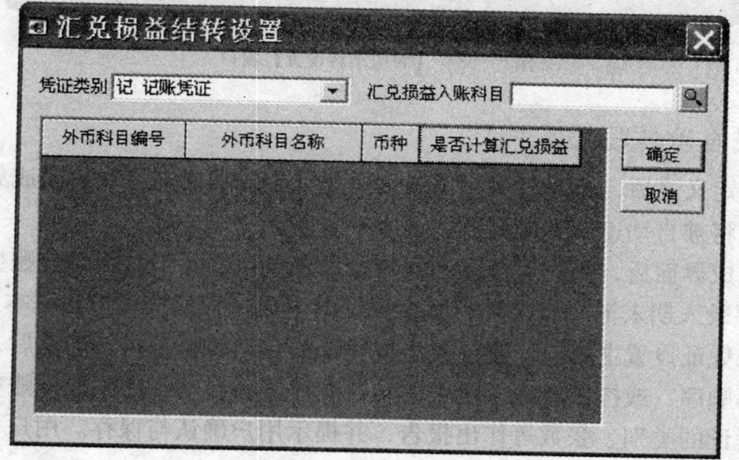

图 6-37　【汇兑损益结转设置】窗口

5. 对应结转设置

对应结转又称平行结转，是指两个科目之间的下级科目一一对应的结转。对应结转通常只允许输入两个科目，这些科目的下级科目必须一一对应，科目若有辅助核算账类，也必须完全一致。同自定义转账凭证相类似，对应结转首先要对适配内容进行初始定义，并在期末执行转账生成操作后才生成转账凭证。与自定义转账凭证不同的是，这种结转不仅对结转科目所属的明细科目的对应关系有限制，而且其结转的金额也只局限于期末余额。

除了以上叙述的内容外，有经验的用户还将自动转账功能应用于成本计算。成本计算的实质是对费用进行归集和分配，如果能够把明细科目设置为成本项目，成本计算就变成了把费用归集到有关科目中进行处理的过程。这一过程的实质是编制一系列费用分配凭证，这些凭证如果都能设置成自动转账模型，那么就可运用自动转账的方式进行成本计算了。这样，那些成本计算方法比较简单、产品比较单一的企业，其成本核算的操作手续将大大简化。

具体操作：在总账系统里选择【期末】菜单下的【转账定义】，再单击【对应结转】按钮，出现如图 6－38 所示的窗口。

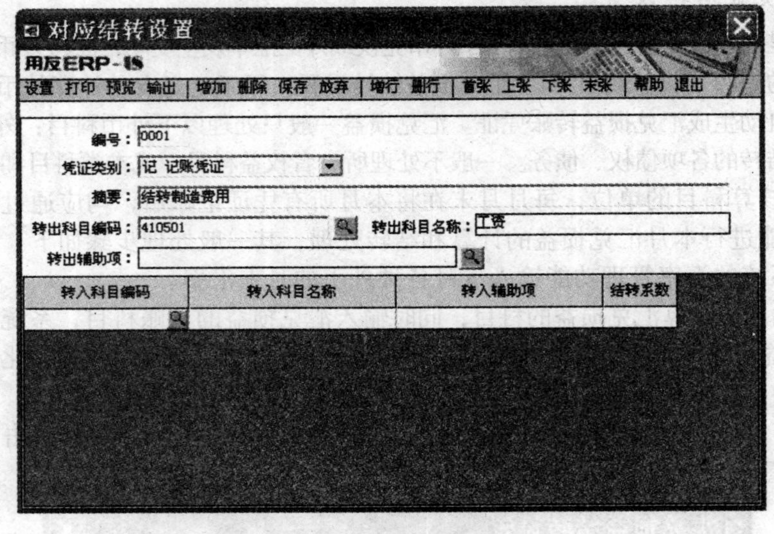

图 6－38 【对应结转设置】窗口

（二）生成自动转账凭证

转账凭证经定义之后，每月月末只需要运行凭证生成功能即可快速完成凭证的编制，所生成的转账凭证将被自动追加到未记账凭证库中。

进入转账生成界面后，用户可选择不同转账设置条目，除汇兑损益转账生成的操作步骤有所不同（需要录入期末汇率）之外，其余凭证的生成过程的操作方法基本相同。

在自动转账凭证设置主窗口，选择要生成凭证的自动转账条目，确认后，系统将按用户选择的凭证条目顺序，或按照转账设置中的转账顺序号，自动依序生成记账凭证。凭证生成后，系统会对凭证的类别、张数等作出报告，并提示用户确认与保存。用户可在未记账凭证库中查询所生成的凭证。

具体操作：在总账系统里选择【期末】菜单下的【转账生成】按钮，出现如图6-39所示的窗口。

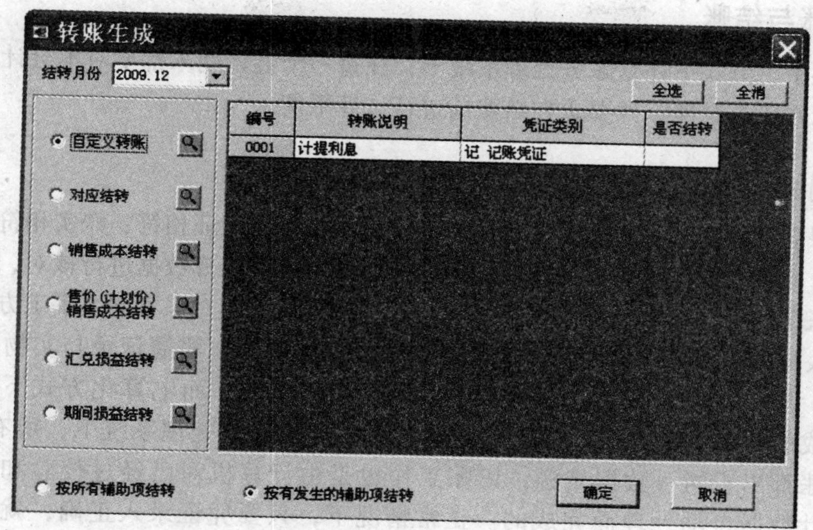

图6-39 【转账生成】窗口一

选择要转账生成的结转，单击【确定】按钮，出现如图6-40所示的窗口。

转帐生成

文件(F) 编辑(E) 查看(V) 工具(T) 帮助(H)

用友ERP-U8

打印 预览 输出 保存 放弃 插分 删分 流量 备查 首张 上张 下张 末张 帮助 退出

已生成

记账凭证

记 字 0046 - 0001/0002 制单日期：2009.12.31 附单据数：0

摘要	科目名称	借方金额	贷方金额
期间损益结转	销售费用/差旅费		1204665
期间损益结转	本年利润		82235
期间损益结转	销售费用/工资		1172640
期间损益结转	管理费用/办公用品		5304220
期间损益结转	管理费用/房租		300000
票号 日期	数量 单价 合计		

备注 项目 客户 部门 业务员 个人

记账 审核 出纳 制单 宋波

图6-40 【转账生成】窗口二

前已述及，对于每月重复出现的业务，凡是可以事先确定借贷方科目、摘要和金额计算方法的，都可以定义成自动转账模型。在会计实务中，大部分转账凭证都具有上述特征。所以，对自动转账功能的有效利用，将使每月转账凭证的输入量降低到最少。

自动转账的运用可以极大地提高账务处理系统的使用效率。在账务处理系统运行初期，由于用户未掌握自动转账设置的技巧，也可以不使用或少使用自动转账功能。随着软件应用的深入，应逐步增加自动处理的内容，直至将所有合适的转账凭证都用自动转账功能处理。

三、对账与结账

无论是在手工方式下还是账务处理系统下，在每一个会计期末都要对本会计期间的会计业务进行期末对账与结账，并要求在结账前进行试算平衡。

（一）对账

为了确保会计核算的真实性和完整性，符合账账相符、账证相符、账实相符的要求，在期末结账前，应首先对账。账务处理系统中的对账是系统对账簿数据进行核对，以检查记账是否正确，账簿的金额是否平衡，这与手工会计核算方式下的对账不同。手工方式下的对账工作是会计人员将账簿之间的数字、账簿与会计凭证的内容、账簿记录与实物数量之间进行人工核对，目的是为了防止登账过程中发生人为的错误。而电算化方式下的对账是由系统自动完成的，节省了大量繁杂的人工劳动。尽管在账务处理系统下，所有的日记账、总账、明细账都出于同一数据来源，记账工作也是由计算机对已经过校验和审核的记账凭证进行统计数据自动处理而完成的。正常情况下，只要凭证录入正确，就不会发生账账、账证不符的情况。然而，为了保证会计核算的准确性和会计数据的安全性，防止计算机病毒和非法操作对会计数据的破坏，确保账账相符、账证相符。账务处理系统仍然保留了计算机自动对账的功能，使用单位应经常使用这个功能进行对账。

对账的内容主要是核对各类账簿与凭证的记录内容来完成账证核对，核对总账与明细账、辅助账的数据来完成账账核对。

对账应经常进行，至少每月一次。对账应在结账前进行。

（二）试算平衡

试算平衡就是将系统中所设置的所有科目的期末余额按会计平衡公式进行平衡校验，并输出科目余额表及借方余额和贷方余额是否平衡的信息。试算平衡功能可以实现系统内数据的正确性校验。试算平衡时，需要检查月末损益类科目的余额是否为零。账务处理系统下试算平衡过程是由计算机自动完成的。

（三）结账

为了将持续不断的经济活动按照会计期间进行分期总结和报告，反映一定会计期间的财务状况和经营成果，会计核算单位必须按照有关规定定期地进行结账。结账是在把一定时期内发生的全部经济业务登记入账的基础上，计算、记录并结转各账簿的本期发生额和期末余额，并终止本期的账务处理工作。由于计算机在每次记账时，都已经结出各科目的发生额和余额，所以账务处理系统下的结账功能更侧重于对当月日常处理的限制和对下月账簿的初始化。因为，如果结账已经完成，就不能再进行凭证和账簿的处理操作了，系统会自动计算本月各账户的发生额和期末余额，并将期末余额结转到下期期初，为下个会计期间的连续核算做好初始化准备。

具体操作：在总账系统里选择【期末】菜单下的【结账】按钮，出现如图 6－41 所示的窗口。

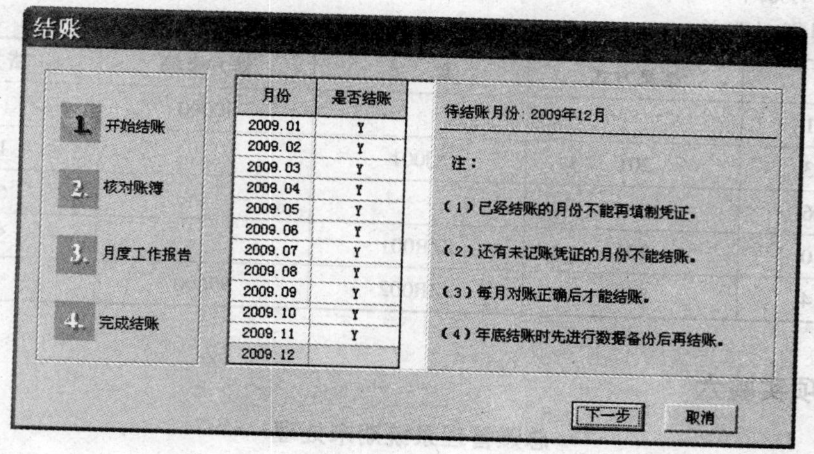

图 6－41　【结账】窗口

选择要结账的月份，单击【下一步】按钮，直到结账为止。

注意：

1）本月有未记账的凭证，不能结账。

2）上月未结账的，本月也不能结账。

3）对账不平衡的，本月不能结账。

4）本月有未结转的损益类账户，本月不能结账。

5）其他子系统未结账，总账系统不能结账。

课堂单项实验五

总账管理系统银行对账

【实验目的】

掌握用友 U8 软件中银行对账的操作方法。

【实验内容】

银行对账。

【实验准备】

引入实验四的账套数据。

【实验要求】

以王东东的身份进行银行对账操作。

【实验资料】

1. 银行对账

（1）银行对账期初

光明公司银行账的启用日期为 2010/09/01，工行人民币户企业日记账调整前余额为 193829.16 元，银行对账单调整前余额为 233829.16 元，未达账项一笔，系银行已收企业未收款 40000 元。

（2）银行对账单

12 月份银行对账单

日　期	结算方式	票　号	借方金额	贷方金额
2010. 08. 31			40000	
2010. 09. 03	201	XJ001		10000
2010. 09. 06				60000
2010. 09. 10	202	ZZR001		50000
2010. 09. 14	202	ZZR002	99600	

课堂单项实验六

总账管理系统期末处理

【实验目的】

掌握用友 U8 软件中总账系统月末处理的相关内容，熟悉总账系统月末处理业务的各种操作，掌握自动转账设置与生成、对账和月末结账的操作方法。

【实验内容】

1）自动转账。

2）对账。

3）结账。

【实验准备】

引入实验五账套数据。

【实验要求】

1）以李刚的身份进行自动转账操作。

2）以张小小的身份进行对账、结账操作。

【实验资料】

自动转账定义。

1）自定义结转。

借：管理费用——其他（550207）JG（）

贷：长期待摊费用——报刊费（130101）642/12

2）期间损益结转。

3）所得税的计算和结转。

第七章　会计报表子系统

学习目标： 通过本章的学习，应了解计算机方式下会计报表实现的思路和方法、掌握会计报表软件的操作、会计报表的定义、取数公式及报表生成。

重点与难点： 会计报表的定义、取数公式及报表的生成；自定义报表的定义、生成，取数公式的运用。

第一节　会计报表子系统概述

会计报表是企业向有关方面及国家有关部门提供财务状况、经营成果和资金流转信息的书面文件，是在日常会计核算的基础上，进一步加工汇总形成的综合性经济指标。通过编制会计报表能够对企业核算的结果作出概括性的说明。会计报表管理系统是会计核算系统中一个独立的子系统，其主要任务是设计报表的格式和编制公式，从账务处理或其他单项核算系统中取得有关会计核算信息生成会计报表，进行报表汇总和报表分析。

目前的表处理软件主要有三类：专用会计报表系统、通用会计报表系统和财经电子表软件。

专用会计报表系统是把会计报表的种类、格式和编制方法固定在程序中，这种软件操作简单，但是使用者对程序设计者的依赖性强，如果报表有变化，程序就需要随之修改，不能适应会计报表随时间和地点的转移，不利于报表系统的推广应用。

通用会计报表系统能够提供一种通俗易懂的方法，由使用者根据自己的情况定义会计报表种类、格式和编制方法，计算机根据使用者的定义，从现有的会计核算软件提供的数据库资源中提取数据，自动生成会计报表的全部内容。

财经电子表软件是通过一张很大的棋盘表来编辑、处理、传送并输出各种报表。其特点是把表格式与表内数据视为一体，避免了表定义过程中表头、表体等分别定义的操作，同时可以实现表内、不同表间数据的灵活移动。

一、报表系统的功能

在日常的会计核算中，企业通过账务系统和其他处理系统的记账、核算工作，把各项经济业务分类登记在会计账簿中，反映企业的经营业绩。而会计报表系统需要解决的主要问题是帮助用户定义报表的格式和计算报表中的数据，由此可以编制和输出不同用户所需的各类报表，并完成必要的分析。会计报表系统一般具备以下基本功能。

1. 报表管理

1）创建报表文件：根据用户需要在报表系统中为用户建立一个新的报表文件。

2）打开报表文件：根据用户需要打开报表系统中已经存在的报表文件。

3）保存报表文件：将编制的报表以用户指定的文件名保存在磁盘上。

2. 报表定义

1）报表格式定义：包括定义标题、表头、表体和表尾。

2）报表公式定义：定义报表数据的取得和计算方式，同时定义报表的审核公式。

3. 报表编制

1）报表生成：根据用户定义的报表格式和数据来源生成报表。

2）报表审核：按照已定义的审核公式对已生成的报表数据的正确性进行审核。

3）报表汇总：将同一报表不同期间的报表数据或将其下属单位上报的报表进行汇总生成汇总报表。

4）报表合并：根据个别会计报表生成合并报表。

4. 报表输出

1）报表查询：提供各种查询功能。

2）报表打印：进行打印设置，将报表打印输出。

3）网络传输：将报表通过各种方式传送给使用者。

5. 报表分析

1）分析指标定义：根据分析指标的逻辑关系和运算规则确定各指标的计算公式。

2）指标数据来源定义：按照计算公式生成分析结果。

3）图形分析：根据分析数据制成各种分析图形。

4）输出分析结果：查询、打印与传输分析结果。

二、会计报表系统的基本处理流程

会计报表的编制是每一个会计期末的主要工作之一，会计报表的编制过程具有很强的规律性。在手工条件下，会计报表编制的基本过程可分为三个步骤：① 设计并绘制表格线条及有关说明文字；② 查阅账簿内容、计算并填写数据；③ 根据数据间的勾稽关系检查数据的正确性。尽管目前大部分报表是由上级部门统一设计并印制好的固定格式报表，但从总体来看，这一基本步骤仍然是存在的。报表编制工作如果在计算机中完成，其基本处理流程与手工并没有什么大的区别，但每一步骤的具体工作方法却大不相同。根据计算机编制报表的工作内容，会计报表软件的工作流程可分为以下四步。

1）报表名称定义。

2）报表格式及数据处理公式设置。

3）报表编制。

4）报表输出。

三、基本概念

（一）格式状态和数据状态

报表管理系统将报表分为两大部分来处理，即报表格式设计工作与报表数据处理工作。报表格式设计工作和报表数据处理工作是在不同的状态下进行的。

1. 格式状态

在报表格式状态下进行有关格式设计和公式设置等操作，一般来说，格式设计主要包括设计表尺寸、行高列宽、单元属性、单元风格、组合单元、关键字、定义可变区等；报表公式设置主要包括设置单元公式（计算公式）、审核公式、舍位平衡公式等。

注意：

1）在格式状态下所作的操作对本报表所有的表页都发生作用。

2）在格式状态下不能进行数据的录入、计算等操作。

3）在格式状态下所看到的是报表的格式，报表的数据全部被隐藏。

2. 数据状态

1）在数据状态下管理报表的数据，如输入数据、增加或删除表页、审核、舍位平衡、图形操作、汇总与合并报表等。

2）在数据状态下不能修改报表的格式。

3）在数据状态下，看到的是报表的全部内容，包括格式和数据。

实现报表的格式状态与数据状态切换的是一个特别重要的按钮——【格式/数据】按钮。单击这个按钮可以在格式状态和数据状态之间切换。

（二）单元及单元类型

1. 单元

单元是组成报表的最小单位，单元名称由所在行、列来标识的。行号用数字1～999表示，列标用字母 A～U 表示。例如，E6 表示第 5 列第 6 行的那个单元。

（1）数值单元

数值单元用于存放报表的数据，必须是在数据状态下输入。数值单元必须是数字，可以直接输入，也可以由单元中定义的公式运算生成。建立一个新表时，所有单元的类型默认为数值型。

（2）单元

单元也是报表的数据，但并不一定是数值数据，也是在数据状态下输入。字符单元的内容可以是汉字、字母、数字及由各种键盘可输入的符号组成的一串字符。

（3）表样单元

表样单元是报表的格式，是定义一个没有数据的空表所需要的所有文字、符号及数字。一旦单元被定义为表样，那么在其中输入的内容对所有表页都有效。表样可在格式状态下输入和修改，但在数据状态下不允许修改。

2. 组合单元

组合单元由相邻的两个或更多的单元组成，这些单元必须是同一种单元类型（表样、数值、字符），UFO 在处理报表时将组合单元视为一个单元。组合单元的名称可以用区域的名称或区域中单元的名称来表示。例如，把 B2 到 B3 定义为一个组合单元，这个组合单元可以用“B2”、“B3”、或“B2:B3” 表示。

(三)区域

区域由一张表页上的一组单元组成，自起点单元至终点单元是一个完整的长方形矩阵。在二维的区域，最大的区域是一个二维表的所有单元（整个表页），最小的区域是一个单元。例如 A3 到 C8 的长方形区域表示为“A3:C8”，起点单元与终点单元用“:”连接。

(四)表页

一个报表最多可以容纳 99 999 张表页，每一张表页是由许多单元组成的。一个报表中的所有表页具有相同的格式，但其中的数据不同。

报表中表页的序号在表页的下方以标签的形式出现，称为页标。页标用“第 1 页” ~ “第 99 999 页”表示。如果取当前表的第 1 页，可以表示为“@1”。

(五)二维表和三维表

确定某一数据位置的要素称为“维”。在一张有方格的纸上填写一个数，这个数的位置可通过行和列（二维）来描述。如果将一张有方格的纸称为表，那么这个表就是二维表，通过行（横轴）和列（纵轴）可以找到这个二维表中的任何位置的数据。如果将多个相同的二维表叠在一起，找到某一个数据，其要素需要增加一个，即表页号（z 轴），这一叠表称为一个三维表。如果将多个不同的三维表放在一起，要从这样多个三维表中找到一个数据，又需要增加一个要素，即表名。三维表中的表间操作即称为“四维运算”。UFO 是一个三维立体报表处理系统，要确定一个数据的所有要素就要有表名，列、行和表页的信息，如利润表第 3 页的 C2 单元，表示为“利润表”C2@3。

(六)固定区及可变区

固定区是由固定数目的行和列组成的区域，其内的单元总数是不变的。

可变区是由不固定数目的行和列组成的区域，可变区的最大行数是在格式设计状态中设定的。在一个报表中只能设置一个可变区，或是行可变区或是列可变区。行可变区是指可变区中的行数是可变的；列可变区是指可变区中的列数是可变的。设置可变区后，屏幕只显示可变区的第一行或第一列，其他可变行列隐藏在表体内。在以后的数据操作中，可变行列数随着需要而增减。

有可变区的报表称为可变表；没有可变区的表称为固定表。

(七)关键字

关键字是游离于单元之外的特殊数据单元，可以唯一标识一个表页，用于在大量表页中快速选择表页。如一个资产负债表的表文件可以存放一年 12 个月的资产负债表，如要对某一张表页的数据进行定位，就要设定一些定位标志，在 UFO 中称为关键字。系统共提供了以下六种关键字，关键字的显示位置在格式状态下设置，关键字的值则在数据状态下录入，每个报表可以定义多个关键字。

1）单位名称：字符型（最大 30 个字符），为该报表表页编制单位的名称。

2）单位编号：字符型（最大 10 个字符），为该报表表页编制单位的编号。

3）年：数字型，该报表表页反映的年度。

4）季：数字型，该报表表页反映的季度。

5）月：数字型，该报表表页反映的月份。

6）日：数字型，该报表表页反映的日期。

除此之外，系统增加了一个自定义关键字，当定义名称为“周”和“旬”时，有特殊意义，可以用于业务函数中代表取数日期，可从其他系统中提取数据。在实际工作中，可以根具体需要灵活运用这些关键字。

第二节　会计报表格式的定义

一、自定义报表格式设计

在自定义报表的制作过程中，会计报表操作是从报表格式设置开始的，从构成报表的要素来看，一张完整的会计报表由标题、表头、表体、表尾四个部份组成。

（1）标题

标题即表名，用来表示报表的名称。有的报表标题不止一行，有时会设副标题和修饰线等。

（2）表头

表头用来表示报表的栏目。栏目和栏目的名称是报表最重要的内容，它们决定了报表页中报表每一栏的宽度，从而确定了报表的基本格式。简单报表的栏目只有一层，而栏目只有一层的称为基本栏。复合报表的栏目可以分成若干层，即大栏目下包含几个小栏目，这种栏目称为组合栏。有些报表软件也将表的标题和表头部分视为一个整体，将这个整体称为表头。以下为了说明的方便都将标题和表头合称为表头。

（3）表体

表体是报表的主体，是一张报表的核心。表体由横向的若干栏和纵向的若干行组成。纵向表格线和横向表格线将表体部分划分成一些方格用于填写表中的数据，这些方格称为表单元。表单元是组成报表的最小基本单位，每一个表单元都可以用它所在的列坐标和行坐标来表示。有时在处理复杂表格时需要将几个单元合并成一个大单元来用，这种单元称为组合单元。组合单元总是由相邻的两个以上的单元组成。通常将确定某一单元位置的要素称为“维”。在报表系统中一张报表称为一个二维表。同一报表（如资产负债表）的若干张不同期间的报表合称为一个三维表。

为了便于报表数据处理，有时需要对多个单元的数据同时进行计算，因此有些报表系统需要定义区域。区域是由多个单元组成的，它包括的范围是从起点单元开始，到终点单元构成的一个长方形单元阵列。区域是二维的，最小的区域是一个单元，最大的区域可以包括整张报表的所有单元。在报表编制过程中，向报表单元中填入的内容一般有两种：① 构成报表格式的部分；② 构成报表内容的部分，构成报表内容的部分又可细分为文字内容和数字内容。其中，构成报表格式的部分通常用来作为每行的标题，称为表项目。表项目在编制不同会计期间的同一会计报表时与表头、表尾一样，它的内容是固定不变的，因此表项目是报表格式的一部分。

(4) 表尾

表尾指表格线以下进行辅助说明的部分。有的表的表尾部分有内容，有的表的表尾部分没有内容。

下面说明一下固定表的设计步骤。

1) 启动报表子系统，建立报表。启动报表子系统，首先是选择账套和会计年度，确认后，进入报表子系统，建立一个空的报表默认名为 reportl，并进入格式状态，在此状态下可进行报表格式及公式的定义。

2) 设置报表尺寸。设置报表尺寸指设置报表的行数和列数。

具体操作如下。

1) 在【格式】菜单中单击【表尺寸】，弹出【表尺寸】对话框，如图 7-1 所示。

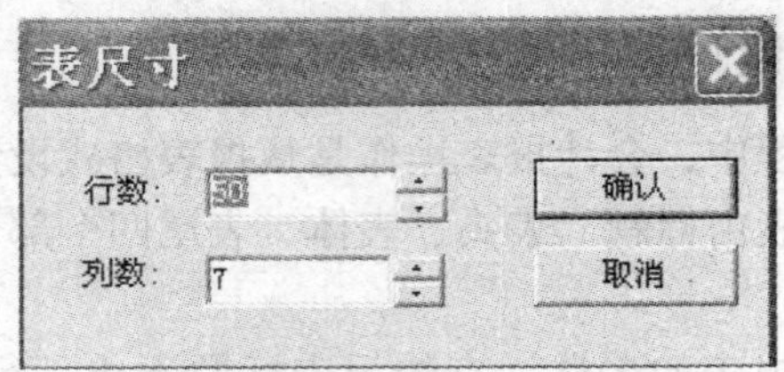

图 7-1 【表尺寸】对话框

2) 输入行数及列数，单击【确认】按钮。系统将会自动生成一张行数为 50、列数为 7 的空白报表。

注意：报表的尺寸设置完之后，还可以通过【格式】菜单下的【插入】或【删除】命令增加或减少行或列来调整报表大小。

1. 定义单元属性

报表新建时所有的单元属性均为数值型。

具体操作：选择需要设置的单元格，单击【格式】菜单下的【单元属性】，或者单击鼠标右键，在弹出的菜单中选择【单元属性】项，如图 7-2 所示。

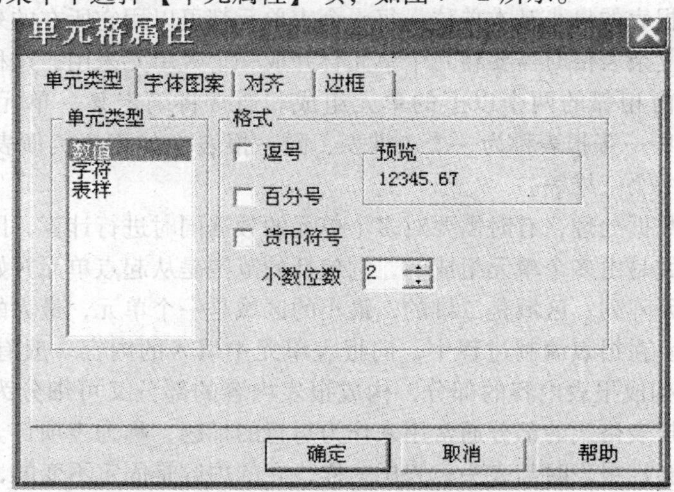

图 7-2 【单元属性】对话框

选择单元类型及其他信息，单击【确定】按钮完成操作。

2. 组合及拆分单元格

为了使报表更加美观，可以使用组合单元和拆分单元功能。

具体操作：选中需要单元组合的单元区域，单击【格式】菜单下的【组合单元】，弹出如图 7－3 所示的对话框。

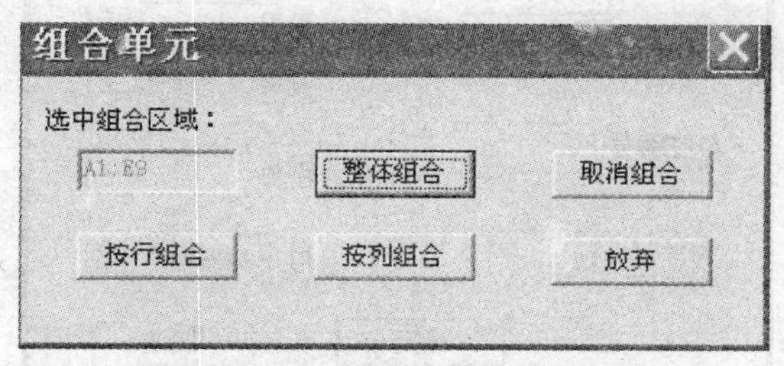

图 7－3　【组合单元】对话框

单击相应的组合单元类型按钮，完成操作。

各组合单元类型按钮的说明如下。

1）整体组合，即将所选的单元区域完全组合在一起。

2）按行组合，即将所选的单元区域按行进行组合。

3）按列组合，即将所选的单元区域按列进行组合。

4）取消组合，即将所选的单元区域恢复成单元组合前的状态。

5）放弃，即放弃本次操作。

3. 定义表头、表体、表尾和关键字

1）定义表头、表体、表尾。选中相应的单元，依次输入表头、表体及表尾的字符。

2）设置关键字。

具体操作如下。

1）选定单元，在【数据】菜单中指向【关键字】，然后单击【设置】项，默认设置“单位名称”关键字，单击【确定】按钮，所选的单元中出现了红色的“单位名称：××××××”。重复上述操作，设置“年”、“月”、“日”关键字，如图 7－4 所示。

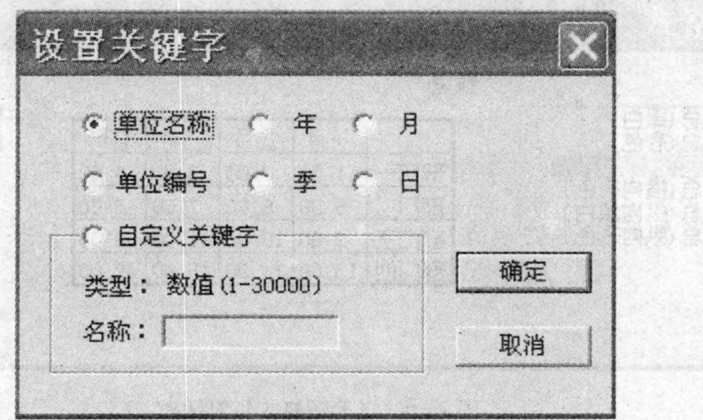

图 7－4　【设置关键字】对话框

2）调整关键字位置。关键字“年”和“月”与“单位名称”重叠在一起，无法辨别。选择【数据】菜单下的【关键字】后的【偏移】，设置“月”关键字偏移量为“40”，单击【确定】后，“月”关键字位置向后移动一定距离。由此，可以理解“偏移”就是指各关键字在单元中的相对位置，负数表示向左偏移，正数表示向右偏移。如图7－5所示。

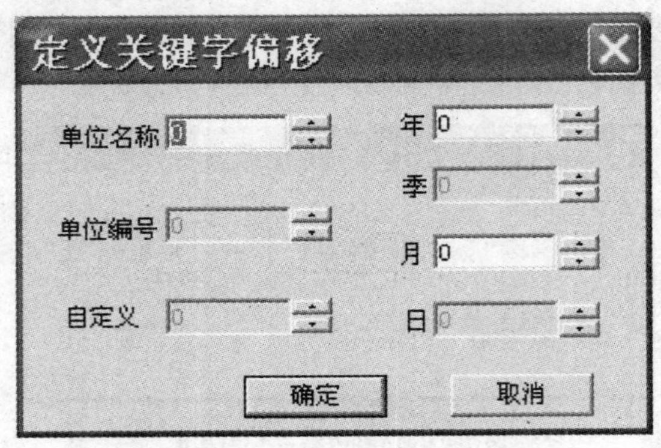

图7－5　【定义关键字偏移】对话框

4. 报表存盘

经过以上步骤，一个货币资金表的样板基本上已经建立，选择【文件】菜单下的【保存】，进行保存即可。

二、格式设计的其他功能

1. 套用格式

如果需要制作一个标准的财务报表（如资产负债表），可以选择套用格式，再进行一些必要的修改即可重复使用。

具体操作如下。

1）单击【格式/数据】按钮，进入格式状态。

2）选取要套用格式的区域。

3）选择【格式】菜单中的【套用格式】，出现【套用格式】对话框。在对话框中选取一种套用格式，确认后，所选区域即出现相应的格式，如图7－6所示。

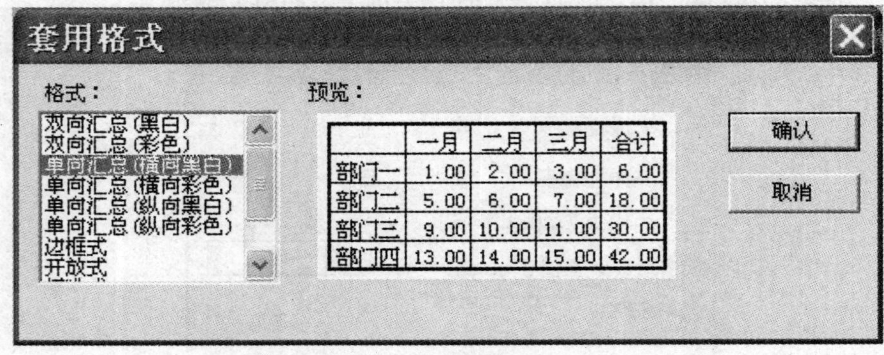

图7－6　【套用格式】对话框

2. 报表模板

上面介绍的是用户自定义报表，但对于一些会计实务上常用的、格式基本固定的报表，通用报表管理子系统一般都为用户提供了各行业的各种标准报表模板。在报表模板里，已经按照标准的会计报表设置了格式、单元属性、公式等，免去了从头至尾建立报表、定义格式、公式的烦琐工作。系统提供的报表模块包括了众多行业的标准财务报表，包括资产负债表、利润表、现金流量表以及单位常用的内部报表，系统还提供了自定义模板。利用模板编制现金流量表的步骤如下。

1）单击【格式/数据】按钮，进入格式状态。

2）选择【格式】菜单中的【报表模板】，在【报表模板】对话框中选择行业和财务报表名，确认后生成一张空的标准财务报表，可以在此基础上稍作修改，最终得到满意的结果，如图 7－7 所示。

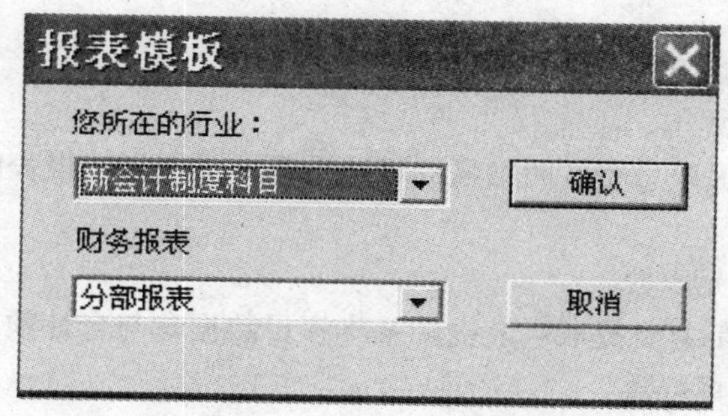

图 7－7　【报表模板】对话框

3. 自定义模板

用户可以根据单位的实际情况及需要定制内部报表模板，并可以将自定义的模板加入到系统提供的模板库中，也可增加或删除各个行业及其内置的模板。

第三节　会计报表公式定义与计算

报表公式的作用是从数据文件中调取需要的数据，填入表中相应的报表单元中。报表管理软件提供了一整套从各种数据文件（包括机内账簿、凭证和报表，也包括机内其他数据源）中调取数据的函数。下例中的 C5 = QC（“科目编码”、会计期、方向、账套号）即是一个取数函数。不同的报表软件函数的具体表示不同，但这些函数所提供的功能和使用方法一般是相同的。用户在使用时可查阅有关说明或求助系统的帮助功能。一个报表系统编制报表的能力主要是通过系统提供的取数函数是否丰富来体现的，取数函数越丰富该报表系统编制报表的能力越强。

为了使对计算机不够熟悉的会计人员能方便地使用计算机编制报表，多数表处理软件提供了引导用户进行设置的功能。用户在进入引导设置状态后，可根据各报表单元填列数据的要求，逐项回答系统提出的诸如从何处取数、什么期间、借方还是贷方、发生额还是余额等，系统即可自动生成需要的公式，从而使会计人员只要会手工编制报表，即可方便地在计算机上设置有关报表的公式。

在报表系统中，由于各种报表之间存在着密切的数据间的逻辑关系，所以报表中各种数据的采集、运算和勾稽关系的检测就会用到了不同的公式，主要有单元公式（计算公式）、审核公式和舍位平衡公式。

一、单元公式

单元公式是指为报表单元赋值的公式，它是报表的取数函数。利用它可以将单元的值赋为数值，也可以赋为字符。对于需要从报表本身或总账、工资、成本、固定资产等模块中取数以及一些小计、合计、汇总等数据的单元，都可以利用单元公式完成。会计报表系统通常用函数来定义报表的数据来源，来说明从什么地方取数，取什么条件的数据，数据要经过什么样的处理等。

1. 单元公式中数据的来源

（1）从机内账簿取数

从账务处理系统中提取总账、明细账的相关数据，常用会计报表的主要数据仍然来源于机内会计账簿。

（2）从本表表内单元取数

绝大多数会计报表都需要提取本表内的基本栏目数据参与合计项或相对数的计算。

（3）自本表其他表页取数

从本表已经编制完成的任一会计期间的报表内提取数据。C5 = QC（“1001”，月，“借”，“001”）+QC（“1002”，月，“借”，“001”）+QC（“1009”，月，“借”，“001”）

其含义是：C5 单元（货币资金期初数）的数值来源于账务处理系统第 001 套账中的“1001”（库存现金科目）、“1002”（银行存款科目）和“1009”（其他货币资金科目）当月期初余额之和。

“货币资金”期末数（D5 单元）的取数公式为：

D5 = QM（“1001”，月，“借”，“001”）+QM（“1002”，月，“借”，“001”）+QM（“1009”，月，“借”，“001”）

其含义是：D5 单元（货币资金期末数）的数值来源于账务处理系统第 001 套账中的“1001”（库存现金科目）、“1002”（银行存款科目）以及“1009”（其他货币资金科目）当月期末余额之和。

“交易性金融资产”期初数（C6 单元）的取数公式为：

C6 = QC（“1101”，月，“借”，“（）01”）

其含义是：C6 单元（交易性金融资产期初数）的数值来源于账务处理系统第 001 套账中的“1101”（交易性金融资产科目）当月期初余额。

“交易性金融资产”期末数（D6 单元）的取数公式为：

D6 = QM（“1101”，月，“借”，“001”）

其含义是：D6 单元（交易性金融资产期末数）的数值来源于账务处理系统第 001 套账

中的“1101”（交易性金融资产科目）当月期初余额。其他项目函数设置依此类推。

注意：

1）科目编码也可以是科目名称，且必须用双引号。

2）会计期间可以是“年”、“季”、“月”等变量，也可以用具体数字表示的年、季、月。

3）方向即“借”或“贷”，可以省略。

4）账套号为数字，缺省时默认为第一套账。

5）会计年度即数据取数的年度，可以省略。

6）编码 1 与编码 2 与科目编码的核算账类有关，可以取科目的辅助账，如职员编码、项目编码，如果无辅助核算则省略。

2. 从本表表内单元取数函数及设置

绝大多数会计报表都需要提取表内的基本栏目数据参与合计项或相对数的计算，因此常用的函数是统计函数。

1）统计函数主要如下所示。

数据合计函数	PT（）TAL（）	最大值函数	PMAX（）
平均值函数	PAVG（+）	最小值函数	PMIN（）
计数函数	PCOUNT（）	方差函数	PVAR（）

对表内单元也可以直接引用在由“+”、“-”、“*”、“/”、“=”等符号连接构成的等式中。表内单元取数公式常用于计算报表中的合计栏。在资产负债表中，“流动资产合计”、“固定资产净值”、“资产总计”等项目都可运用表内取数公式求取。

2）公式举例。例如，对于“流动资产合计（D18 单元）”项目期末数，用友软件设置的取数公式为：

D18 = D5 + D6 + D7 + D8 + D9 + D10 + D11 + D12 + D13 + D14 + D15 + D16 + D17

其含义是：流动资产合计数（D18）等于自货币资金（D5）项至其他流动资产（D17）项的累计数。

同样，对于资产负债表中“固定资产净值（D26 单元）”的期末数可表示为：

D26 = D24 - D25

其含义是：固定资产净值等于固定资产原价减去累计折旧的差额。

3. 自本表其他表页取数的函数及设置

一般指的是同一报表不同会计期间取数公式的设置。

对于取自于本表其他表页的数据，可以利用某个关键字作为表页定位的依据或者直接以页标号作为定位依据，指定取某张表页的数据。可以使用 SEL. ECT（）函数从本表其他表页取数。

例如：在 2 月份的利润表中的本年累计数（D4 单元）是取自于上个月利润表中的本年累计数（D4 单元）加上本月份利润表中的本月发生数（C4 单元），则其公式表示为：

D4 =？C4 + SEL，ECT（D4，月@ = 月 +1）

如果本表 C1 单元取自于第二张表页的 C2 单元数据，可表示为 C1 - C2@2。

4. 自其他报表单元取数的函数及设置

对于取自于其他报表的数据，在建立两张报表的关联时，可按以下模型设置：

报表名称→报表单元 relation 期间标志 1 with 报表名称→期间标志 2

例如，要编制一张名为损益分析表的报表，其中某一项数据要从利润表获取。假如损益分析表的 B10 单元是“利润总额”，而这一数据在利润表中是 D18，则损益分析表的 B10 数据来源公式可定义为：

B10 = “利润表”→D18 relation 月 with “利润表”→月

其含义是：当前单元（B10）的数据来自于利润表的 D18 单元的当月数据。

如果需要获取的数据来自于以前会计期间，则只要调整第二个“会计期间”参数即可。当参数设置为“月 +1”时，表示数据来自于上月。

5. 报表取数公式设置的两种方式

为自定义报表设置取数公式，这是一项技术要求比较高的初始化操作。初始设置中的任何误差，都将使以后所生成的会计报表产生较大的错误，那将长久地影响报表信息的质量。显然，要高质量地完成会计报表所有指标的数据来源设置，需要用户掌握一定的计算机程序设计原理和数据库运用知识，同时要十分熟悉所用会计软件在报表数据来源表示方面的有关规则。为满足不同用户的使用需要，系统一般提供以下两种设置方法。

（1）手工录入方法

按照报表系统设定的语法规则，在报表数据来源设置界面直接输入取数公式。这种方式需要用户十分熟悉报表系统函数以及报表公式设置的规则与格式。对初学者或缺乏相应计算机知识的会计人员来说，这是一项比较困难的操作。但直接录入取数公式，便于把握会计报表中每一指标的数据来源含义，必要时可方便地修改指标数公式，从而使所提取的数据符合报表指标对取数的要求。

（2）函数向导方式

这是利用系统提供的“函数向导”或“公式向导”功能来定义取数公式。在这种方式下，报表系统将通过界面提示引导用户对取数参数作出一系列的选择，由系统根据内含的规则自动生成取数函数，并可通过函数与函数的符号连接完成对完整取数公式的设置。这种方式的最大好处是，用户不需要详细掌握函数编写的规则，而只要能指明所设计的报表指标数据的来源即可。其缺点是，报表系统所生成的函数或公式往往使用某些参数的默认值，使用户对公式的理解与修改变得比较困难。

这里对利用函数向导定义货币资金表计算公式进行说明。以 C4 单元为例，C4 单元存放现金期初数，定义过程如下。

1）在格式设计状态下，单击“C4”单元。

2）输入“=”或单击“fx”图表，出现【定义公式】对话框，如图 7-8 所示。

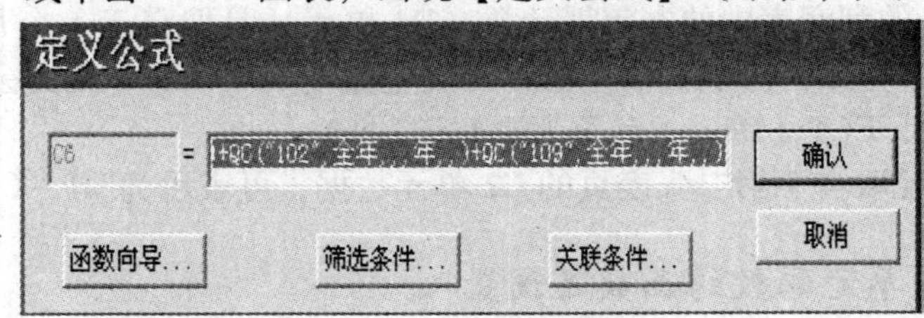

图 7-8 【定义公式】对话框

3）在【定义公式】对话框中，单击【函数向导】按钮，出现“函数向导”对话框，如图 7－9 所示。

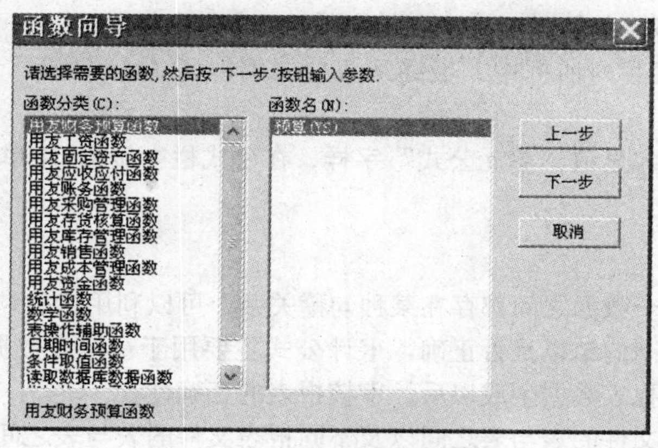

图 7－9　【函数向导】对话框

4）在【函数向导】对话框中的函数分类列表框中，选择“用友账务函数”，在“函数名”列表框中，选择“期末”，单击【下一步】按钮，出现【用友账务函数】对话框，如图 7－10 所示。

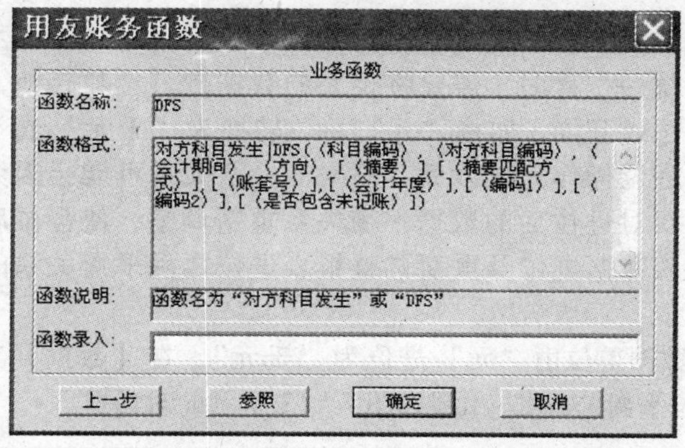

图 7－10　【用友账务函数】对话框

5）在【用友账务函数】对话框中，单击【参照】按钮，出现【账务函数】对话框，如图 7－11 所示。

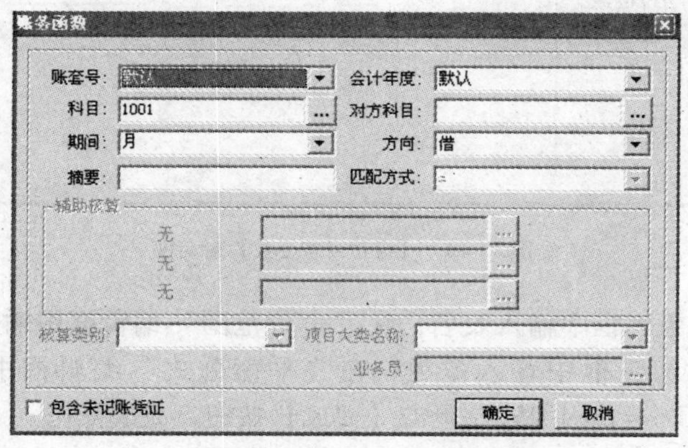

图 7－11　【账务函数】对话框

6）在【账务函数】对话框中，选择账套号、科目（1001）、期间（月）、会计年度（默认）、方向（借）以及辅助核算项目编码，最后单击【确定】按钮，返回【用友账务函数】对话框。

7）在【用友账务函数】对话框中，单击【确定】按钮，返回。

8）在【定义公式】对话框中，最终形成公式 C4 = QC（“1001”，月…2007，），单击【确认】按钮。

9）在 C4 单元格内显示“单元公式”字样，在公式栏中显示 C4 单元的公式定义。

二、审核公式

通常报表中的各个数据之间都存在某种勾稽关系，可以利用这种勾稽关系定义审核公式来进一步检验报表编制的结果是否正确。审计公式主要用于：报表数据来源定义完成以后，审核报表的合法性；报表数据生成以后，审核报表的正确性。

此外，同一报表文件的表与表之间以及不同报表文件的表与表之间都可能存在数据之间的勾稽关系。

三、舍位平衡公式

报表的数据在生成后往往非常庞大，不方便阅读，另外在报表汇总时，各个报表的货币计量单位有可能不统一，这时，需要将报表的数据进行位数转换，将报表单位数据由个位转换为百位、千位或万位，如将“元”单位转换为“千元”或“万元”单位，这种操作称为进位操作。进位操作完成以后，原来的平衡关系可能会因为小数位的四舍五入而被破坏，因此还需要对进位后的数据平衡关系重新调整，使舍位后的数据符合指定的平衡公式。这种对报表数据进位及重新调整报表进位之后平衡关系的公式称为舍位平衡公式。

例如，我们要将数据单位由“元”进位为“千元”，在【数据】菜单中指向【编辑公式】，然后单击【舍位平衡公式】，出现如图 7－12 所示的对话框。

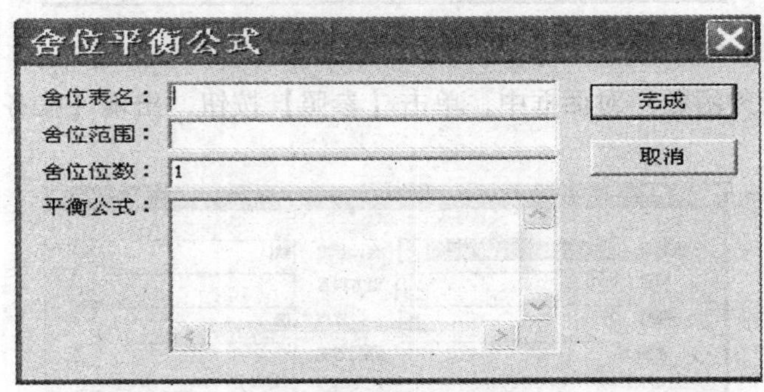

图 7－12 【舍位平衡公式】对话框

在“舍位表名”编辑框中输入表名；在“舍位范围”编辑框中输入参加舍位的区域范围；在“舍位位数”编辑框中输入位数；在“平衡公式”编辑框中输入舍位公式，如“C6 = C4 + C5”或“D6 = D4 + D5”。单击【完成】按钮，完成操作。

第四节 会计报表的处理

一、会计报表数据的处理

1. 账套初始

在生成报表数据之前，需要确认单元数据是取自于哪一个账套及会计年度，然后才能提取到该账套年度的数据，否则数据将不能提取。

具体操作：在数据状态下，在【数据】菜单中单击【计算时提示选择账套】，生成数据后，系统弹出【注册 UFO 报表】对话框，如图 7－13 所示。

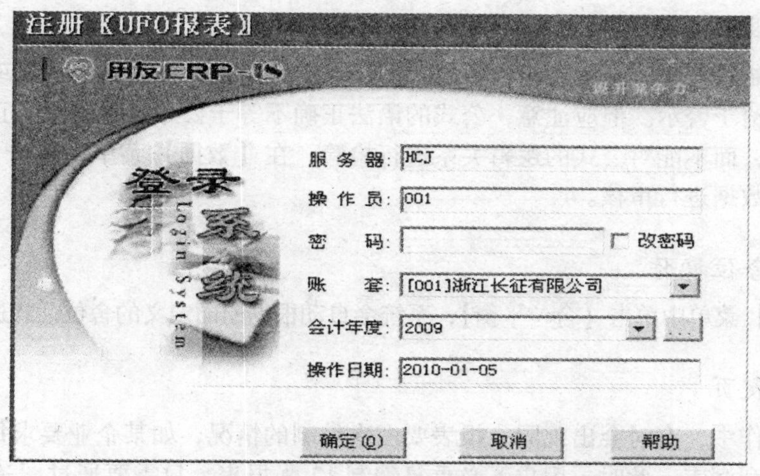

图 7－13 【注册 UFO 报表】对话框

2. 录入关键字

在【数据】菜单中指向【关键字】，然后单击【录入】按钮，系统弹出【录入关键字】对话框，如图 7－14 所示。输入单位名称、单位编号、年、月、日等关键字内容，单击【确认】按钮，完成操作。此时，系统出现提示：“是否重算第 1 页?”单击【是】按钮，系统会自动根据公式计算本期数据。

录入关键字
单位名称:
单位编号:
年: 2010 月: 1
季: 1 日: 31
自定义: 1
确认
取消

图 7－14 【录入关键字】对话框

3. 生成报表

报表数据在录入关键字后即可自动计算生成，此外，还可以由单元公式经过表页计算或整表计算生成。

具体操作：在【数据】菜单中单击【表页重算】，系统提示“是否重算第 1 页?”单击【是】按钮，系统会自动在初始的账套和会计年度范围内根据单元公式计算生成数据。

在报表编制过程中，可能因为系统或用户设置的原因而出现异常情况。例如，当报表取数公式所指向的账务系统数据不存在，或报表公式有错误时，系统在给出报告后同时会显示报表编制过程因某种原因而中断。此时，应对系统报告的信息进行仔细分析，针对问题查清原因，并利用报表设置功能予以修改。

4. 审核报表

在报表编制过程中，系统将对取数公式的格式进行检查，如果发现语法或句法错误，则将以某种方式给予警示。但应注意，公式的语法正确不等于公式的逻辑关系正确，系统只能识别语法错误，而不能对公式的逻辑关系进行检验。在【数据】菜单中单击【审核】，系统会自动对报表数据进行审核。

5. 报表舍位操作

在【数据】菜单中单击【舍位平衡】，系统会自动根据前面定义的舍位公式进行舍位操作。

6. 追加表页

在会计工作中，有时会出现同一报表要多次编制的情况，如某企业要求每月末编制一张资产负债表及利润表，此时，用户不必重复编制 12 张报表，只需要通过“追加表页”操作可实现编制要求。

具体操作如下。

1）启动系统，打开已存的会计报表，将此表置于在数据状态下（此时，系统已有一张表页）。

2）在【编辑】菜单中指向【追加】，然后单击【表页】，系统弹出【追加表页】对话框。

3）输入需要增加的表页数，单击【确认】按钮，系统自动追加要求的表页，如图 7－15所示。单击表页下面的页标“第 ? 页”，可任意切换表页。

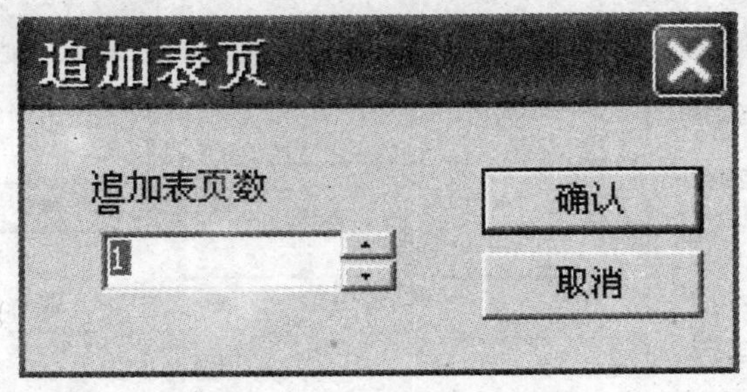

图 7－15 【追加表页】对话框

注意：

1）系统最多可追加 99 999 张表页。

2）追加表页完成后，对某表页生成数据的方法与前面介绍的方法相同。

3）同一类报表可以用追加表页的形式来完成，特别是利润表，否则就计算不出本年累计数。

二、报表输出、汇总及维护

1. 报表输出

报表系统的日常工作主要是每期期末编制报表并将编好的报表打印输出。要注意，在编制报表前首先应将当月业务处理完毕（既包括日常业务的处理，也包括期末摊、提、结转业务的处理）并完成结账。编制季度和年度报表也应按这一原则处理。

报表输出的基本方式有两种：① 屏幕显示输出，这种输出方式主要供用户检查报表设置的正确性，为了显示尽量多的数据指标内容，不是很有必要的表格线可能不被显示；② 打印输出，此时输出的是按正规要求生成的正式报表。

为了方便用户打印出满意的报表，系统一般都提供打印设置功能，该功能可以对报表使用的字体、字号、行距、列距等进行某些设定，以控制报表版面的大小与版面位置，调整表头表尾的上下边距和报表的左右边距。用户在打印报表前应使用该功能对相应内容进行设置，以得到满意的输出样式。

2. 报表汇总

报表系统的汇总是指将结构相同而数据不同的两张报表经过简单叠加后生成一张新的报表。在实际工作中，主要用于同一报表不同时期的汇总以便得到某一期间的总计数据，或者对同一单位不同部门的同一张报表的汇总，以得到整个单位的合计数字。

需要注意的是，报表汇总功能不能用于编制合并报表，这是因为合并报表是集团公司用于汇总总公司及下属各单位的有关会计报表的数据。合并时需要将各子公司之间的内部往来、内部投资等数据进行抵扣，而不是对各子公司报表的简单叠加。编制合并报表必须使用具有相应报表处理功能的软件。

进行报表汇总时，需要进行汇总的报表（编制好的数据表）必须已经存在，且各表的结构必须相同。

3. 报表维护

报表维护是报表系统的一项基本功能，报表维护的基本项目有报表备份、报表恢复、报表删除、报表结构复制等。其中，报表备份和报表恢复与账务处理系统的备份和恢复功能相类似，但有两点要特别注意：① 多数会计软件虽然将报表与账务处理等系统集成在一起，但报表数据备份恢复功能往往是独立的，而且不同报表的维护工作必须单独进行，所以在对报表文件或报表结构作了修改后，要及时使用报表维护功能备份当前报表内容；② 不同报表或不同会计期间的报表往往生成不同的备份文件，当系统显示数据覆盖信息时，必须十分谨慎，以免误操作而覆盖有用的数据。

三、报表的分析

报表分析就是使用各种方法对报表的数据进行分析。在报表软件中一般有两种分析方法，即图形分析法和视图分析法。图形分析法就是将报表中选定的数据以直方图、圆饼图、折线图等图表方式显示，直观地得到数据的大小或变化的情况。视图分析法是采用从某一张表或多张表中抽取具有某种特定经济含义的数据，形成一张“虚表”，从而达到对多个报表数据在系统生成的“虚表”中进行重新分类、对比分析的效果。这种表的数据是通过数据关系公式从与其相关联的数据报表中抽取出来，反映在表上的。“虚表”本身不保存数据，因此也称这种“虚表”为视图。这种分析方法是手工报表分析难以实现的，因此这也是报表系统提供的很有意义的重要功能。

注意：视图是数据报表的寄生表，没有数据报表就不可能产生视图。

四、报表的保存

在报表格式及公式定义完成以后，切记要及时将这张报表文件保存下来，以便日后随时调用。

具体操作如下。

1）在【文件】菜单中单击【保存】按钮。如果是第一次保存，则系统弹出【另存为】对话框，如图 7－16 所示。

2）选择保存路径，在“文件名”编辑框中输入报表文件名。

3）保存类型选择系统默认的文件格式＊. rep，即报表文件。

4）单击【另存为】按钮。

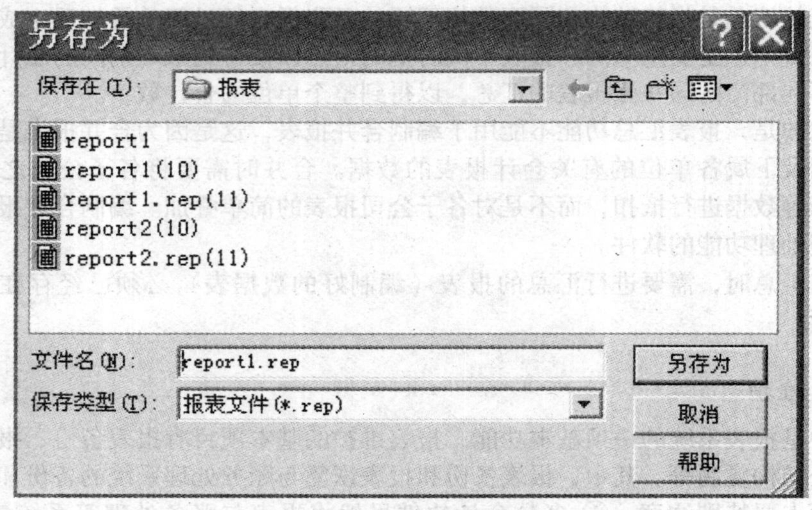

图 7－16 【另存为】对话框

课堂单项实验七

财务报表管理

【实验目的】

1）理解报表编制的原理及流程。

2）掌握报表格式定义、公式定义的操作方法；掌握报表单元公式的用法。

3）掌握报表数据处理、表页管理及图表功能等操作。

4）掌握如何利用报表模板生成一张报表。

【实验内容】

1）自定义一张报表。

2）利用报表模板生成报表。

【实验准备】

引入实验六的账套数据。

【实验要求】

以账套主管张小小的身份进行报表管理操作。

【实验资料】

1. 自定义报表——简易资产负债表

（1）格式设计

简易资产负债表

编制单位：　　　　　　　　　　年　　月　　日　　　　　　　　　　单位：元

资　产	期末数	负债及所有者权益	期末数
货币资金		应付账款	
应收账款		利润分配	
合计			

会计主管：　　　　　　　　　　　　　　　　　　　　　　制表人：

要求：报表标题居中，报表各列等宽，宽度为40mm，D8单元设置为字符型。

（2）生成2010年9月简易资产负债表

要求：增加2张表页；生成报表；报表审核

（3）定义审核公式

检查资产合计是否等于负债和所有者权益合计，如果不等，提示“报表不平”的信息。

2. 资产负债表和利润表

利用报表模板生成资产负债表和利润表。

第八章　工资子系统

学习目标：通过本章的学习，掌握工资子系统的工资核算任务及特点；工资子系统核算的业务流程以及该子系统的功能模块结构。能够使用本子系统对公司的工资进行计提、分配、汇总以及进行工资数据的业务查询等。

重点与难点：利用工资子系统完成有关工资业务的日常处理；工资数据的分配和工资的扣税操作。

第一节　工资管理系统的初始设置

手工进行工资核算，需要占用财务人员大量的时间和精力，且容易出错，采用计算机进行工资核算就可以有效提高工资核算的准确性和及时性。工资子系统提供了简单方便的工资核算与发放功能和强大的工资分析与管理功能以及同一企业存在多种工资核算类型的解决方案。

该系统可以根据不同企业的需要设计工资项目、计算公式，方便地录入、修改各种工资数据和资料；自动计算个人所得税，结合工资发放形式进行找零设置或向代发工资的银行传输数据；自动计算、汇总工资数据，对形成工资、福利等的各项费用进行月末、年末账务处理，通过转账方式向总账系统传输会计凭证，向成本管理系统传输工资费用数据。在正式使用工资核算系统以前，需要结合企业的实际情况进行系统初始化。

一、建立工资账套

在使用工资管理系统之前，如果未使用过其他管理系统，就需要先在系统管理窗口中编辑基础信息，建立部门；如果工资管理中涉及外币，则需要进行外币设置。此外，还应该规划设置部门的规范、人员编码的编码原则、人员类别的划分形式，整理好工资项目及核算方法，并准备好人员的档案数据、工资数据等基本信息。当工资系统启用之后，具有相应权限的操作员即可登录该系统，如果是初次进入，系统将自动启用建账向导，分为参数设置、扣税设置、扣零设置和人员编码。参数设置的具体操作步骤如下。

1）在新建的账套内加入工资管理系统，以账套主管的身份进入系统管理，在系统管理的账套菜单下单击【启用】项，出现如图 8－1 所示的界面。

系统启用

刷新　帮助　退出

[001]浙江长征有限公司 账套启用会计期间 2009 年10 月

系统编码	系统名称	启用会计期间	启用自然日期	启用人
☐ AP	应付			
☐ AR	应收			
☐ CA	成本管理			
☑ FA	固定资产	2009-12	2009-12-12	宋波
☐ FD	资金管理			
☑ GL	总账	2009-10	2009-10-01	admin
☐ GS	GSP质量管理			
☐ IA	存货核算			
☐ NB	网上银行			
☐ PM	项目管理			
☐ PP	物料需求计划			
☐ PU	采购管理			
☐ SA	销售管理			
☐ ST	库存管理			
☑ WA	工资管理	2009-12	2009-12-01	宋波
☐ WH	报账中心			

图 8－1　【系统启用】界面

2）选择启用日期后，启用“工资管理”系统。

3）进入工资子系统，出现如图 8－2 所示的界面，用户可以在此进行参数设置。

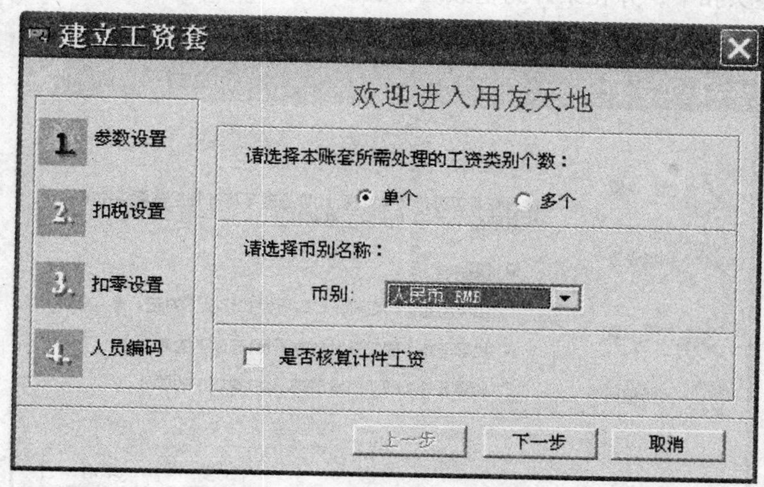

图 8－2　【建立工资套】界面

如果单位按每周或每月多次发放工资，或单位中存在多种不同类别的人员（可能部门不同），工资发放项目不尽相同，计算公式也不相同，需要进行统一的工资核算管理，则选中【多个】单选按钮；如果单位中所有人员的工资按照一个统一的标准进行管理，且人员的工资项目、工资计算公式全部相同，则可以选中【单个】单选按钮，这样有利于提高系统的运行效率。

4）单击【下一步】按钮，进入扣税设置界面，如图 8－3 所示。扣税设置就是选择在工资计算的过程中是否由企业代扣个人所得税，如果需要，则选中“是否从工资中代扣个人所得税”复选框。

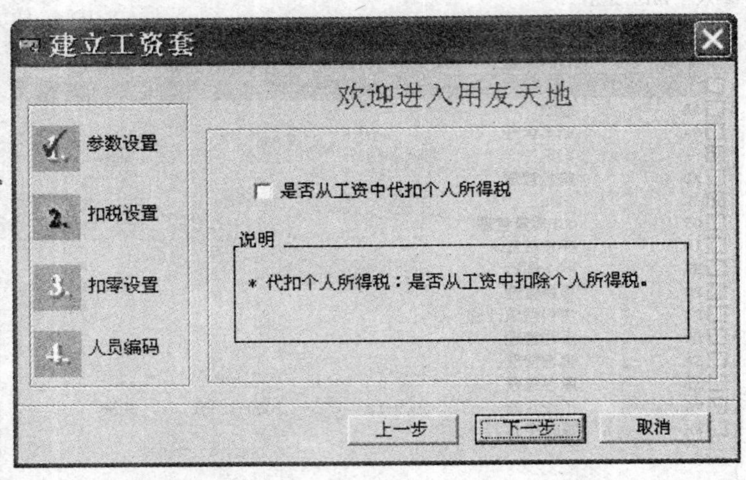

图 8－3　扣税设置界面

5）单击【下一步】按钮，进入扣零设置界面，如图 8－4 所示。如果企业采用的是银行代发工资，则很少设置此项；如果选择进行扣零处理，则系统在计算工资时将依据所选择的扣零类型将零头扣下，并在累计到整数时补上。

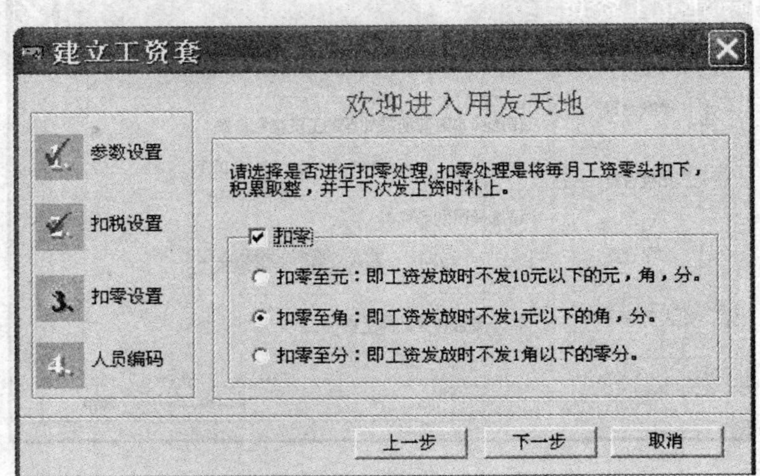

图 8－4　扣零设置界面

扣零设置的公式是系统自行定义的，用户无须设置。如果选中了“扣零”复选框，则该窗口中的扣零类型选项变为可选状态，用户可根据自己的需要进行选择。

6）单击【下一步】按钮，进入人员编码长度设置界面，如图 8－5 所示。人员编码不包括所属部门的编码，人员编码长度的确定应该结合企业员工的人数而定。在人员档案中人员编码的设置必须符合人员编码规定。

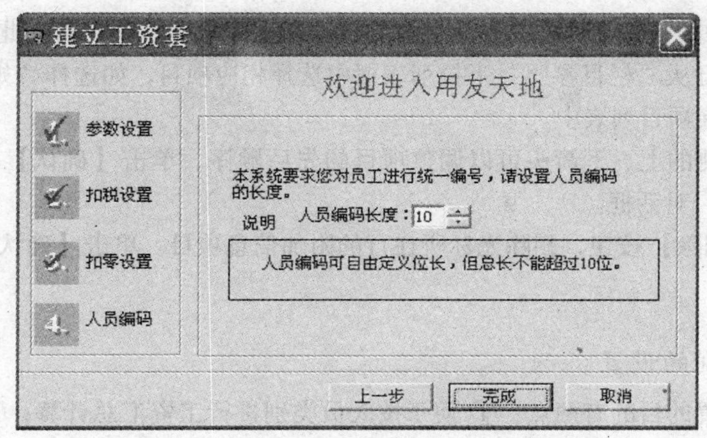

图 8-5　人员编码长度设置界面

7）设置完成后，单击【完成】按钮，结束工资账套的建立。

在建账过程中，如果参数设置选择为【多个】工资类别，则系统将自动建立工资类别向导，用户可单击【确定】按钮来建立工资类别，也可单击【取消】按钮返回工资管理窗口，以后再建立工资类别。在初次启用时，一般都单击【取消】按钮，等建立了工资账套后，还需要对整个系统运行所需的一些基础信息进行设置，包括部门设置、人员类别设置、人员附加信息设置、工资项目设置、银行名称设置等。但在设置多工资类别时，部门设置和工资项目设置必须在关闭工资类别（或未建立工资类别之前）的情况下才能进行。

二、初始设置

1. 人员附加信息设置

除人员编号、人员姓名、所在部门、人员类别等基本信息外，为了管理的需要，用户还需要设置一些辅助信息，以便加强管理。人员附加信息的设置就是设置附加信息的名称，如增加设置人员的性别、民族、婚否等。

具体操作如下。

1）选择【工资】菜单下的【设置】，单击【人员附加信息设置】选项，出现如图 8-6 所示的对话框。

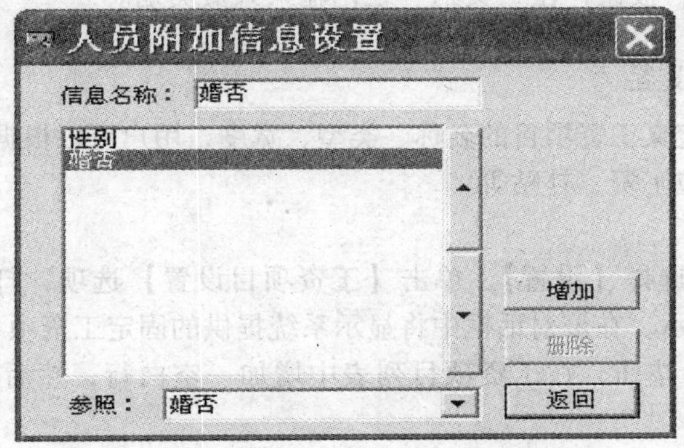

图 8-6　【人员附加信息设置】对话框

2）单击【增加】按钮，若“信息名称”文本框处于输入状态，可在此输入人员附加信息项目名称，也可从“栏目参照”下拉列表框中选择相应项目，如选择“婚否”，输入或选中的项目则出现在项目列表中。

利用列表右侧的上、下箭头可以调整项目的先后顺序，单击【确认】按钮，返回【人员附加信息设置】对话框。

3）单击【删除】按钮，删除光标所在行的附加信息项目。单击【确认】按钮，返回工资管理窗口。

2. 人员类别的设置

人员类别设置的目的有两点：① 便于按人员类别进行工资汇总计算；② 可将工资费用按不同人员类别进行分配，以便进行会计处理。

具体操作如下。

1）选择【工资】菜单下的【设置】，单击【人员类别】选项，打开【类别设置】对话框，如图 8－7 所示。

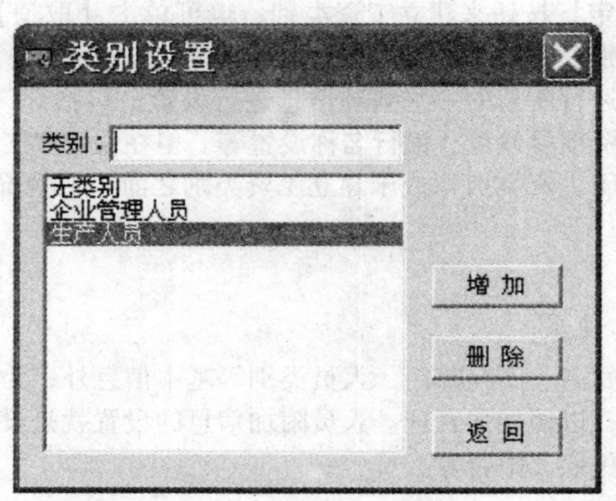

图 8－7 【类别设置】对话框

（2）单击【增加】按钮，在“类别”栏内输入人员类别。

3. 工资项目的设置

设置工资项目即定义工资项目的名称、类型、宽度，用户可以根据需要自由设置工资项目，如基本工资、岗位工资、补贴等。

具体操作如下。

1）在工资系统中选择【设置】，单击【工资项目设置】选项，打开【工资项目设置】对话框，如图 8－8 所示。在该对话框中将显示系统提供的固定工资项目。

2）单击【增加】按钮，在工资项目列表中增加一空白行，然后在名称参照项中选择即可。

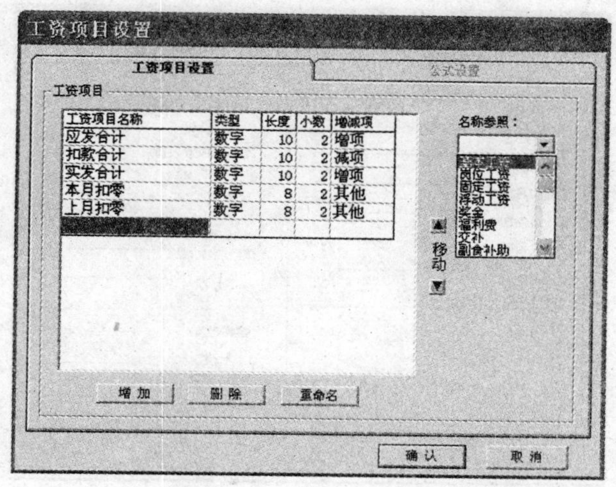

图8-8 【工资项目设置】对话框

4. 银行名称设置

银行名称设置是指设置企业工资的发放银行。

具体操作如下。

1）选择【工资】菜单中的【设置】，单击【银行名称设置】选项，打开【银行名称设置】对话框，如图8-9所示。

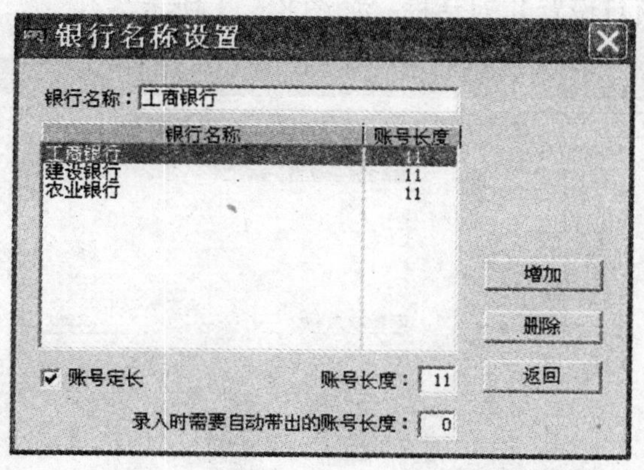

图8-9 【银行名称设置】对话框

2）单击【增加】按钮，输入银行名称。

3）确认银行账号长度及是否为定长，按回车键确认。

5. 人员档案设置

人员档案设置用于登记工资发放人员的姓名、职工编号、所在部门、人员类别等信息，职工的增减变动都必须先在本功能中进行设置。选择【工资】菜单中的【设置】，单击【人员档案设置】选项，单击【增加】按钮，出现如图8-10所示的对话框。

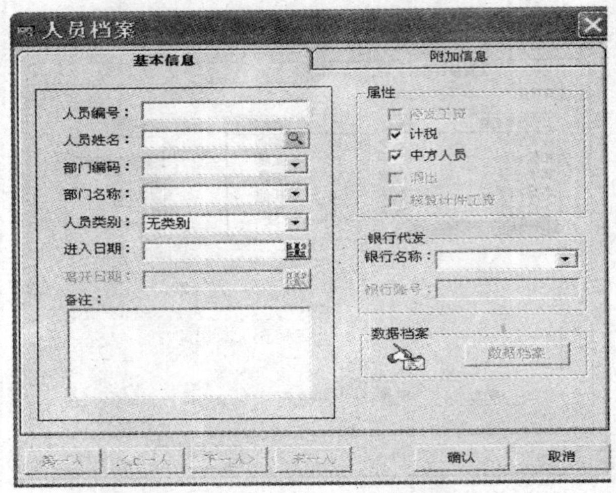

图 8－10　【人员档案设置】对话框

输入职员的基本信息及附加信息即可。

6. 工资计算公式的设置

公式设置的功能主要是定义工资项目的计算公式及工资项目之间的运算关系。例如，应发工资＝基本工资＋岗位工资＋工龄工资＋奖金。打开工资类别，选择【设置】，单击【工资项目】，打开【工资项目设置】对话框，如图 8－11 所示。

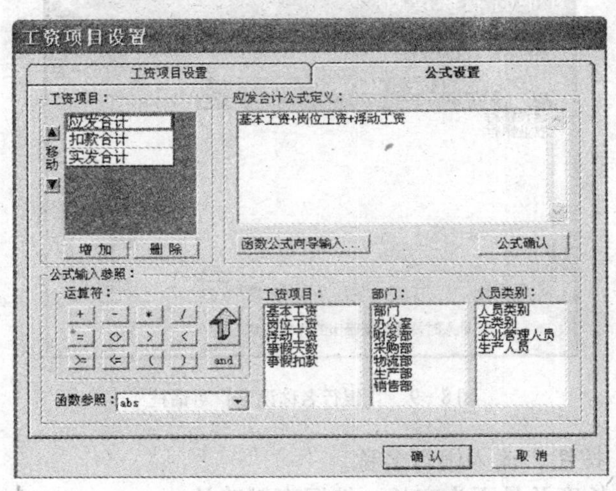

图 8－11　【工资项目设置】对话框

岗位工资计算公式的设置：IFF（人员类别＝“企业管理人员”，800，IFF（人员类别＝“辅助车间人员”，700，750））。

说明：该公式表示如果人员类别是企业管理人员，则他的岗位工资是 800 元，如果人员类别是辅助车间人员，则他的岗位工资是 700 元，其他各类人员的岗位工资均为 750 元。

具体操作如下。

1）进入【公式设置】选项卡。

2）单击窗口左上方名称栏中的【增加】按钮，然后单击工资项目参照框，选择一个工资项目，如“岗位工资”。

3）单击公式定义区，录入该工资项目的计算公式（公式可直接录入，也可参照录入，本例以参照录入为例说明公式定义的方法）。

4）单击函数参照框，可在公式中使用系统提供的函数，如本题选 IFF 函数。

5）单击运算符框，可选择数字和运算符。

6）单击【公式确认】按钮，将对已设置的计算公式进行语法判断。若公式定义有误，则系统弹出出错信息；若公式定义无误，则无提示信息。

注意：

1）工资项目计算公式输入方法有三种：① 直接输入；② 参照输入；③ 函数向导输入。

2）应发合计、扣款合计和实发合计公式不用设置。

3）定义公式时要注意先后顺序，先得到的数应先设置公式。应发合计、扣款合计和实发合计公式应是公式定义框的最后三个公式，且实发合计的公式要在应发合计和扣款合计公式之后，可通过单击公式框的上下箭头调整计算公式顺序。

7. 选项修改

新的工资账套建立和使用后，由于业务的变更，一些工资参数可能需要调整，此时就需要对账套的选项进行一些修改。

具体操作如下。

(1) 在工资系统中选择【设置】→【选项】，打开【选项】对话框，如图 8－12 所示。系统提供了【扣零设置】、【扣税设置】、【参数设置】和【调整汇率】四个选项卡，可对系统允许修改的内容进行修改。

(2) 完成修改后，单击【确定】按钮保存。

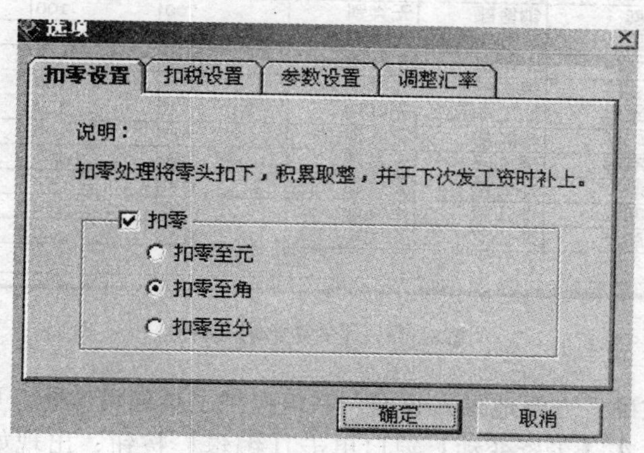

图 8－12 【选项】对话框

第二节 工资管理系统的日常处理

工资的日常核算业务主要是指对职工工资数据进行计算和调整，按照计算数据发放工资以及进行凭证填制等账务处理。

工资日常核算业务的重点是及时根据职工的人员变动对人员档案进行调整，根据工资分配政策的变化及时进行工资准确计算，并在此基础上利用系统的报表功能对工资分配窗口进行报表分析，为企业用户的指定和调整分配政策提供一个参考。工资的日常处理主要包括：① 工资变动，即因个人工资数据的调整以及某些工资项目的变化而需要进行工资数据修改；② 工资分钱清单；③ 个人所得税的计算与申报；④ 银行代发。

一、工资变动

该模块用来编辑所有职工的工资数据信息（对于每月的工资变动情况，也需要在此进行设置)。选择【业务处理】菜单下的【工资变动】，就可进入该设置窗口如图 8－13 所示。进入【工资变动】窗口后，屏幕显示所有人员的所有工资项目，以供查看，在此可以直接录入和修改一些数据（双击某数据项目即可)。

工资变动－(工资类别：正式员工)

打印 预览 输出 设置 替换 定位 筛选 计算 汇总 编辑 帮助 退出

工资变动

过滤器：所有项目

人员编号	姓名	部门	人员类别	基本工资	岗位工资	奖金
0000000001	李瑞霞	财务部	无类别	800	300	1,600
0000000002	刘自清	财务部	无类别	800	100	1,600
0000000003	蒋丽君	财务部	无类别	800	100	1,600
0000000004	黎燕	销售部	无类别	700	100	1,400
0000000005	魏国清	成形车间	无类别	700	100	1,400
0000000006	徐文科	采购部	无类别	700	100	1,400
0000000007	徐文平	采购部	无类别	700	100	1,400
0000000008	郭军寿	加工车间二	无类别	700	100	1,400
0000000009	李广华	采购部	无类别	700	100	1,400
0000000010	刘军强	采购部	无类别	700	100	1,400
0000000011	姚斌	办公室	无类别	600	50	1,200
0000000012	朱明仁	办公室	无类别	600	50	1,200
0000000013	朱彦华	办公室	无类别	600	50	1,200

图 8－13 【工资变动】窗口

为了更快速、准确、方便地录入数据，系统提供了页编辑功能，可对选定人员进行工资数据的快速录入。在【工资变动】窗口单击【编辑】按钮，出现如图 8－14 所示的对话框。

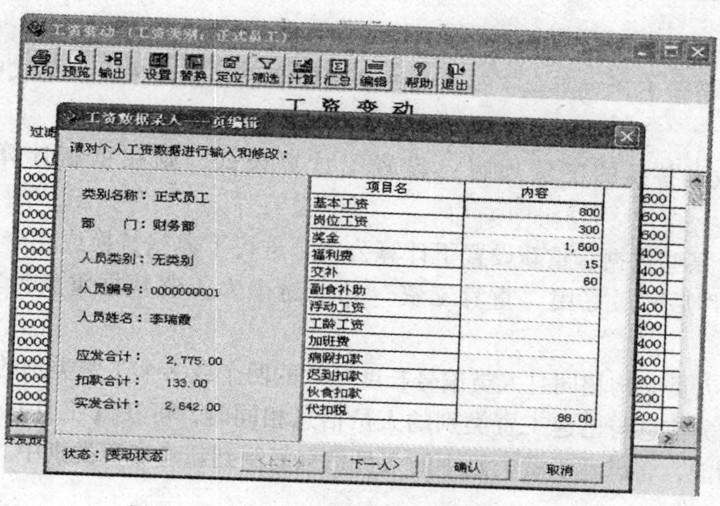

图 8－14　【工资数据录入——页编辑】对话框

注意：每录入或修改一个人员的工资数据后，应单击【确认】按钮，保存本次修改结果。除了通过【页编辑】录入外，也可以通过以下方法快速录入。

1）如果只需对某些项目进行录入，如基本工资、事假天数等，可使用过滤器功能，选择某些项目进行录入。

2）如果需录入某个指定部门或人员的数据，可先单击【定位】按钮，让系统自动定位到需要的部门或人员上，然后录入。

3）如果需按某些条件筛选符合条件的人员进行录入，如选择人员类别为“企业管理人员”进行录入，可使用数据筛选功能（当工资变动只是对部分人员进行时，一般采用筛选功能把要进行工资变动的人员过滤出来，这样可以提高数据编辑的效率）。

4）如果需按某个条件统一调整数据，如将人员类别为企业管理人员的奖金统一调为 300 元，这时可使用数据替换功能，即将符合条件的人员的某个工资项目的数据，统一替换成某个数据。在工资变动主窗口单击【替换】按钮，出现如图 8－15 所示的对话框。

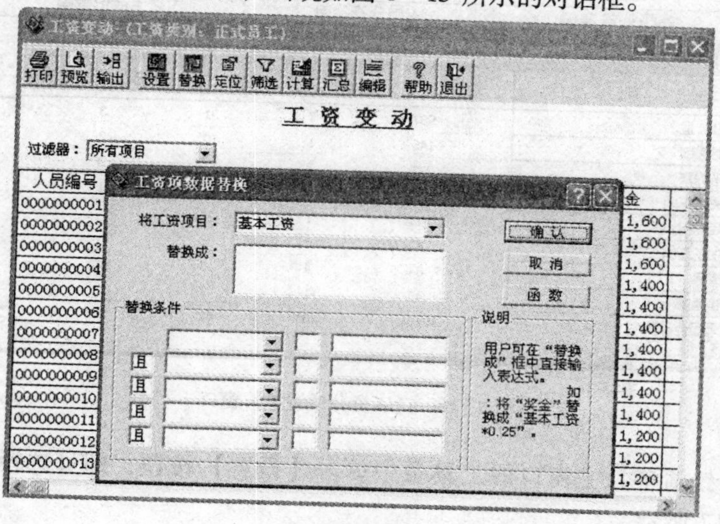

图 8－15　【工资项数据替换】对话框

注意：

1）所输入的替换表达式所含字符，此处必须用双引号括起来。表达式中可包含系统提供的函数。

2）若进行数据替换的工资项目已设置了计算公式，则在重新计算时以计算公式为准。

3）在修改了某些数据、重新设置了计算公式、进行了数据替换或在个人所得税中执行了自动扣税等操作后，最好用“重算工资”功能对个人工资数据重新计算，以保证数据正确。

另外，对于人员结构相同且人员编号长度一致的两个或多个工资类别的工资数据，当新建工资类别的人员信息与已建工资类别的人员信息相同时，可在【工具】菜单中选择【人员信息复制】功能，将已建工资类别中的人员信息复制到新建工资类别中。

二、工资分钱清单

工资分钱清单是按单位计算的工资发放分钱票面额清单，会计人员根据此表从银行取款并发给各部门。必须在个人数据输入调整完毕之后才能执行【工资分钱清单】，如果个人数据在计算后又进行了修改，必须重新执行，以保证数据正确。

具体操作如下。

在工资系统主窗口单击【业务处理】中的【工资分钱清单】，即可进入该功能窗口，如图 8－16 所示。

工资分钱清单－(工资类别：正式员工)

打印 预览 输出 设置 帮助 退出

分 钱 清 单

部门分钱清单 | 人员分钱清单 | 工资发放取款单

请选择部门级别：2 级

部门	壹佰元	伍拾元	贰拾元	拾元	伍元
办公室	587	7	31	3	
财务部	145	1	10	2	
采购部	227	3	11	3	
成形车间	43	1	1	1	
后勤部	43	1	1		
加工车间二	42	2	3		
库房	84	4	3	2	
销售部	45	1	2		
票面合计数	1216	20	62	11	

图 8－16　【工资分钱清单】窗口

在【工资分钱清单】主窗口的工具条中单击【设置】按钮，即可选择分钱清单的票面构成，如图 8－17 所示。

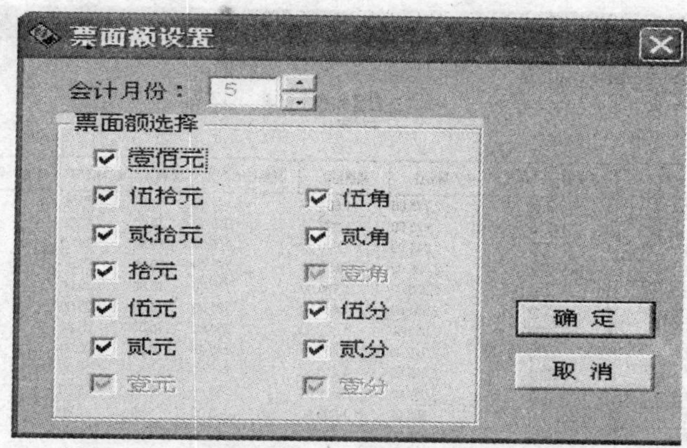

图 8－17　【票面额设置】对话框

三、个人所得税的计算与申报

本系统提供个人所得税自动计算功能，用户只需要自定义所得税税率和扣减基数即可。这一功能可大大减轻用户的工作负担，提高工作效率。

1．查看个人所得税申报表

具体操作：在工资系统主窗口单击【业务处理】中的【扣缴所得税】，即可进入该功能窗口，如图 8－18 所示。

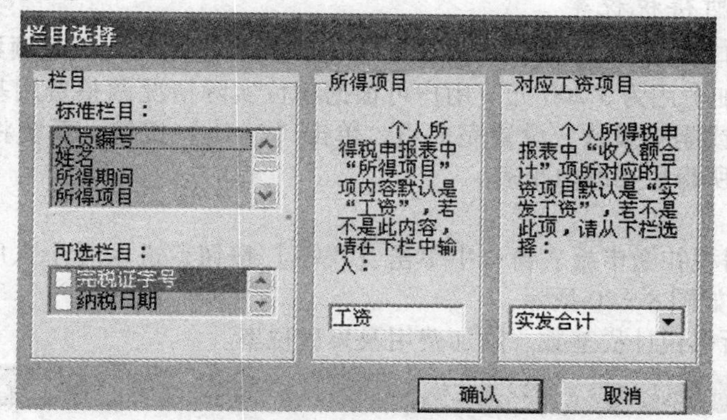

图 8－18　【个人所得税扣缴申报表栏目选择】对话框

项目说明如下。

1）在【个人所得税扣缴申报表栏目选择】对话框中，左边的“栏目”主要用于设置个人所得税申报表项目，其中“标准栏目”框内的栏目不能修改，对于“可选栏目”内的栏目，用户可自由选择，但不能修改。

2）窗口中间是“所得项目”框，我们知道，需缴纳个人所得税的个人所得可以分为 11 种，如工资薪金所得、劳务报酬所得、财产租赁所得等，此处应选择“工资”所得。

3）窗口右边是“对应工资项目”框，应选择“实发合计”作为个人所得税的计算依据。

确认“所得项目”为“工资”，“对应工资项目”为“应发合计”，然后单击【确认】按钮，即可查看个人所得税申报表，如图 8－19 所示。

个人所得税扣缴申报表

2007年5月

总人数:52

人员编号	姓名	所得期间	所得项目	收入额合计	减费用额	应纳税所得额	税率(%)	速算扣除数	扣缴所得税额
0000000001	李瑞霞	5	工资	2,775.00	1,600.00	1,175.00	10.00	25.00	92.50
0000000002	刘自清	5	工资	2,625.00	1,600.00	1,025.00	10.00	25.00	77.50
0000000003	蒋丽君	5	工资	2,615.00	1,600.00	1,015.00	10.00	25.00	76.50
0000000004	黎燕	5	工资	2,305.00	1,600.00	705.00	10.00	25.00	45.50
0000000005	魏国清	5	工资	2,365.00	1,600.00	765.00	10.00	25.00	51.50
0000000006	徐文科	5	工资	2,335.00	1,600.00	735.00	10.00	25.00	48.50
0000000007	徐文平	5	工资	2,355.00	1,600.00	755.00	10.00	25.00	50.50
0000000008	郭军寿	5	工资	2,345.00	1,600.00	745.00	10.00	25.00	49.50
0000000009	李广华	5	工资	2,315.00	1,600.00	715.00	10.00	25.00	46.50
0000000010	刘军强	5	工资	2,350.00	1,600.00	750.00	10.00	25.00	50.00
0000000011	姚斌	5	工资	1,985.00	1,600.00	385.00	5.00	0.00	19.25
0000000012	朱明仁	5	工资	2,005.00	1,600.00	405.00	5.00	0.00	20.25
0000000013	朱彦华	5	工资	1,970.00	1,600.00	370.00	5.00	0.00	18.50
0000000014	王丹	5	工资	11,145.00	1,600.00	9,545.00	20.00	375.00	1,534.00
0000000015	叶光全	5	工资	2,315.00	1,600.00	715.00	10.00	25.00	46.50
0000000016	郭银玲	5	工资	2,315.00	1,600.00	715.00	10.00	25.00	46.50
0000000017	早康公司	5	工资	2,435.00	1,600.00	835.00	10.00	25.00	58.50
0000000018	刘少宁	5	工资	2,335.00	1,600.00	735.00	10.00	25.00	48.50
0000000019	朱肖娟	5	工资	1,975.00	1,600.00	375.00	5.00	0.00	18.75
0000000020	朱金华	5	工资	2,355.00	1,600.00	755.00	10.00	25.00	50.50
0000000021	宁夏唐徕工	5	工资	1,996.00	1,600.00	396.00	5.00	0.00	19.80
0000000022	养老金	5	工资	2,025.00	1,600.00	425.00	5.00	0.00	21.25
0000000023	李符仙	5	工资	2,025.00	1,600.00	425.00	5.00	0.00	21.25
0000000024	朱琪	5	工资	1,965.00	1,600.00	365.00	5.00	0.00	18.25

图 8－19　个人所得税扣缴申报表

2. 修改个人所得税税率

税率表定义窗口初始为国家颁布的工资、薪金所得税适用的九级超额累进税率，费用基数为 1 600 元，附加费用为 3 200 元。用户可根据单位实际情况调整费用基数、附加费用以及税率，也可增加或删除级数。设置完成后，单击【确认】按钮，系统将根据设置自动计算并生成新的个人所得税扣缴申报表。

具体操作如下。

1）在个人所得税扣缴申报表窗口中单击【税率】按钮，进入【个人所得税申报表——税率表】对话框，如图 8－20 所示。

2）修改个人所得税计税基数、附加费用及累进税率。

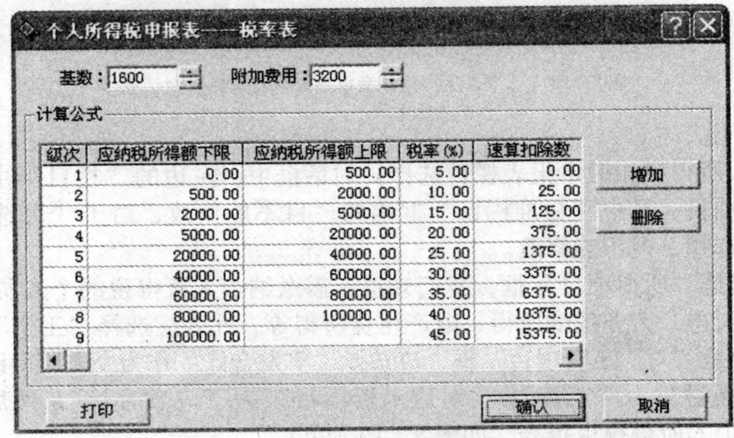

个人所得税申报表——税率表

基数：1600　　附加费用：3200

计算公式

级次	应纳税所得额下限	应纳税所得额上限	税率（%）	速算扣除数
1	0.00	500.00	5.00	0.00
2	500.00	2000.00	10.00	25.00
3	2000.00	5000.00	15.00	125.00
4	5000.00	20000.00	20.00	375.00
5	20000.00	40000.00	25.00	1375.00
6	40000.00	60000.00	30.00	3375.00
7	60000.00	80000.00	35.00	6375.00
8	80000.00	100000.00	40.00	10375.00
9	100000.00		45.00	15375.00

增加　删除

打印　确认　取消

图 8－20　【个人所得税申报表——税率表】对话框

注意：

1）若用户修改了“税率表”或重新选择了“收入额合计项”，则用户在退出个人所得税功能后，需要到数据变动功能中执行重新计算功能，否则系统将保留用户修改个人所得税前的数据状态。

2）如果想快速查找某人或某些人的申报表，可利用系统提供的【定位】和【过滤】按钮来实现。

另外，针对解决跨地区企业扣税起征点不同的问题，可进行如下操作。

1）在工资项目设置中设置【扣税起征额】项目，类型为“其他项”。

2）输入每个人的扣税起征点金额，或计算公式。

3）在本功能中选择【扣税起征额】为对应扣税项目。

4）在税率表定义中，将“基数”调整为零。

四、银行代发

目前社会上许多单位发放工资时都采用职工凭工资信用卡去银行取款。这样做既减轻了财务部门发放工资的工作强度，又有效地避免了财务去银行提取大笔款项所承担的风险，同时还提高了对职工个人工资的保密程度。系统的银行代发功能就是针对这种现象设计的。银行代发功能的执行共分三个步骤。

1）银行代发文件格式设置，是指根据银行的要求，设置提供数据中所包含的项目以及项目的数据类型、长度和取值范围等。在系统主界面单击【业务处理】菜单下的【银行代发】，即可进入该界面，如图 8－21 所示。

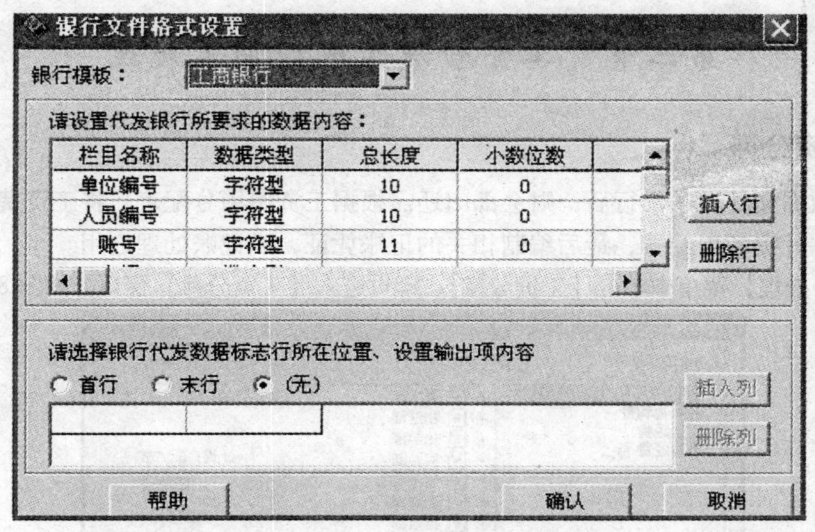

图 8－21　【银行文件格式设置】界面

首先需要从“银行模板”下拉框中选中要代发工资的银行。系统自动提供银行模板文件格式，若不能满足企业要求，用户可通过【插入行】、【删除行】进行修改。设置完成后，单击【确认】按钮即可进入【银行代发一览表】窗口，如图 8－22 所示。

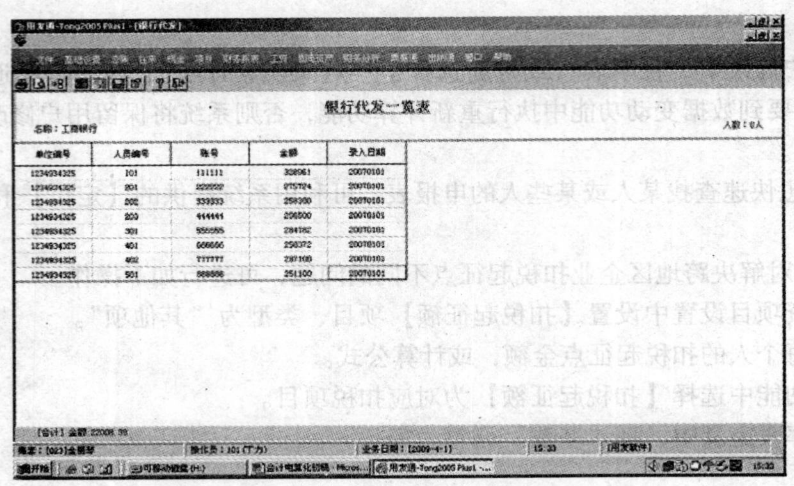

图4-22　【银行代发一览表】窗口

2）银行代发磁盘输出格式设置，是指根据银行的要求，设置向银行提供的数据以何种文件形式存放在磁盘中，且在文件中各数据项目是如何存放和区分的。

具体操作：在银行代发主界面单击【方式】图标按钮，或单击右键菜单下的【文件输出方式设置】，即进入此设置，选择所需的数据文件格式即可。

3）磁盘输出，是指按用户已设置好的格式和设定的文件名，将数据输出到指定的磁盘。在银行代发主界面单击【传输】按钮，即进入该功能。

第三节　工资管理系统的期末处理

一、工资分摊

把工资数据文件保送银行后，财会部门还需根据工资费用分配表，将工资费用根据用途进行分配，并计提各项经费，最后编制相关的记账凭证，供记账处理之用。

在【业务处理】菜单中单击【工资分摊】，即可进入【工资分摊】窗口，如图8-23所示。

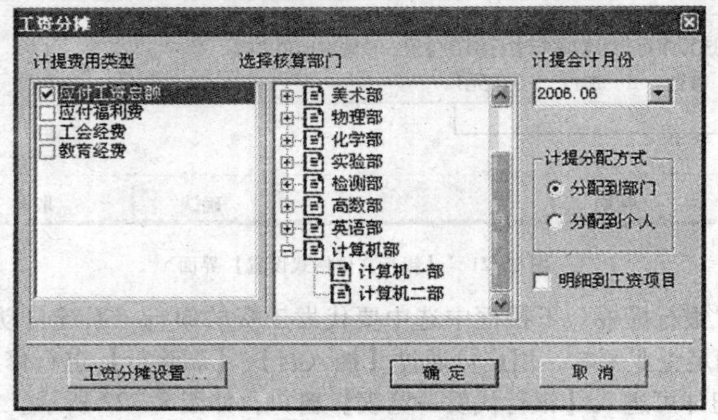

图8-23　【工资分摊】窗口一

具体操作如下。

1）在图 8－23 所示的界面中单击【工资分摊设置】按钮，在弹出的对话框中单击【增加】按钮，增加新的工资分配计提类型，输入新计提类型名称和计提分摊比例，确定分摊构成设置。如图 8－24 和图 8－25 所示。

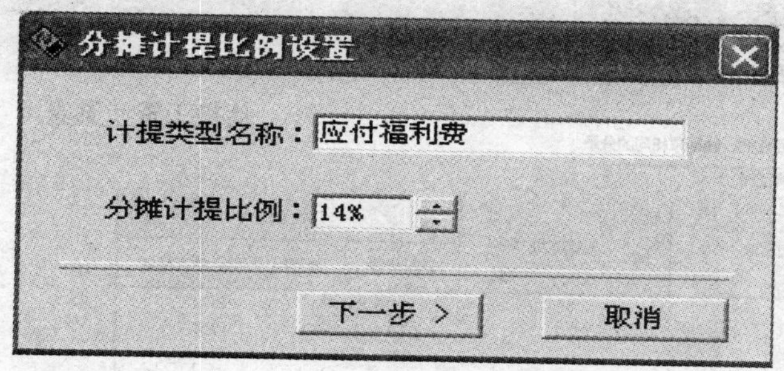

图 8－24　【分摊计提比例设置】窗口

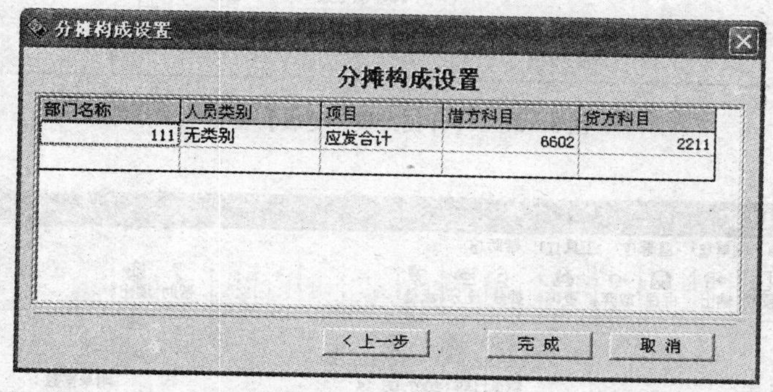

图 8－25　【分摊构成设置】窗口

2）输入人员类别，选择相应的部门名称，确定借方科目及贷科目。单击【完成】按钮，然后返回【工资分摊】窗口，再选择参与核算的部门及计提费用的类型，如图 8－26 所示。

3）选择分摊计提月份和计提分配方式。

4）选择是否将费用分摊明细到工资项目。

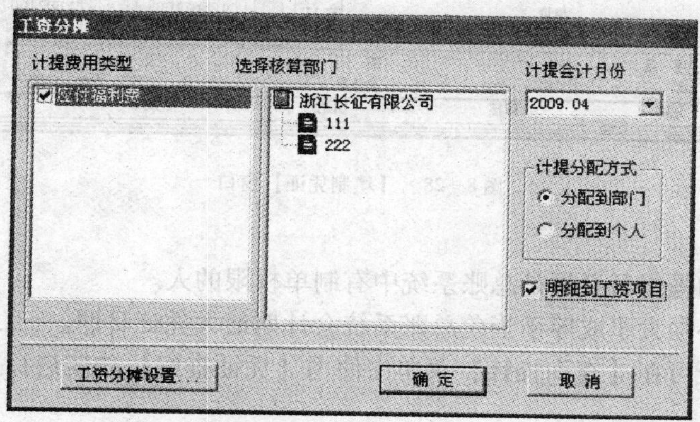

图 8－26　【工资分摊】窗口二

5）单击【确定】按钮显示工资分摊一览表，如图 8－27 所示。

6）单击工具栏上的【制单】按钮，系统即可生成凭证并传到总账系统，如图 8－28 所示。

文件 基础设置 总账 往来 现金 项目 工资 固定资产 采购 销售 库存 核算 老板通 票据通 出纳通

打印 预览 输出 重选 制单 批制 帮助 退出

计提工资一览表

☑ 合并科目相同、辅助项相同的分录

类型：计提工资

部门名称	人员类别	应发合计		
		分配金额	借方科目	贷方科目
财务部	无类别	15215.00	5502	2151
办公室		62268.00	5502	2151
采购部		23870.00	5502	2151
销售部		4705.00	5502	2151
后勤部		4455.00	5502	2151
库房		8850.00	5502	2151
成形车间		4465.00	5502	2151
加工车间二		4445.00	5502	2151

图 8－27 【计提工资一览表】窗口

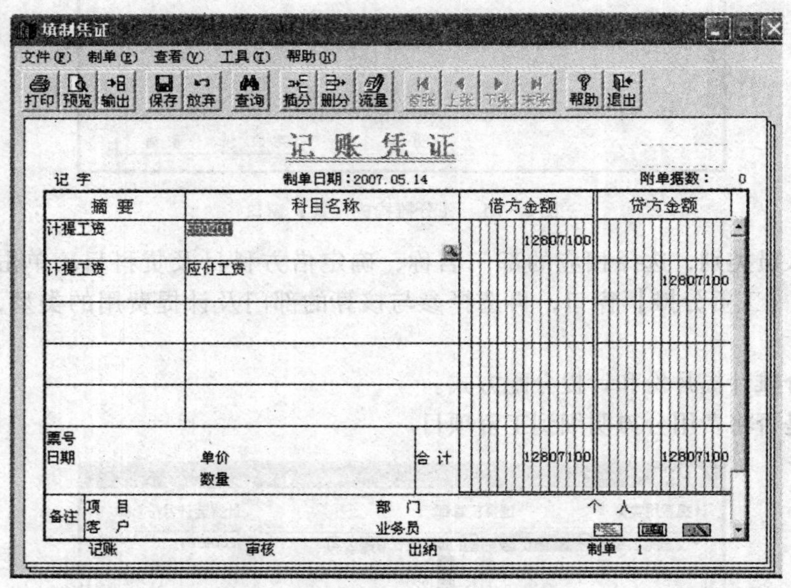
填制凭证

文件(F) 制单(E) 查看(V) 工具(T) 帮助(H)

打印 预览 输出 保存 放弃 查询 插分 删分 流量 首张 上张 下张 末张 帮助 退出

记 账 凭 证

记 字 制单日期：2007.05.14 附单据数： 0

摘 要	科目名称	借方金额	贷方金额
计提工资	550201	12807100	
计提工资	应付工资		12807100
票号 日期	单价 数量 合 计	12807100	12807100

备注 项 目 部 门 个 人

客 户 业务员

记账 审核 出纳 制单 1

图 8－28 【填制凭证】窗口

注意：

1）生成凭证的操作员必须是总账系统中有制单权限的人。

2）凭证日期必须大于或等于当前总账系统会计期最大凭证日期。

3）生成的凭证可在【查询统计】菜单中使用【凭证查询】功能进行查看，在总账系统中进行审核并记账。

二、统计分析

统计分析主要是生成工资统计表和工资分析表。

1. 工资表

工资表包括工资发放签名表、工资发放条、工资卡、部门工资汇总表、人员类别工资汇总表等由系统提供的原始表，主要用于本月工资的发放和统计。工资表可以进行修改和重建。

具体操作：在系统的【统计分析】菜单中单击【账表】项，然后选择【我的账表】即可进入工资统计表及分析表等的生成及查询窗口，如图 8－29 所示。

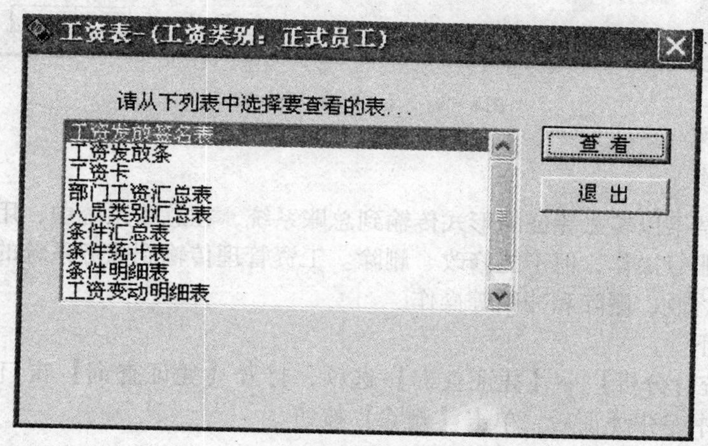

图 8－29　【工资表】窗口

下面逐个介绍它的主要报表。

1）工资发放签名表：即工资发放清单或工资发放签名表，一个职工一行。

2）工资发放条：为发放工资时交职工的工资项目清单。

3）工资卡：即工资台账，按每人一张设立卡片，工资卡片反映每个员工各月的各项工资情况。

4）部门工资汇总表：按单位（或各部门）工资汇总的查询。

5）人员类别汇总表：按人员类别进行工资汇总的查询。

6）条件汇总表：由用户指定条件生成的工资汇总表。

7）条件明细表：由用户指定条件生成的工资发放表。

8）条件统计表：由用户指定条件生成的工资统计表。

9）工资变动明细表：单击【查看】按钮可以显示选中的分析表。

2. 工资分析表

将光标停留在左边框中某个分析表名，则系统将在右边框显示该种分析表的表样。对于工资项目分析，系统仅提供单一部门项目分析表；对于员工的工资汇总表，系统仅提供单一工资项目和单一部门进行员工工资汇总分析；对于各部门按月工资构成的分析表，系统仅提供对单一工资项目进行工资构成分析。打开工资分析表，如图 8－30 所示。

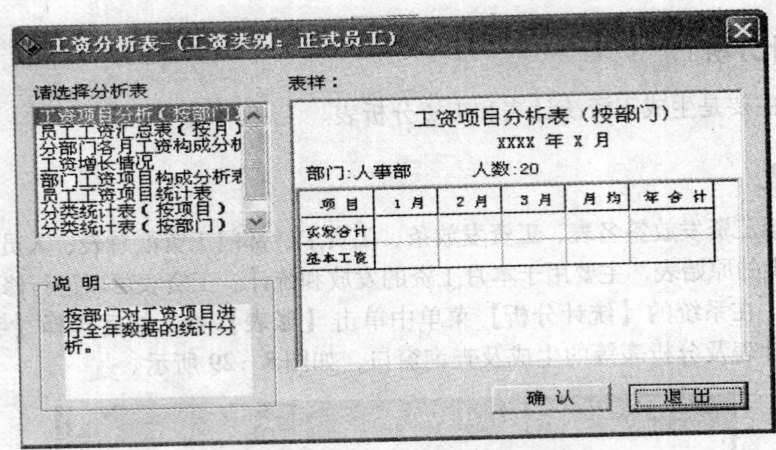

图 8－30 【工资分析表】窗口

3. 凭证查询

工资核算的结果以转账凭证的形式传输到总账系统，在总账系统中，用户可以对其进行查询、审核和记账等操作，但不能修改、删除。工资管理传输到账务系统的凭证，可以通过凭证查询来进行修改、删除和冲销等操作。

具体操作如下。

1）选择【统计分析】→【凭证查询】选项，打开【凭证查询】窗口，如图 8－31 所示。在列表中选中一张凭证后，单击【删除】按钮。

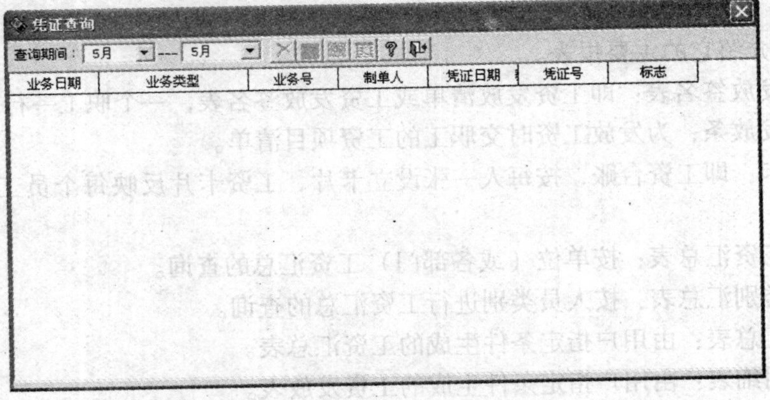

图 8－31 【凭证查询】窗口

2）单击【单据】按钮，显示原始凭证。进行完上述操作后，即可登录到总账系统进行工资发放的凭证处理。

三、月末结转

月末结转是将当月数据经过处理后结转至下月，每月工资数据处理完毕后均要进行月末结转。由于在工资项目中，有的项目数据是不变的，称之为固定数据（如工龄）；有的项目是变动的，称之为变动数据（如请假天数）。在每月工资处理时，均要将变动数据项目进行“清零”操作。

具体操作如下。

1）在【业务处理】菜单中，单击【月末处理】，系统将弹出【月末处理】窗口，如图8-32所示。

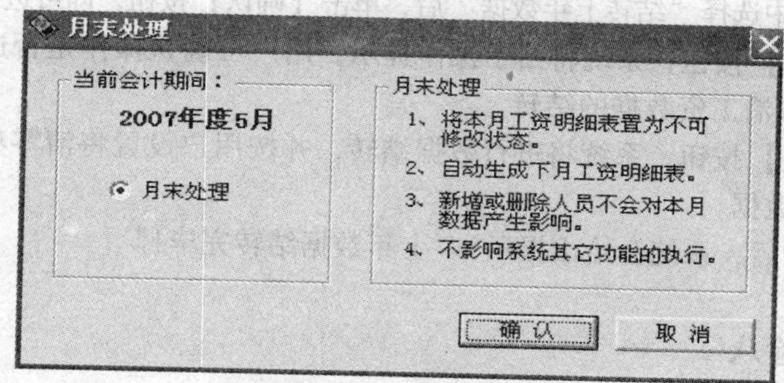

图8-32 【月末处理】窗口

2）单击【确认】按钮，根据系统提示，进行清零处理，如图8-33所示。

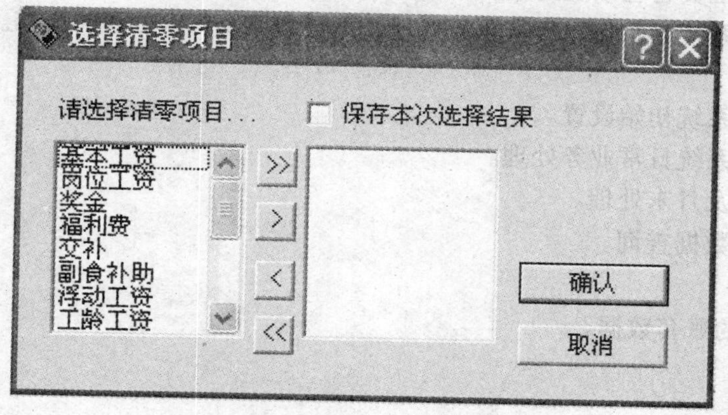

图8-33 【选择清零项目】窗口

注意：

1）月末结转只有在会计年度的1月至11月进行。

2）月末结转只有在当月工资数据处理完毕后才可进行。

3）若处理多个工资类别，则应打开工资类别，分别进行月末处理。

4）若本月工资数据未汇总，系统将不允许进行月末结转。用户在进行月末结转时，系统将给予警告提示：“本月数据未进行汇总，不能进行月末结转！”

5）进行期末处理后，当月数据将不再允许变动。

6）如果要进行反结账，必须关闭工资类别，且本月只能反上月的账。

7）月末处理功能只有主管人员才能执行。

四、年末结转

年末结转是将工资数据经过处理后结转至下年，操作与月末结转类似。

五、结转上年数据

结转上年数据是将工资数据经过处理后结转至本年。

具体操作如下。

1）在系统管理中选择“结转上年数据”后，单击【确认】按钮，即可进行上年数据结转。

2）单击【确认】按钮，系统将给予操作提示，用户可确认操作是否进行。若用户单击【取消】按钮，则取消工资数据的结转。

3）单击【确认】按钮，系统将进行数据结转，并按用户设置将清零项目数据清空，其他项目继承当前月数据。

4）在数据结转后，系统会给出提示：“上年数据结转完毕！”

课堂单项实验八

工资子系统

【实验目的】

1）掌握用友工资管理系统的相关内容。

2）掌握工资系统初始化、日常业务处理、工资分摊及月末处理的操作。

【实验内容】

1）工资管理系统初始设置。

2）工资管理系统日常业务处理。

3）工资分摊及月末处理。

4）工资系统数据查询。

【实验准备】

引入实验七的账套数据。

【实验资料】

1. 建立工资账套

（1）工资账套信息

工资类别个数：2个。核算币种：人民币（RMB）。实行代扣个人所得税，不进行扣零处理。人员编码长度：3位。启用日期：2010年10月。

（2）建立工资类别001在职人员工资。

2. 基础信息设置

（1）部门设置

利用课堂单项实验二的数据。

（2）人员类别设置

企业管理人员、经营人员、生产人员。

（3）人员附加信息设置

性别、年龄、职称、职务。

（4）工资项目设置

项目名称	类 型	长 度	小数位数	工资增减项
基本工资	数值	10	2	增项
岗位工资	数值	10	2	增项
工龄工资	数值	10	2	增项
岗位津贴	数值	10	2	增项
奖金	数值	10	2	增项
应发合计	数值	10	2	增项
病假天数	数值	8	2	其他
病假扣款	数值	8	2	减项
事假天数	数值	8	2	其他
事假扣款	数值	8	2	减项
水电费	数值	8	2	减项
扣款合计	数值	8	2	减项
实发合计	数值	10	2	增项
代扣税	数值	8	2	减项

（5）银行名称设置

工商银行账号长度为10。

（6）在职人员档案设置

编号	姓名	所属部门	职务	类别	中方人员	是否计税	工资停发	性别	年龄	技术职称	账号
101	林天宇	总经理办公室	总经理	管理人员	是	是	否	男	36	经济师	1111111111
201	张小小	财务部	会计主管	管理人员	是	是	否	男	35	会计师	2222222222
202	王东东	财务部	出纳	管理人员	是	是	否	女	43		3333333333
203	李刚刚	财务部	会计	管理人员	是	是	否	男	34		4444444444
301	罗敏	销售部	部门经理	经营人员	是	是	否	女	35		5555555555
302	张强	销售部	职员	经营人员	是	是	否	男	25		6666666666
303	周知渊	销售部	职员	经营人员	是	是	否	女	35		7777777777
304	王佳	供应部	部门经理	经营人员	是	是	否	女	29		8888888888
305	郑佳佳	供应部	职员	经营人员	是	是	否	女	30		9999999999
401	宋小江	生产部	部门经理	生产人员	是	是	否	男	33	工程师	1010101010
402	林达	生产部	职员	生产人员	是	是	否	男	33		1212121212

注：临时人员的档案及工资情况略。

3. 在职人员工资项目设置

在职人员工资项目包括上述人员工资项目表中的所有项目。

4. 在职人员工资项目包括项目公式设置

应发合计＝基本工资＋岗位工资＋工龄工资＋岗位津贴＋奖金

病假扣款＝（基本工资＋岗位工资＋工龄工资）/25×0.6×病假天数

事假扣款＝（基本工资＋岗位工资＋工龄工资）/25×事假天数

扣款合计＝事假扣款＋病假扣款＋水电费＋代扣税

实发合计＝应发合计－扣款合计

5. 工资数据录入

编号	姓名	所属部门	职务	类别	基本工资	岗位工资	工龄工资	岗位津贴	奖金	病假天数	事假天数
101	林天宇	总经理办公室	总经理	管理人员	4000	800	115	200	500	3	0
201	张小小	财务部	会计主管	管理人员	2900	700	120	120	300	0	3
202	王东东	财务部	出纳	管理人员	2500	600	200	120	200	0	0
203	李刚刚	财务部	会计	管理人员	2700	500	80	120	200	0	0
301	罗敏	销售部	部门经理	经营人员	2900	600	120	120	300	2	0
302	张强	销售部	职员	经营人员	1800	600	220	120	300	0	4
303	周知渊	销售部	职员	经营人员	1800	500	200	120	300	2	0
304	王佳	供应部	部门经理	经营人员	2800	500	200	120	300	0	0
305	郑佳佳	供应部	职员	经营人员	1800	500	200	120	300	1	0
401	宋小江	生产部	部门经理	生产人员	1800	600	120	120	300	0	0
402	林达	生产部	职员	生产人员	1500	600	120	120	200	0	0

6. 个人所得税计算和申报（计税基数为2000元）

查看个人所得税扣缴申报表。

7. 银行代发

银行格式设置采用默认，文件方式设置为TXT格式。

8. 工资分摊

应付工资总额＝应发合计×100%

应付福利费＝应发合计×14%

工会经费 = 应发合计 ×2%

教育经费 = 应发合计 ×1.5%

9. 月末处理

月末结转本月工资数据到下月，不进行清零处理。

10. 数据查询

生成工资发放签名表，按部门的分类统计表。

11. 结账

除基本工资和岗位工资外，其余的都清零处理。

第九章　固定资产子系统

学习目标： 通过本章的学习，掌握固定资产子系统的功能和意义；掌握固定资产子系统的业务流程及数据处理流程。能够使用本系统进行固定资产的增加、减少、变动的日常操作以及折旧的计提。

重点与难点： 学会使用固定资产子系统中原始卡片的录入、资产增加、资产减少和计提折旧的各种操作。

第一节　固定资产管理系统的初始设置

固定资产管理系统的主要作用是完成企业固定资产日常业务的核算和管理，生成固定资产卡片，按月反映固定资产的增加、减少、原值变化及其他变动，并输出相应的增减变动明细账，按月自动计提折旧，生成折旧分配凭证，同时输出相关的报表和账簿。

固定资产管理系统主要帮助一些中小型企业的财务部门进行固定资产总值、累计折旧数据的动态管理，协助进行成本核算的同时，还为设备管理部门提供固定资产的各项指标管理功能。

一、建立固定资产子账套

建立一个适合自己需要的固定资产子账套的过程，是使用固定资产系统管理资产的首要操作。首先要启用固定资产子系统。

启用固定资产子系统的前提是已经在系统管理中建立了核算单位账套。第一次使用固定资产子系统时，系统自动进入“初始化向导”功能，内容主要包括约定及说明、启用月份、折旧信息、编码方式、财务接口及完成等。

具体操作如下。

1）打开用友 U8 软件中的【固定资产】，系统提示：“这是第一次打开此账套，还未进行过初始化，是否进行初始化?”单击【是】按钮进入【固定资产初始化向导——约定及说明】界面，如图 9－1 所示。

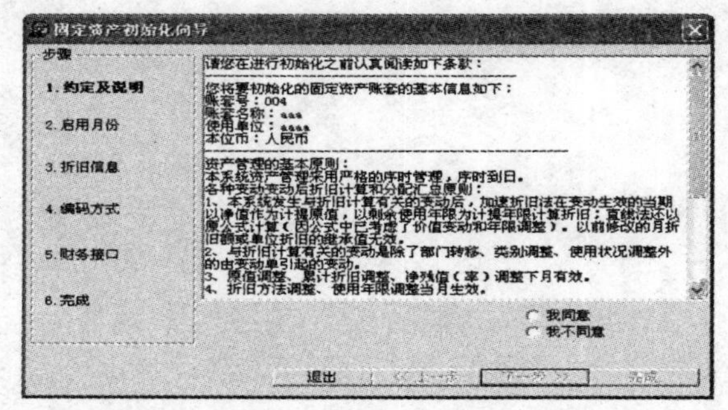

图 9－1　【固定资产初始化向导—约定及说明】界面

2）选择【我同意】，再单击【下一步】按钮，进行启用月份的设置，如图 9－2 所示。

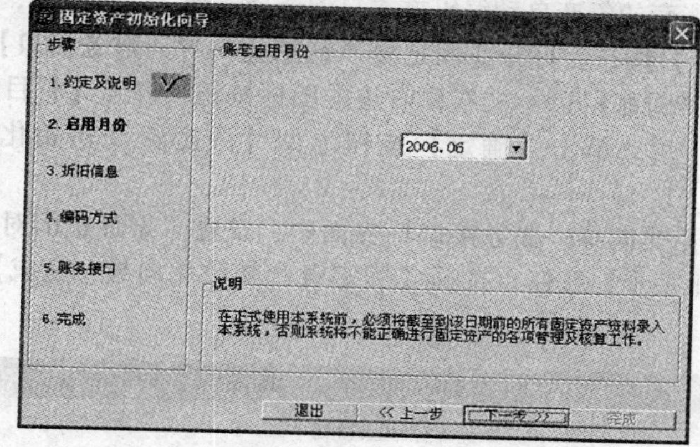

图 9－2 【固定资产初始化向导—启用月份】界面

3）单击【下一步】按钮进行折旧信息的设置，如图 9－3 所示。

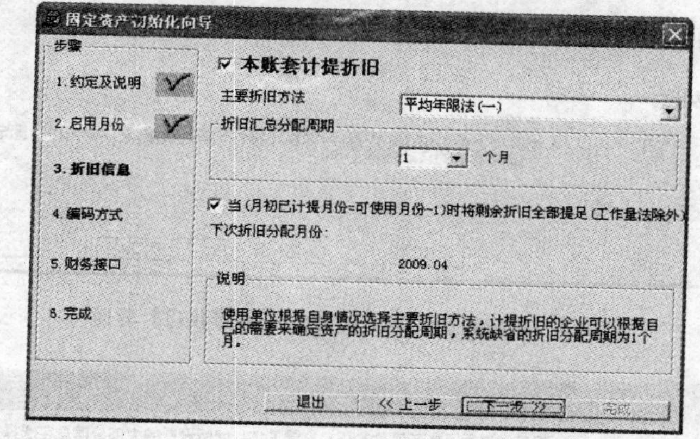

图 9－3 【固定资产初始化向导—折旧信息】界面

4）单击【下一步】按钮进行固定资产编码方式的设置，如图 9－4 所示。

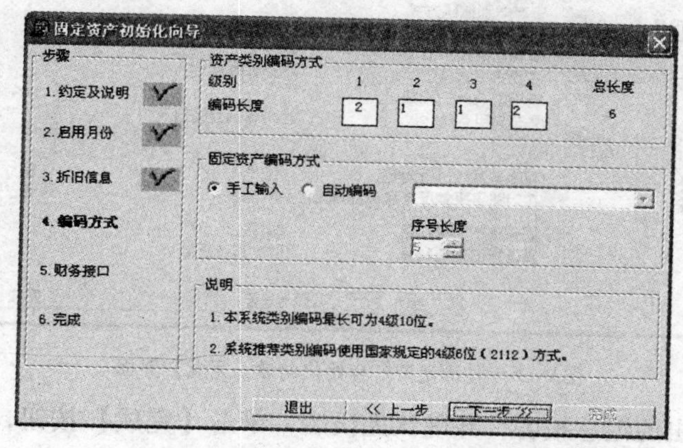

图 9－4 【固定资产初始化向导—编码方式】界面

注意：一旦某一级设置了类别，该级的长度就不能修改了，未使用过的各级的长度可以修改。此外，每一个账套的资产自动编码方式只能选择一种，一经设定，就不得修改。

5）单击【下一步】按钮，打开【固定资产初始化向导—财务接口】界面，如图 9－5 所示。单击“固定资产对账科目”文本框右边的图标按钮，打开【科目参照】对话框。选中“1601 固定资产”后，单击【确定】按钮返回【固定资产初始化向导—财务接口】界面。

在【固定资产初始化向导—账务接口】界面中，设置“累计折旧对账科目”为“1602 累计折旧”，单击【下一步】按钮，打开【固定资产初始化向导—完成】界面，如图 9－6 所示。

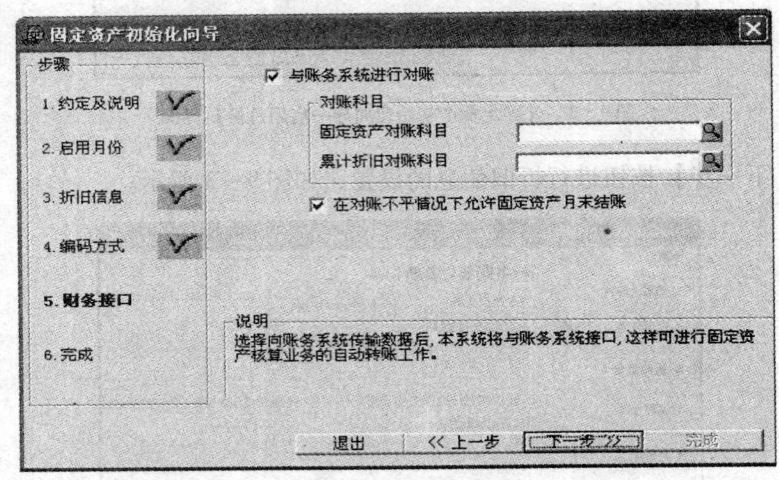

图 9－5　【固定资产初始化向导——财务接口】界面

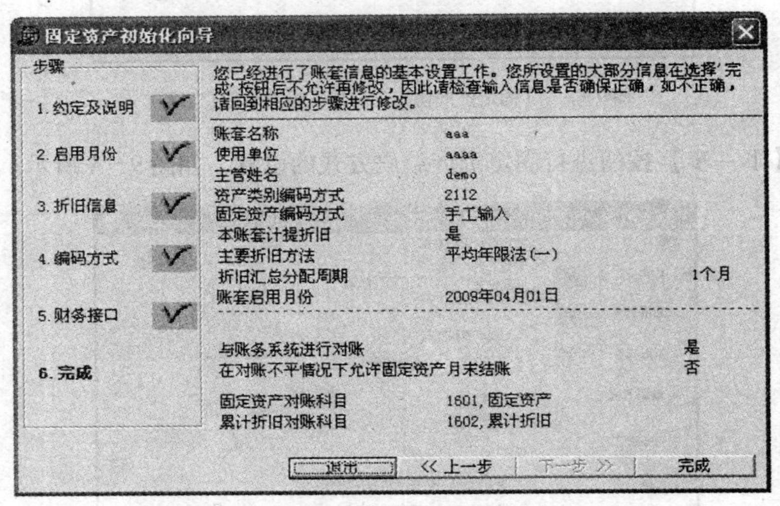

图 9－6　【固定资产初始化向导—完成】界面

6）审核系统给出的汇总报告，并确认无误后，单击【完成】按钮，将结束固定资产初始化建账过程，并弹出如图 9－7 所示的提示对话框。

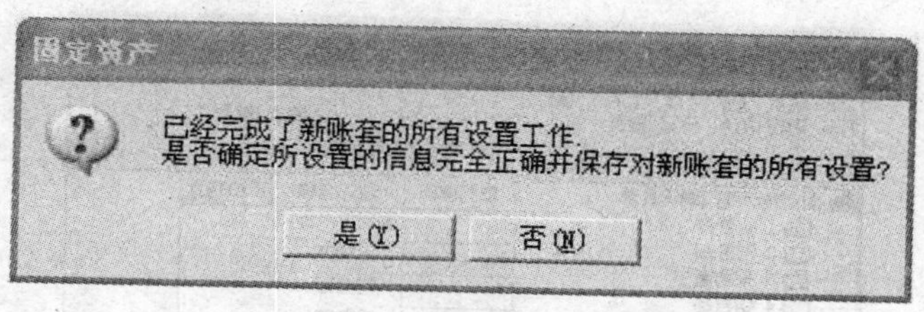

图 9－7　提示对话框

7）单击【是】按钮，返回【初始化账套向导—完成】界面，系统将提示用户“已成功初始化本固定资产账套!”。

二、选项设置

本功能可以修改在初始化设置中设定的部分值。

选择【设置】→【选项】，系统弹出如图 9－8 所示的对话框。

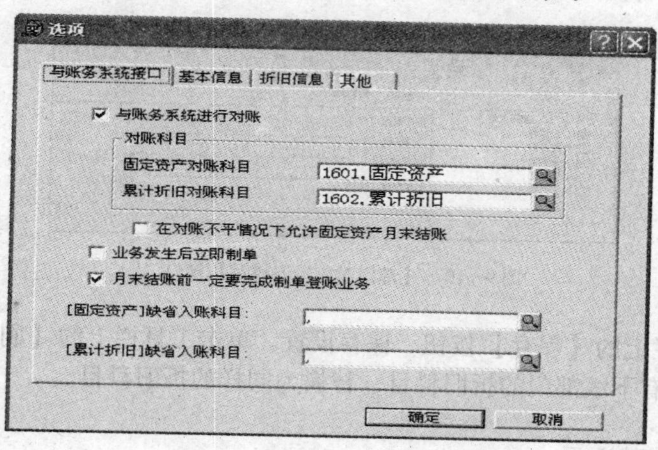

图 9－8　【选项】对话框

三、基础设置

（一）部门对应折旧的设置

对应折旧科目是指折旧费用的入账科目。资产计提折旧后必须把折旧数据归入成本或费用科目，根据不同企业的不同情况，有按部门归集的，也有按类别归集的。

一般情况下，一个部门内的资产折旧费用将归集到另一个比较固定的科目。因此，部门折旧费用的设置就是给每个部门选择一个折旧科目，这样在录入卡片时，该科目将自动添入卡片，而不必再逐个输入。

因为系统录入卡片时，只能选择明细级部门，所以设置折旧科目也只有给明细级部门设置才有意义。如果对某一上级部门设置了对应的折旧科目，下级部门将继承上级部门的设置（设置部门对应的折旧科目时，必须选择某级会计科目）。

具体操作如下。

1）选择【设置】→【部门对应折旧科目】选项，进入【部门对应折旧科目】窗口，如图 9－9 所示。

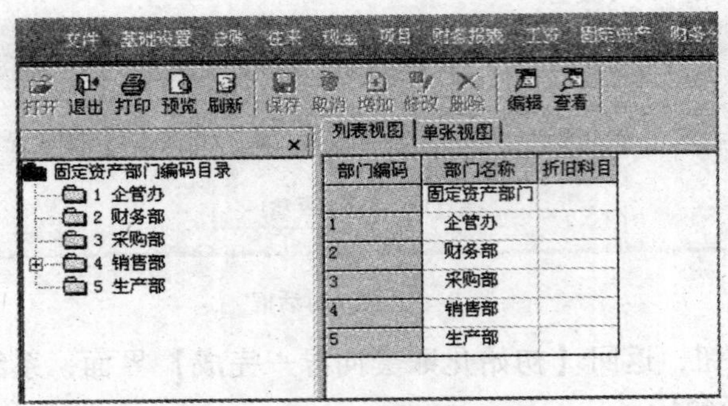

图 9－9 【部门对应折旧科目】窗口一

2）双击左边列表中选择的相应部门后，单击【修改】按钮，则自动打开【单张视图】选项卡，如图 9－10 所示。单击“折旧科目”文本框右边的图标按钮，弹出【科目参照】对话框，选择好折旧科目后，单击【确定】按钮，返回到【部门对应折旧科目】窗口。

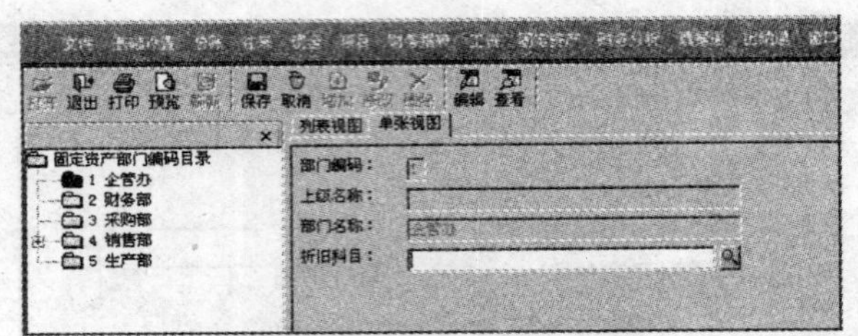

图 9－10 【部门对应折旧科目】窗口二

3）单击工具栏上的【保存】按钮，保存设置。单击工具栏上的【刷新】按钮，则自动将上述设置科目所有下级部门的折旧科目，替换为同样的折旧科目。

（二）资产类别设置

固定资产的种类一般比较繁多，且规格不一，要想强化固定资产管理，作好固定资产核算，就必须科学地对固定资产进行分类，以便为核算和统计管理提供依据。

具体操作如下。

1）在固定资产子系统中依次单击【设置】→【资产类别】，打开【资产类别】窗口，如图 9－11 所示。

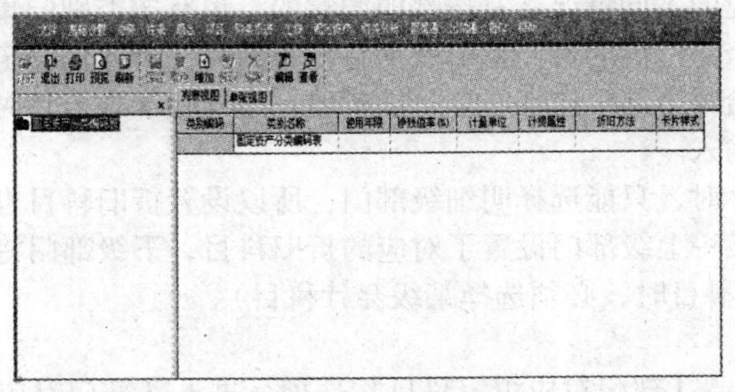

图 9－11 【资产类别设置】窗口一

2）初次进入资产类别设置时，资产类别目录为空。单击工具栏上的【增加】按钮，将自动打开“单张视图”选项卡，如图 9－12 所示。

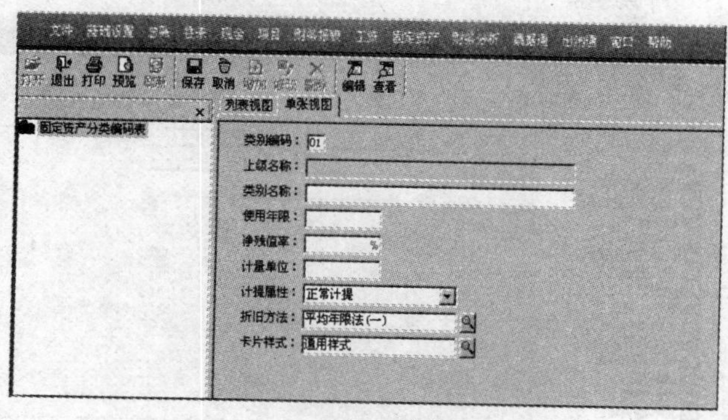

图 9－12　【资产类别设置】窗口二

3）输入类别编码、类别名称、使用年限、净残值率、计量单位、计提属性、折旧方法、卡片样式等信息之后，单击【保存】按钮，保存信息设置。

只有在最新会计期间时可以增加固定资产类别，月末结账后则不能增加。资产类别编码不能重复，同级的类别名称不能相同。类别编码、名称、计提属性、折旧方法、卡片样式等信息均是根据初始设置默认的，不可修改。

（三）增减方式设置

增减方式包括增加方式和减少方式两类。资产的增加或减少方式不仅可以用来确定资产计价和处理的原则，明确资产的增加或减少方式，还可以对固定资产增减的汇总管理做到心中有数。系统内置的增加方式有直接购入、投资者投入、捐赠、盘盈、在建工程转入、融资租入等；减少方式有出售、盘亏、投资转出、捐赠转出、报废、毁损、融资租出等。

具体操作如下。

1）在固定资产子系统中依次单击【设置】→【增减方式】，进入【资产增减方式及对应科目】窗口，如图 9－13 所示。

图 9－13　【资产增减方式及对应科目】窗口一

2）左边显示为系统预设的固定资产增减方式，单击工具栏上的【增加】按钮，自动切换到【单张视图】选项卡，如图9－14所示。

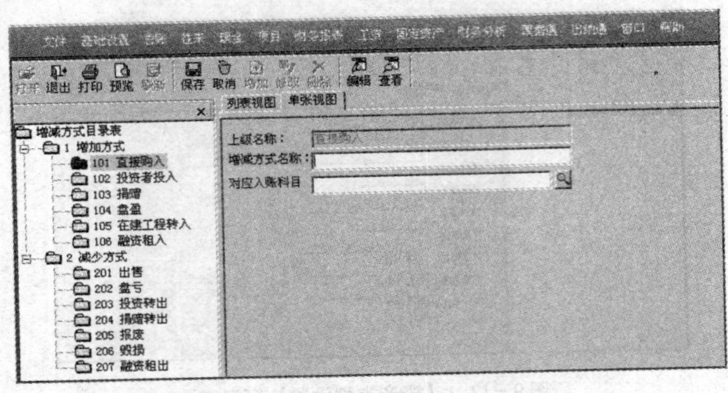

图9－14 【资产增减方式及对应科目】窗口二

3）在编辑区内输入增减方式名称和对应入账科目，再单击工具栏上的【保存】按钮保存设置。如果在【选项】对话框的【与账务系统接口】选项卡中选中了“执行事业单位会计制度”复选框，则还可对增加方式是否使用列支科目进行选择，如果选中了“列支科目”，那么设置的对应入账科目是为了在生成凭证时使用的。例如，以购入方式增加资产时，该科目可设置为“银行存款”，投资者投入时该科目可设置为“实收资本”，该科目将默认在贷方；资产减少时，该科目可设置为“固定资产清理”，默认在借方。“列支科目”只有在【选项】对话框中选中“执行事业单位会计制度”复选框且为“增加方式”时可选。“列支科目”也是在生成凭证时使用，例如，购入方式增加资产，对应入账科目设为“固定基金”，列支科目借方设为“专项资金支出”，列支科目贷方可设为“银行存款”。

4）单击工具栏上的【修改】或【删除】按钮，修改或删除相应的增减方式。

已使用（卡片已选用过）的方式不能删除；非明细级方式不能删除；系统默认的增减方式中“盘盈、盘亏、毁损”不能删除；生成凭证时，如果入账科目发生了变化，则可以对其进行即时修改。

（四）使用状况设置

从对固定资产核算和管理的角度，需要明确资产的使用状况，一方面可以正确地计算和计提折旧，另一方面也便于统计固定资产的使用情况，提高资产的利用效率。

主要的使用状况有：在用、季节性停用、经营性出租、大修理停用、不需用、未使用。用友ERP-U8固定资产子系统提供了基本的使用状况，只能有“使用中”、“未使用”、“不需用”三种一级使用状况，用户不能对其进行增加、修改或删除，但可以在一级使用状况下增加二级使用状况。

具体操作如下。

1）在固定资产子系统中，执行【设置】→【使用状况】命令，进入【资产使用状况】窗口，如图9－15所示。

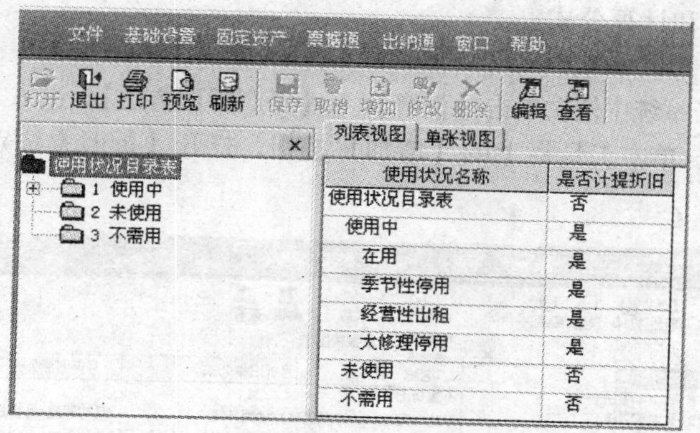

图9－15 【资产使用状况】窗口一

2）在“使用状况目录表”中选择一种使用状况（一级使用状况）后，单击【增加】按钮，显示该类别的【单张视图】选项卡，如图9－16所示。

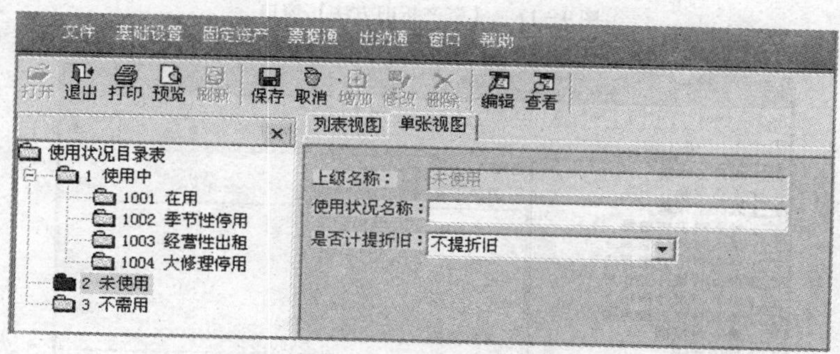

图9－16 【资产使用状况】窗口二

3）在编辑区的“使用状况名称”中输入使用状况，根据使用状况和本单位的实际情况判断该资产“是否计提折旧”，单击【保存】按钮保存设置。单击工具栏上的【修改】或【删除】按钮，从使用状况目录中对其进行修改或删除。在“使用中”状况下，只能对用户添加的使用状况进行修改和删除；对于“未使用”和“不需用”两种状况，可以进行修改，但不能进行删除；“未使用”和“不需用”的下级使用状态可以修改和删除。

注意：

1）修改某一使用状况名称后，卡片中该使用状况变为修改后的名称。

2）修改某一使用状况的“是否计提折旧”的判断后，对折旧计算的影响从当期开始，不调整以前的折旧计算。

（五）折旧方法设置

设置折旧方法时系统自动计算折旧的基础。系统提供了常用的七种折旧方法，并列出了它们的折旧计算公式。这七种折旧方法是：不提折旧、平均年限法（一）、平均年限法（二）、工作量法、年数总和法、双倍余额递减法（一）、双倍余额递减法（二）。上述折旧方法是系统默认的折旧方法，只能选用，不能删除和修改。此外，可能因为各种原因，上述方法不能满足需要时，系统还提供了折旧方法的自定义功能，用户可以根据实际情况定义和设计折旧方法的名称和计算公式。

具体操作如下。

1）在固定资产子系统中依次单击【设置】→【资产折旧方法】，进入【资产折旧方法】窗口，如图9－17所示。单击工具栏上的【增加】按钮，打开【折旧方法定义】对话框，如图9－18所示。

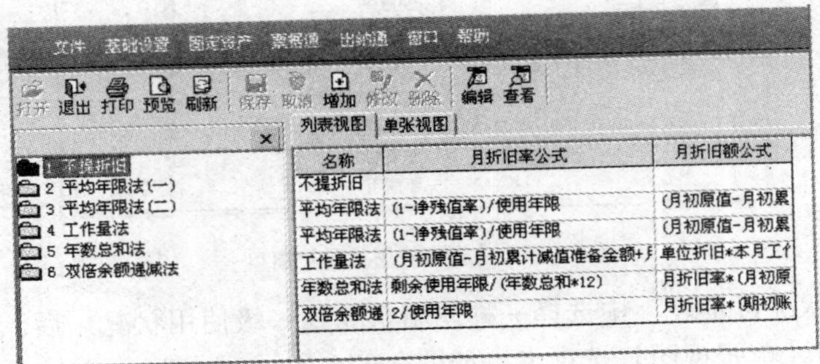

图9－17　【资产折旧方法】窗口

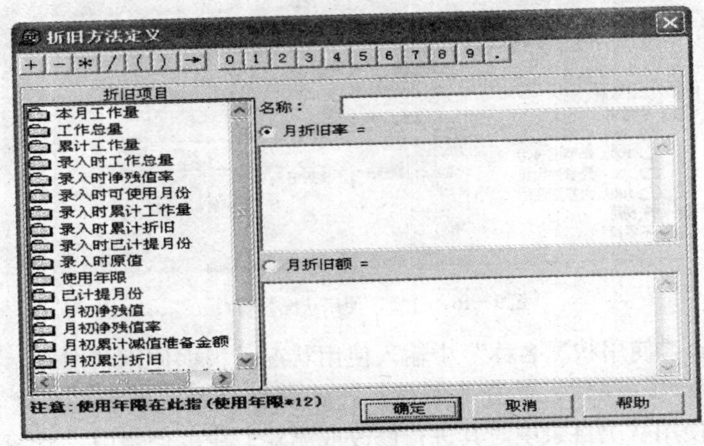

图9－18　【折旧方法定义】对话框

2）在“名称”文本框中输入自定义的折旧方法名称后，利用系统提供的“折旧项目”列表和最上面的“数字符号编辑”工具栏，在“月折旧率＝”和“月折旧额＝”下的文本框中输入计算公式。

3）单击【确定】按钮，完成公式定义。

定义月折旧额和月折旧率公式时必须有单向包含关系，即或月折旧额公式中包含月折旧率项目，或月折旧率公式中包含月折旧额项目，但不能同时互相包含。计提折旧时，如果自定义折旧方法的月折旧额或月折旧率出现负数，则自动终止折旧计提。

4）当发现自定义的公式有误时，可以通过单击【修改】按钮进行修改。

修改卡片已使用的折旧方法的公式，将使所有使用该方法的资产折旧的计提按修改过的公式计算折旧，需要慎重，但以前期间已经计提的折旧不变。

如果自定义的折旧方法中包含了与工作量相关的项目，修改后不允许与其无关。

5）如果认为一个自定义折旧方法已没有用途，且未用该方法计提折旧，则可以将其删除。在折旧目录中选中要删除的折旧方法，单击【删除】按钮即可。

正在使用的折旧方法（包括类别设置中已选用或录入的卡片已选用）不允许删除。

（六）卡片项目设置

卡片项目是固定资产卡片上显示的用来记录资产资料的栏目，如原值、资产名称、使用年限、折旧方法等卡片的最基本项目。固定资产系统给用户提供了一些常用卡片必需的项目，称为系统项目。如果这些项目不能满足用户对资产特殊管理的需要，用户可以通过卡片项目定义来定义自己需要的项目，用户定义的项目称为自定义项目，这两部分构成卡片项目目录。

具体操作如下。

1）在固定资产子系统中，执行【卡片】→【卡片项目】命令，弹出【卡片项目定义】窗口，如图9-19所示。

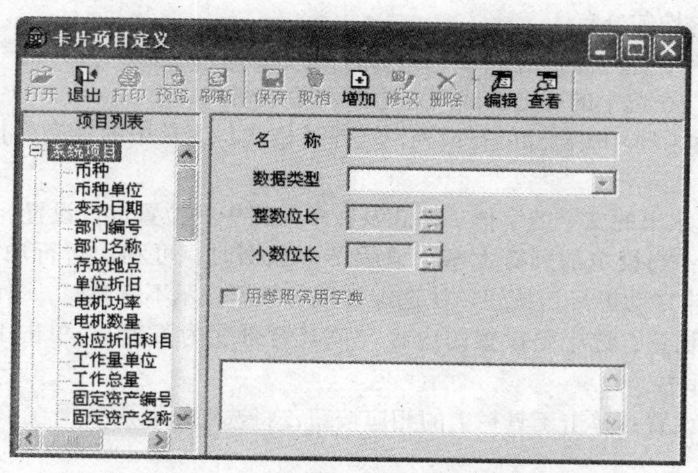

图9-19 【卡片项目定义】窗口

2）单击【增加】按钮，在"名称"文本框中输入"生产厂商"，"数据类型"为"字符型"，字符数为"20"。

3）选择定义是否"用参照常用字典"，判断所定义的项目在卡片和变动单输入时是否参照常用字典。如用户所定义的项目的内容重复率较高，则可以选用参照字典，以方便卡片的输入。

4）单击【保存】按钮，系统提示："数据成功保存！"单击【确定】按钮返回。

5）当发现卡片项目有误时，单击工具栏上的【修改】按钮，对其进行修改。

已定义的系统项目或自定义卡片项目均不能修改数据类型。

所有系统项目可以修改名称，卡片上该项目名称虽然改变，但该项目代表的意义不因名称更改而变化。如"累计折旧"可改为"回收基金"，但该项目的内容表示的仍然是该卡片的累计折旧值，内容并不随名称改变而改变。

单位折旧、净残值率、月折旧率的小数位长度系统默认为4（没有换算成百分数），用户可以根据实际需要修改精度。

系统项目除币种、币种单位、部门编码、部门名称、单位折旧、对应折旧科目、固定资产编码、汇率、减少方式、卡片编号、类别编号、类别名称、使用部门、使用年限、使用状况、是否多部门使用、项目、月折旧额、月折旧率、增加方式、折旧方法外，其他项目【用参照常用字典】的属性可以修改，系统默认的是不参照。

6）当用户认为一个项目没有用处时，可以把该项目从系统内删除。从卡片项目目录中选中要删除的项目，单击【删除】按钮即可。其中，系统项目不允许删除，已被使用的自定义项目不能删除。

（七）卡片样式设置

1）对卡片项目的行高、列宽进行调整。

① 行高设置：可按住鼠标左键拖动行标边框或使用菜单中的【行高】命令进行设置。

② 列宽设置：可按住鼠标左键拖动列标边框或使用菜单中的【列宽】命令进行设置。

③ 均行或均列：选择【格式】菜单中的【均行】或【均列】命令，使选中的区域内的行或列在该区域内均匀分布。

④ 插入行或列：选中某一行（多行）或一列（多列），选择【格式】菜单中的【插行】或【插列】命令，在选中的行上面或列左边插入行或列。

⑤ 删除行或列：选中要删除的行或列，选择【格式】菜单中的【删行】或【删列】命令即可。

2）对卡片显示出的文字的字体、格式及在单元格中的位置进行设置。

① 折行设置：当设定的列宽太窄，显示不下数据时，可利用折行功能使其完整显示。单击工具栏上的【自动折行】按钮，使选定区域内数据显示不完整时，自动折行。

② 文字格式设置：选中要设置的内容（使其背景变为黄色），单击工具栏上的相应按钮，设置字体或字号。

③ 文字位置设置：单击工具栏上的相应按钮，将选定区域内数据在单元格中分别居左、居中、居右。

3）边框设置是对样式上各单元格的边框进行的设置。

① 边框类型设置：选定设置边框的区域（该区域背景颜色是黄色），然后单击工具栏上的相应按钮，选择要设置成的边框类型即可。

② 边框线线型设置：先选定设置边框的区域（该区域背景颜色是黄色），再单击工具栏上的相应按钮，选择要设置成的边框线的线型即可。

4）单击【保存】按钮或执行右键菜单中的【保存】命令，即完成该样式的定义。

“外币原值”、“汇率”、“货币单位”这三个项目若要移动位置，则必须同时移动。“工作总量”、“累计工作量”、“工作量单位”三个项目要移动位置，也必须同时移动。

注意：

1）卡片样式上必须同时有或同时没有“项目”和“对应折旧科目”。

2）卡片样式定义好后，最好预览一下该样式打印输出的效果，如不满意可及时调整，尽量避免输入卡片后发现问题再返回修改。

3）如果修改一个使用过的样式，会影响已使用该样式录入的卡片。

4）对于已使用（类别设置中已选用或已使用该样式录入的卡片）的样式不允许修改。

（八）原始卡片录入

原始卡片是指卡片记录的资产开始使用日期的月份先于其录入系统的月份，即已使用过并已计提折旧的固定资产卡片。

在使用固定资产系统进行核算前，除了前面必要的基础工作外，还必须将建账日期以前的数据录入到系统中，保持历史数据的连续性。原始卡片的录入不限制必须在第一个期间结账前，任何时候都可以录入。

具体操作如下。

1）在固定资产子系统中，依次单击【卡片】→【录入原始卡片】，弹出【资产类别参照】对话框，如图 9－20 所示。

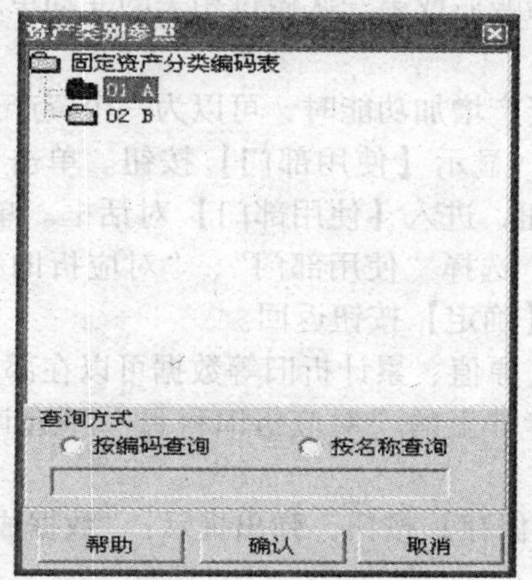

图 9－20 【资产类别参照】对话框

2）选择要录入卡片所属的资产类别，以便确定卡片的样式，如果资产类别较多，可以使用系统提供的查询方式查找。

3）双击选中的资产类别或单击【确定】按钮，显示固定资产卡片录入窗口，用户可在此录入或参照选择各项目的内容，如图 9－21 所示。

固定资产卡片 [录入原始卡片:00001号卡片]
打开 退出 打印 预览 刷新 保存 取消 增加 修改 删除 编辑 查看
固定资产卡片 | 附属设备 | 大修理记录 | 资产转移记录 | 停启用记录 | 原值变动 | 减少信息 | 2009-04-18

固 定 资 产 卡 片

卡片编号 00001 日期 2009-04-18
固定资产编号 固定资产名称 A
类别编号 01 类别名称 A
规格型号 部门名称
增加方式 存放地点
使用状况 使用年限 5年0月 折旧方法 平均年限法(一)
开始使用日期 已计提月份 0 币种 人民币
原值 0.00 净残值率 4% 净残值 0.00
累计折旧 0.00 月折旧率 0 月折旧额 0.00
净值 0.00 对应折旧科目 项目
录入人 张小红 录入日期 2009-04-18

图 9－21 【固定资产卡片】窗口

4）双击“类别编号”后面的空白，则显示一个按钮，单击该按钮可显示参照页面，用户可以在此进行参照选择。卡片中的“固定资产编号”根据初始化或选项设置中的编码方式，自动编码或用户手工录入。“录入人”自动显示为当前操作员，“录入日期”为当前登录日期。

5）资产的主卡录入后，选择“其他”选项卡，输入附属设备和录入以前卡片发生的各种变动。【附属设备】选项卡用来管理资产的附属设备，附属设备的价值已包括在主卡的原值中。附属设备可在资产使用过程中随时添加或减少，其价值不参与折旧的计算。

6）【减少信息】选项卡在资产减少后，系统根据输入的清理信息自动生成该选项卡的内容。该选项卡中只有清理收入和费用可以手工输入，其他内容不能手工输入。

7）【大修理记录】、【资产转移记录】、【停启用记录】和【原值变动】选项卡均以列表的形式来显示记录，第一次结账后或第一次做过相关的变动单后将根据变动单自动填写，不得手工输入。

在执行原始卡片录入或资产增加功能时，可以为一个资产选择多个使用部门。单击其中的“使用部门”后面的空白，显示【使用部门】按钮。单击该按钮，选中“多部门使用”单选按钮，单击【确定】按钮，进入【使用部门】对话框。单击【增加】按钮，新增一个空白行，单击【参照】图标，选择“使用部门”、“对应折旧科目”和“对应项目”选项，并手工录入使用比例，单击【确定】按钮返回。

当资产为多部门使用时，原值、累计折旧等数据可以在部门间按设置的比例分摊。单个资产对应多个使用部门时，卡片上的“对应折旧科目”不允许输入，只能按使用部门选择时的设置确定。

8）录入完成后，单击【保存】按钮，弹出提示：“数据成功保存！”并自动显示新卡片以供录入。

第二节　固定资产管理系统的日常处理

固定资产在日常情况下很少发生增加或者减少的变动，主要核算内容是计提固定资产折旧。其中固定资产的增加、部门间的转移以及调整原值、使用年限或者折旧方法的业务处理都可以在业务发生时进行。会计制度规定，减少的固定资产在当月仍然需要进行计提折旧，因此，固定资产减少的业务处理应该在计提了固定资产折旧以后才能进行。

固定资产的日常管理主要涉及企业平时的固定资产卡片管理、固定资产的增减管理以及固定资产的各种变动管理。

一、固定资产卡片管理

固定资产卡片管理是对固定资产系统中所有卡片综合管理的操作，包括卡片查询、卡片修改、卡片删除和卡片打印等。

1. 卡片查询

1）选择【财务会计】下的【固定资产】，单击【卡片】中的【卡片管理】选项，打开

【卡片管理】窗口。

2）每一张卡片在固定资产列表中显示为一条记录行。通过该记录行或快捷信息窗口，用户可以查看该资产的简要信息。如果需要查看详细情况，则可以从卡片管理列表中选中要查看的卡片记录行，双击该记录行，显示出单张卡片的详细内容。

3）查看卡片汇总信息，即查看企业实际业务中的固定资产台账，固定资产系统设置按部门查询、按类别查询和自定义查询三种查询方式。

① 按部门查询卡片。从左边查询条件下拉列表框中选择“按部门查询”选项，则目录区显示部门目录，选择“部门编码目录”选项，右边可显示所有在役或已减少资产状况；选择要查询的部门名称，则右侧列表显示属于该部门卡片列表的在役资产和已减少的固定资产。

② 按类别查询卡片。从左边查询条件下拉列表框中选择“按类别查询”选项，目录区显示类别目录，选择“分类编码表”选项，右边显示所有在役和已减少资产状况；选择要查询固定资产的类别，则右侧列表显示的就是属于该类别的卡片列表。

③ 自定义查询。自定义查询是通过用户设置的自定义查询条件表进行的。自定义查询表是用户根据自己管理卡片的需要自定义的一类报表，其内容是根据所定义的查询条件（由多个查询条件组成的查询条件集合）筛选出的卡片集合。

从【卡片管理】窗口中的查询条件下拉列表框中选择“自定义查询”选项。如果该查询只是临时查询，单击【查找】按钮，则自定义的查询条件不保存；如果在日常业务处理中经常按某一条件集合查询时，可将该条件集合保存，方便以后查询时直接调用。

单击【添加查询】按钮，输入要定义的查询表名称，即可编辑查询条件；单击【新增行】按钮，输入查询条件，每一行表示一个查询条件，当定义的查询条件是由多个条件组成的条件集合时，各行用关系符组合起来。

输入完查询条件后，单击【确定】按钮，右侧列表将显示符合查询条件的卡片列表。

2. 卡片修改

当用户在使用过程中发现卡片录入有错误或需要修改卡片内容时，可通过卡片修改功能来实现。这种修改称为无痕迹修改，即在变动清单和查看历史状态时不体现，无痕迹修改前的内容在任何查看状态下都不能再看到。

在【卡片管理】窗口中双击需要修改的记录行，再单击【修改】按钮，进入修改状态，这时可进行修改。

原始卡片的原值、使用部门、工作总量、使用状况、累计折旧、净残值（率）、折旧方法、使用年限、资产类别在没有做变动单或评估单的情况下，录入当月可修改。如果做过变动单，只有删除变动单才能修改。

通过“资产增加”录入系统的卡片如果没有制作凭证、变动单和评估单的情况下，录入当月可修改。如果做过变动单，只有删除变动单才能修改。如果已制作凭证，则要修改原值或累计折旧，并删除凭证后才能修改。

原值、使用部门、使用状况、累计折旧、净残值（率）、折旧方法、使用年限、资产类别各项目在作过一次月末结账后，只能通过变动单调整，不能通过卡片修改功能调整。

3．卡片删除

系统提供的卡片删除功能，是指把卡片资料从系统中彻底清除，不是资产清理或减少。该功能只有在下列两种情况下才有效。

1）卡片录入当月若发现卡片录入有错误，想删除该卡片，可通过卡片删除功能实现。删除后，如果该卡片不是最后一张，卡片编号保留空号。

2）通过“资产减少”减少的资产的资料，会计档案管理要求必须保留一定的时间，所以本系统在账套选项中让用户设定删除的年限，对减少的资产的卡片只有在超过了该年限后，才能通过“卡片删除”将原始资料从系统中彻底清除，在设定的年限内，不允许删除。

从卡片管理列表中选择要删除的固定资产卡片，单击【删除】按钮，即可删除该卡片。

4．卡片打印

固定资产卡片可通过打印输出，卡片打印功能可提供卡片和卡片列表两种打印结果，而卡片打印又可分为单张打印和批量打印两种形式。

（1）打印单张卡片

打印单张卡片是指将正在查看的那张卡片的主卡以及各附属表打印输出。在单张卡片查看窗口，单击【打印】按钮直接打印该卡片。

（2）打印卡片列表

卡片列表指【卡片管理】窗口中以列表形式显示的卡片集合。在【卡片管理】窗口，根据查询条件选择显示符合条件的卡片列表，单击【打印】按钮，选中【打印列表】单选按钮，再单击【确定】按钮，即可打印资产列表。

（3）批量打印卡片

如果同时输出的卡片量较大，可选择卡片打印方式中本系统提供的批量打印卡片功能，而不必选中单张卡片一张一张地打印。

批量打印卡片实际上是前两种打印的结合，批量打印输出的卡片是打印列表集合中列示的卡片，打印输出的形式是输出一张一张的卡片。

具体操作如下。

1）确定批量打印卡片集合，在【卡片管理】窗口中，选择不同的查询条件，列示要打印的卡片列表。例如，要打印设备类卡片，则从查询条件下拉列表框中选择“按类别查询”选项，然后选择“设备类”选项，则右侧的列表中列示的就是要批量打印的卡片集合。

2）单击【打印】按钮，选中【批量打印卡片】单选按钮并单击【确定】按钮即可。

二、固定资产增加管理

固定资产增加可以分为直接购入、接受捐赠、盘盈、在建工程转入和融资租入等多种方式。在固定资产增加时，首先要添置增加的固定资产卡片，再进行凭证处理。

具体操作如下。

1）选择【卡片】下的【资产增加】选项，打开【资产类别参照】对话框，选择要增加的资产的类别后，单击【确定】按钮，打开【固定资产卡片［新增资产］】窗口，如图9－22所示。

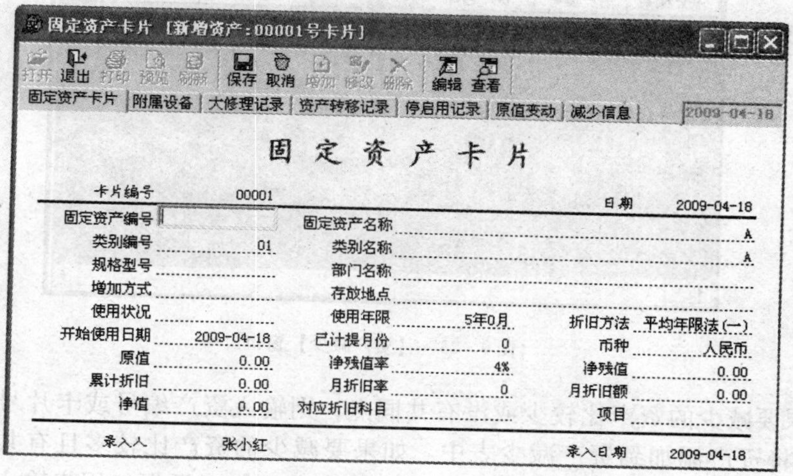

图9－22　【固定资产卡片［新增资产］】窗口

2）按照提示输入需要的各项内容。对【固定资产卡片】选项卡的各项内容输入完毕之后，选择剩余的【附属设备】、【大修理记录】、【资产转移记录】、【停启用记录】【原值变动】和【减少信息】选项卡，并对其下的各个项目进行相应的录入。其中附属选项卡上的信息只供参考，不参与计算。

3）单击【保存】按钮，对新增加的固定资产卡片进行保存。

已计提月份必须严格按照该资产在其他单位已经计提或估计已计提的月份数，不包括使用期间停用等不计提折旧的月份，否则不能正确计算折旧。允许在卡片的规格型号中输入或粘贴如直径符号等工程符号。

只有在固定资产系统中【设置】的【选项】对话框中选中了【业务发生后立即制单】复选框，系统才会在新增固定资产卡片后，自动弹出【填制凭证】窗口。否则，必须在固定资产系统下的【处理】→【批量制单】子项中进行凭证处理。

三、固定资产减少处理

企业在日常业务中，不可避免地会由于出售、盘亏、投资转出、捐赠转出、报废、毁损和融资租出等原因发生固定资产的减少。由于固定资产在减少当月仍需要计提折旧，所以固定资产减少的处理必须在计提了当月的固定资产折旧以后才能进行。

系统提供的资产减少的批量处理操作，为同时清理一批资产提供了方便。

具体操作如下。

1）选择【卡片】，单击【资产减少】命令，打开【资产减少】窗口，如图9－23所示，从中可以选择需要减少的资产。

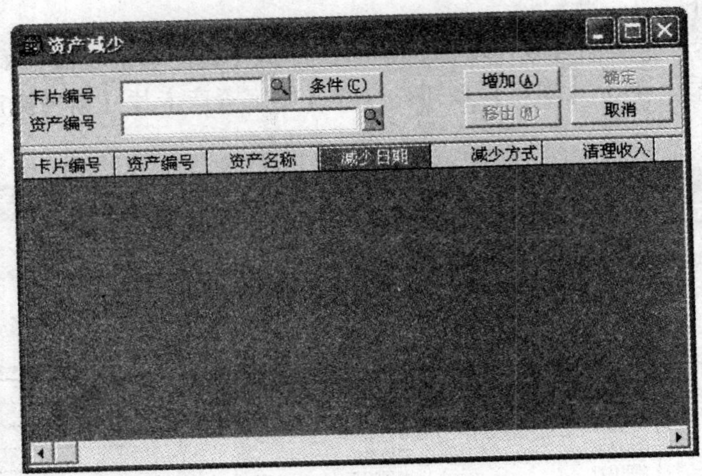

图 9－23　【资产减少】窗口

2）如果要减少的资产比较少或没有共同点，则输入资产编号或卡片号后，单击【增加】按钮，将资产添加到资产减少表中。如果要减少的资产比较多且有共同点，则单击【条件】按钮，即可显示如图 9－24 所示的【查询定义】对话框。用户输入相应的查询条件，即可将系统显示的符合条件集合的资产挑选出来进行减少操作。

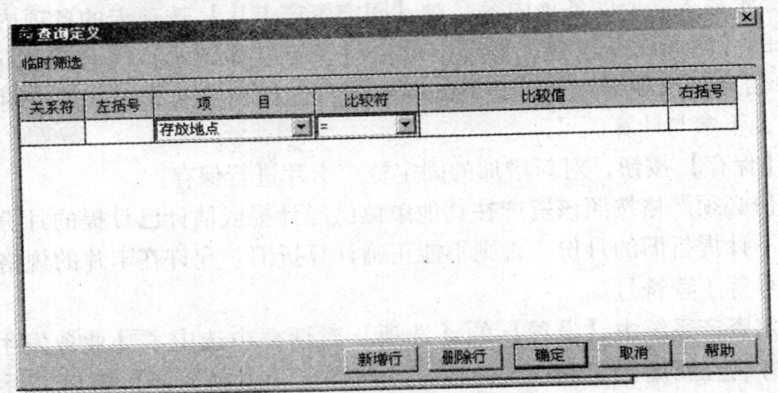

图 9－24　【查询定义】对话框一

3）在【资产减少】对话框中输入资产减少的信息，如减少日期、减少方式、清理收入、清理费用、清理原因等。如果当时某项资产的清理收入和清理费用还不明确，可以后在这张卡片的附表“清理信息”中输入。

4）单击【确定】按钮，完成操作。

注意：只有当账套开始计提折旧之后，才可以使用资产减少功能。否则，资产的减少只有通过删除卡片来完成。

四、固定资产其他变动管理

固定资产的其他变动是指除了固定资产增减变动以外的原值调整、部门间调拨、使用年限调整、使用状况变动、折旧方法调整以及资产类别调整等与计提和分配固定资产折旧相关的业务活动。

其中，会计制度对固定资产的原值调整有严格的规定，一般情况下发生的固定资产实际价值变动，不能通过调整固定资产原值来处理。在固定资产减值时，只能通过计提固定资产减值准备来准确核算固定资产的真实价值，而在固定资产增值时，出于会计核算稳健性原则的考虑，一般不调整固定资产的账面价值。

因此，只有在根据国家规定对固定资产进行重新估价、固定资产改良或拆装、调整原来暂估入账的固定资产价值等少数情况下，才能对固定资产进行原值调整。固定资产的折旧方法作为一项重要的会计政策，在一般情况下不能随意变更。

固定资产使用年限和净残值的调整，在财务核算上属于会计估计的变更。会计估计是指企业对结果不确定的交易，以最近可利用的信息为基础所作出的判断。由于经济业务活动的内在不确定性，对诸如固定资产使用年限和净残值这一类事项的判断，只能根据现有的经验来进行。只有在取得了新的信息，积累了更多的经验之后，发现原有的会计估计明显不符合实际时，才需要对原有的估计事项进行调整。因此，对固定资产使用年限和净残值的调整也不是经常发生的核算业务，且需要经过严格的授权后才能进行。

日常会计业务中，较常见的固定资产其他变动核算是固定资产的部门间调拨。固定资产的部门间调拨一般不涉及固定资产原值、折旧方法、使用年限、净残值等的变更，但可能会导致固定资产存放地点、折旧费用分摊的变化，因此，在核算上必须及时在固定资产卡片上进行调整。

当月录入的卡片和当月增加的资产不允许进行变动处理，要进行系统变动处理，必须先计提前一个月的折旧并且制单、结账之后，才能在当月的第一天注册登录固定资产系统并进行相关操作。

1．原值变动

原值变动包括原值增加和原值减少两部分。

具体操作如下。

1）选择【卡片】→【变动单】→【原值增加】选项，打开【固定资产变动单—原值增加】窗口，如图 9－25 所示。

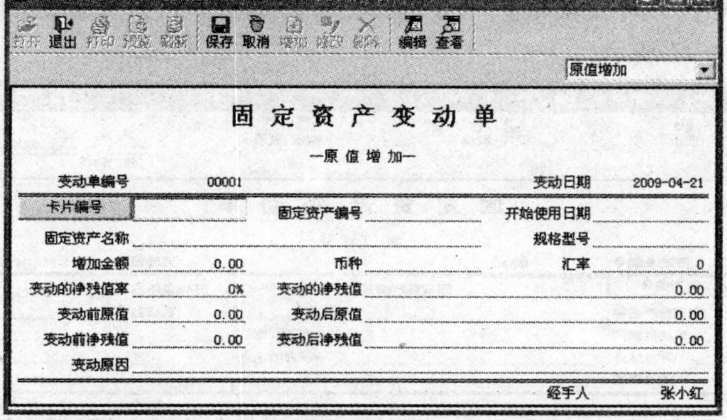

固定资产变动单［新建变动单：00001号变动单］
打开 退出 打印 预览 刷新 保存 取消 增加 修改 删除 编辑 查看
原值增加
固 定 资 产 变 动 单
—原 值 增 加—
变动单编号 00001　变动日期 2009-04-21
卡片编号　固定资产编号　开始使用日期
固定资产名称　规格型号
增加金额 0.00　币种　汇率 0
变动的净残值率 0%　变动的净残值 0.00
变动前原值 0.00　变动后原值 0.00
变动前净残值 0.00　变动后净残值 0.00
变动原因
经手人 张小红

图 9－25　【固定资产变动单—原值增加】窗口

2）单击【卡片编号】按钮，弹出如图 9－26 所示的【卡片参照】对话框。

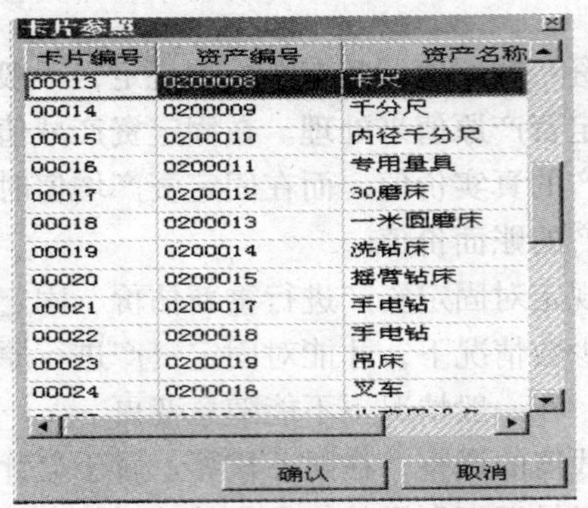

图 9－26　【卡片参照】对话框

3）选择需要进行变动的资产后，单击【确定】按钮，自动带出"开始使用日期"、"固定资产名称"、"变动前原值"、"净残值"、"净残值率"等相关信息。

4）输入"增加金额"，系统将自动计算"变动后原值"、"变动后净残值"等项，并将其设置为不可修改。如果"变动的净残值率"或"变动净残值"的数值不正确，用户可以手工修改其中一项，另一项会自动进行计算修改。

5）输入"变动原因"的内容后，单击【保存】按钮，完成原值变动的操作。卡片上的其他相应项目，如"原值"、"净残值"、"净残值率"则根据变动单改变。如果选中【业务发生后立即制单】复选框，则可以制作记账凭证。

上述所讲是以增加资产原值为例来说明原值变动的操作过程，减少资产的原值和增加资产的原值相对，用户可以按照上述方法操作，这里不再赘述。

2. 部门转移

资产在使用的过程中，因为企业内部的调配而发生的部门变动应该及时进行处理，否则将影响部门的折旧计算。资产的部门转移通过系统提供的部门转移功能实现。

具体操作如下。

1）选择【卡片】→【变动单】→【部门转移】选项，打开【固定资产变动单—部门转移】窗口，如图 9－27 所示。

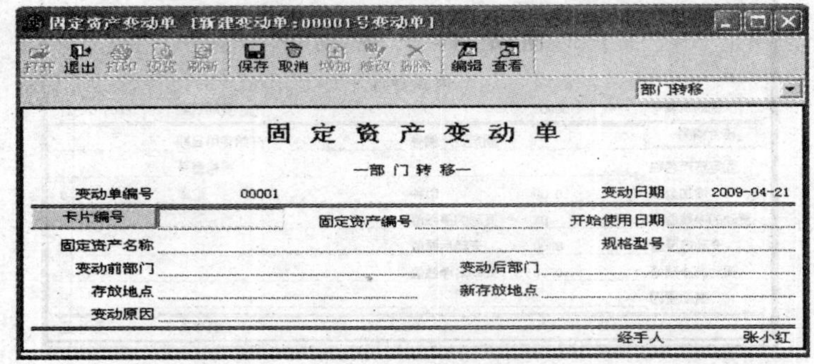

图 9－27　【固定资产变动单—部门转移】窗口

2）单击【卡片编号】按钮，选择需要变动的资产，系统自动带出“开始使用日期”、“固定资产名称”、“变动前部门”等相关信息。选择输入“变动后部门”和“变动原因”。

3）单击【保存】按钮，对弹出的提示信息进行确认后，保存本次变动结果。

3．使用状况调整

资产在使用的过程中，可能会因为某种原因，使得资产的使用状况发生变化，这种变化往往会影响设备折旧的计算，必须及时对其进行调整。

具体操作如下。

1）选择【卡片】→【变动单】→【使用状况调整】选项，打开【固定资产变动单—使用状况调整】窗口，如图9－28所示。

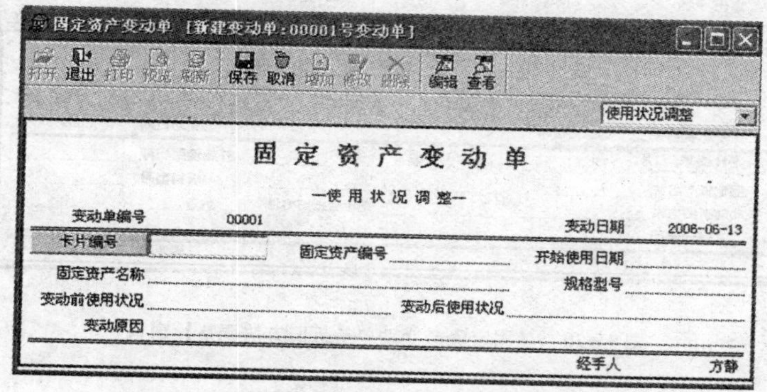

图9－28　【固定资产变动单—使用状况调整】窗口

2）参照上面其他变动的操作步骤进行操作。

4．使用年限调整

资产在使用过程中，可能会由于资产的重估、大修等原因调整资产的使用年限。进行使用年限调整的资产，在调整的当月即可按照调整后的使用年限计提折旧。

具体操作如下。

1）选择【卡片】→【变动单】→【使用年限调整】选项，打开【固定资产变动单—使用年限调整】窗口，如图9－29所示。

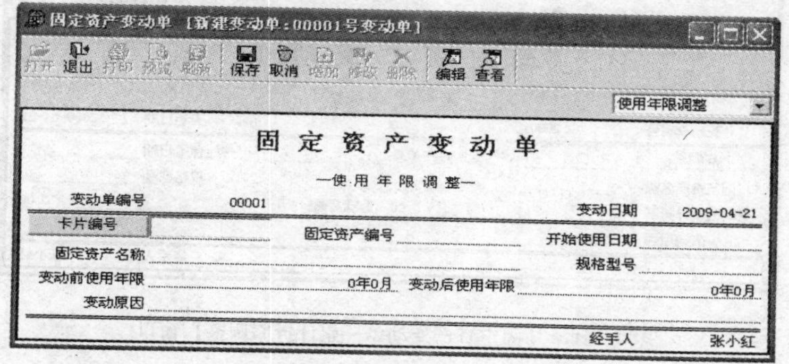

图9－29　【固定资产变动单—使用年限调整】窗口

2）参照“部门转移”的操作方法进行调整操作即可。

5. 折旧方法调整

资产的折旧方法一般在一年之内不应该更改，但在特殊情况下进行修改之后的资产在调整的当月就应该按照调整后的折旧方法计提折旧。

具体操作如下。

1）选择【卡片】→【变动单】→【折旧方法调整】选项，打开【固定资产变动单—折旧方法调整】窗口，如图 9－30 所示。

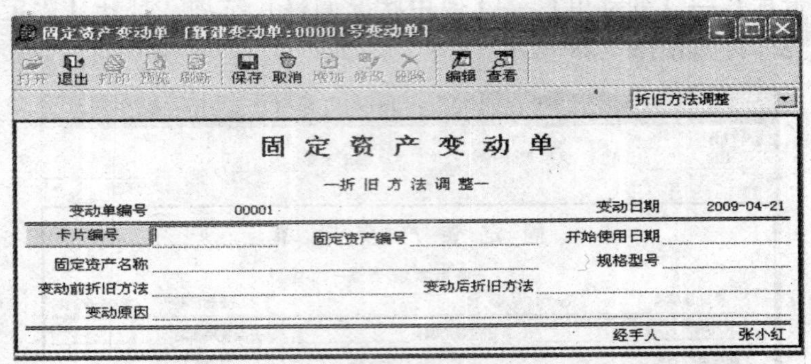

图 9－30 【固定资产变动单—折旧方法调整】窗口

2）参照“部门转移”的操作方法进行调整操作即可。

6. 累计折旧调整

资产在使用过程中，由于补提折旧或多提折旧需要调整已经计提的累计折旧，可通过“累计折旧调整”功能实现。

具体操作如下。

1）选择【卡片】→【变动单】→【累计折旧调整】选项，打开【固定资产变动单—累计折旧调整】窗口，如图 9－31 所示。

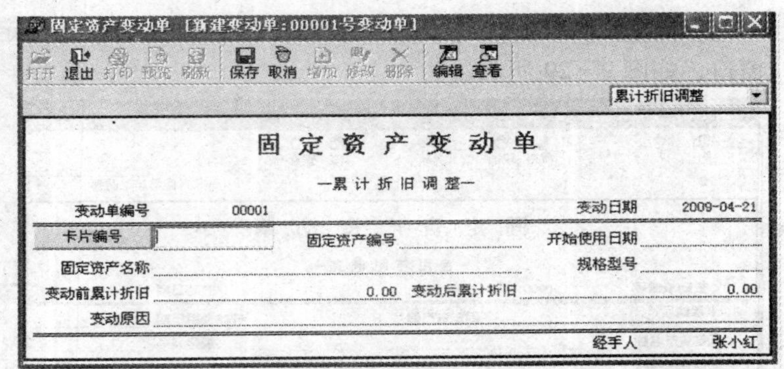

图 9－31 【固定资产变动单—累计折旧调整】窗口

2）输入卡片编号或资产编号，自动列出资产的名称、开始使用日期、规格型号、变动前累计折旧。

3）输入变动后累计折旧之后，继续输入变动原因。

4）单击【保存】按钮，完成该变动单的操作。卡片上的累计折旧根据变动单而改变。

5）单击【制单】按钮，制作记账凭证。

7. 其他调整

其他项目的调整简述如下。

1）工作总量调整：调整后的工作总量不能小于累计用量。进行工作总量调整的资产，在调整当月就按调整后的工作总量计提折旧。

2）净残值（率）调整：调整后的净残值必须小于净值。本月录入的净残值（率）调整变动单信息在下月计提折旧时生效。

3）类别调整：调整后类别和调整前类别的计提属性必须相同。进行类别调整的资产在调整当月就按调整后的类别计提折旧。

8. 批量变动

为了提高工作效率，系统提供了批量处理固定资产变动的功能。具体操作步骤如下。

1）选择【卡片】→【批量变动】选项，打开【批量变动单】窗口，如图 9－32 所示。

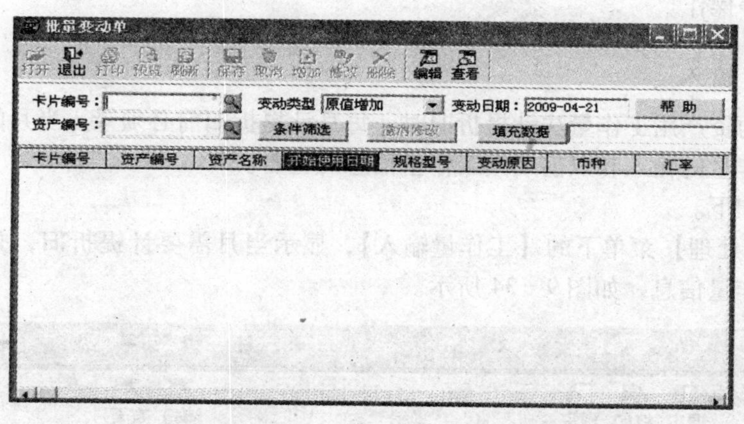

图 9－32　【批量变动单】窗口

2）在“变动类型”下拉列表框中选择需变动的类型后，即可采用手工选择或条件选择的方式选择批量变动的资产。

① 手工选择：若需批量变动的资产没有共同点，则可在【批量变动单】窗口内，直接输入卡片编号或资产编号，也可使用【参照】按钮🔍，将资产逐个增加到批量变动表内进行变动。

② 条件选择：指通过某些查询条件，将符合该条件集合的资产挑选出来进行变动。

如果要变动的资产有共同之处，即可通过条件选择的方式选择资产，而不用逐个增加。

3）单击【条件筛选】按钮，显示【查询定义】对话框，如图 9－33 所示。在该窗口中输入筛选条件集合之后，单击【确定】按钮，则批量变动表中自动列示按条件筛选出的资产。

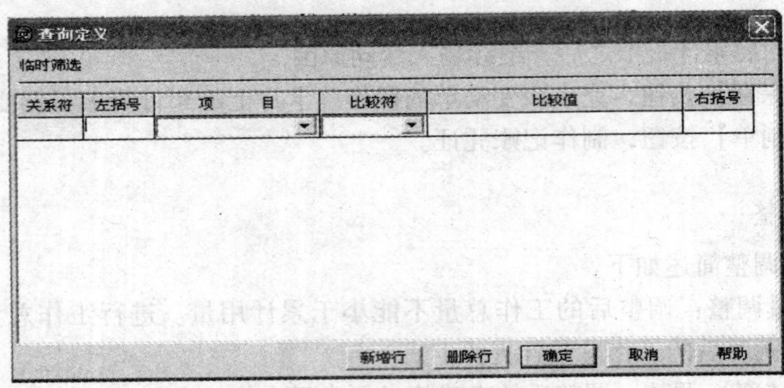

图 9－33 【查询定义】对话框二

4）在输入变动内容及变动原因后，执行鼠标右键快捷菜单中的【保存】命令，即可将需要变动的资产生成变动单。

第三节 固定资产管理系统的期末处理

固定资产管理系统的期末处理包括与相关系统的数据传送、对账、计提折旧、结账、查询及打印报表等操作。

1. 工作量输入

当账套内的资产用工作量法计提折旧时，每月计提折旧前必须录入当月的工作量，本功能提供当月工作量的输入和以前期间工作量信息的查看。

具体操作如下。

1）选择【处理】菜单下的【工作量输入】，显示当月需要计提折旧，并且折旧方法是工作量法的工作量信息，如图 9－34 所示。

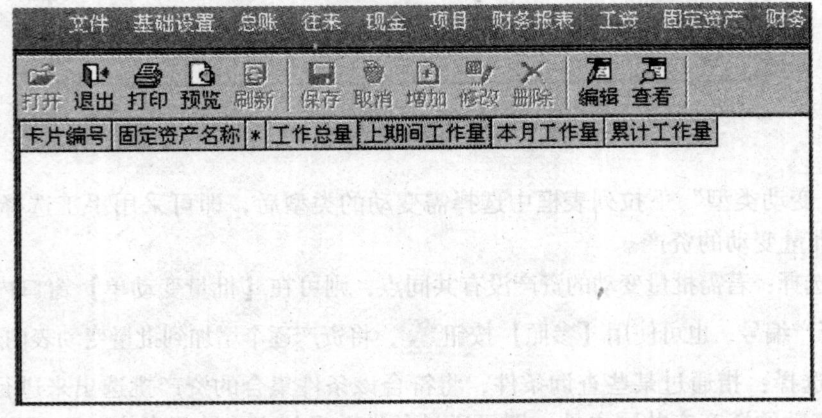

图 9－34 【工作量输入】窗口

2）输入本月工作量。累计工作量显示的是截至本次工作量输入后的资产累计工作量。

3）单击【保存】按钮，即完成工作量输入工作。

2. 折旧计提

自动计提折旧是固定资产系统的主要功能之一。系统每期计提折旧一次，根据录入系统的资料自动计算每项资产的折旧，并自动生成折旧分配表，然后制作记账凭证，将本期的折旧费用自动登账。执行此功能后，系统将自动计提各个资产当期的折旧额，并将当期的折旧额自动累加到累计折旧项目。

具体操作如下。

1）单击【处理】菜单下的【计提本月折旧】，系统询问是否已正确输入了工作量，如果没有，请退出，并进行工作量输入，如图 9－35 所示。

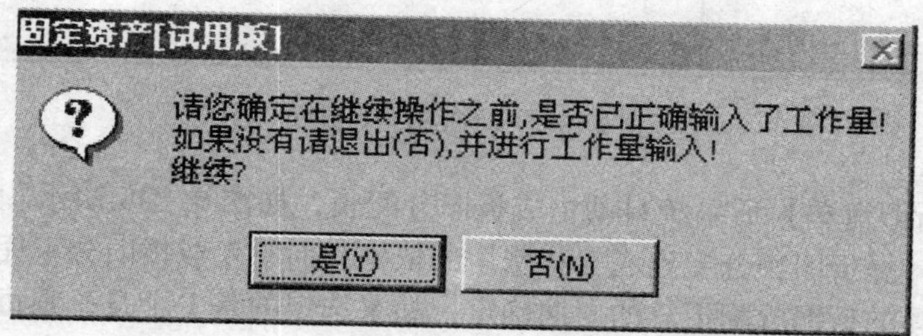

图 9－35　询问信息框一

2）单击【是】按钮，系统提示："本操作将计提折旧，并花费一定时间，是否要继续?"如图 9－36 所示。单击【是】按钮，系统开始计提折旧，并询问是否要查看折旧清单。

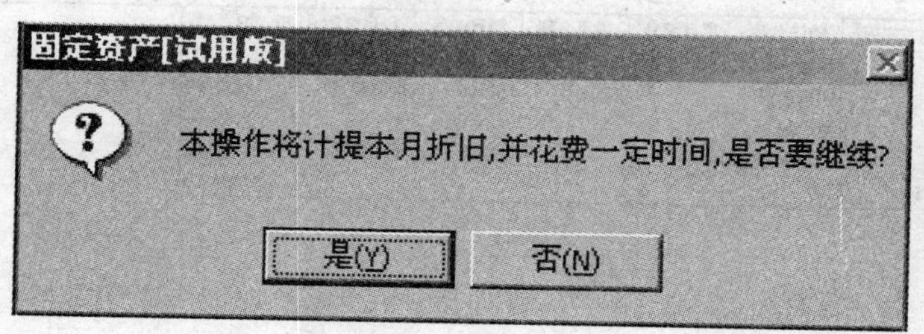

图 9－36　询问信息框二

3）单击【是】按钮，系统列出折旧清单，如图 9－37 所示。折旧清单显示所有应计提折旧的资产所计提折旧数额的列表，单期的折旧清单中列示了资产名称、计提原值、月折旧率、单位折旧、月工作量、月折旧额等信息。全年的折旧清单中同时列出了各资产在 12 个计提期间中月折旧额、本年累计折旧等信息。

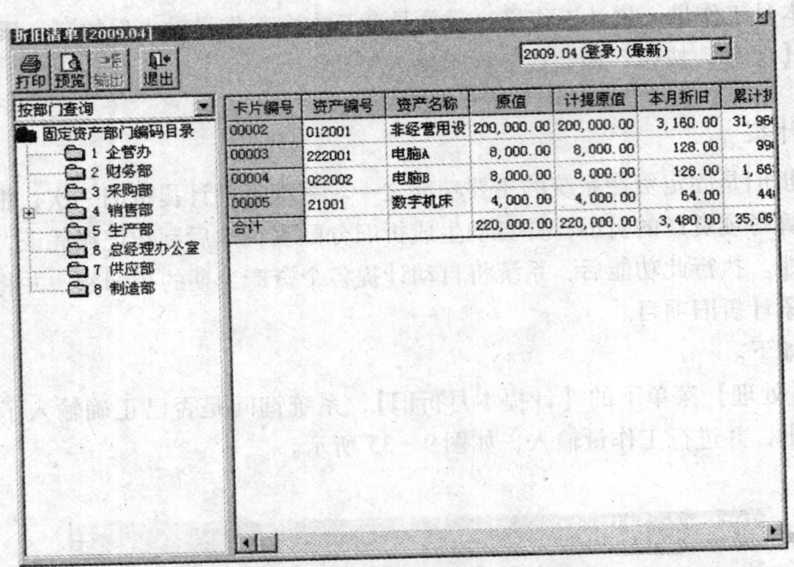

图 9－37　【折旧清单】窗口

4）退出【折旧清单】后系统自动生成折旧分配表，如图 9－38 所示。折旧分配表是编制记账凭证、把计提折旧额分配到成本和费用的依据。何时生成折旧分配凭证，可根据在初始化或选项中选择的折旧分配汇总的周期确定，如果选定的是 1 个月，则每期计提折旧后自动生成折旧分配表；如果选定的是 3 个月，则只有到 3 的倍数的期间，即第 3、6、9、12 期间计提折旧后才自动生成折旧分配凭证。折旧分配表有两种类型：部门折旧分配表和类别折旧分配表，只能选择其中一种制作记账凭证。

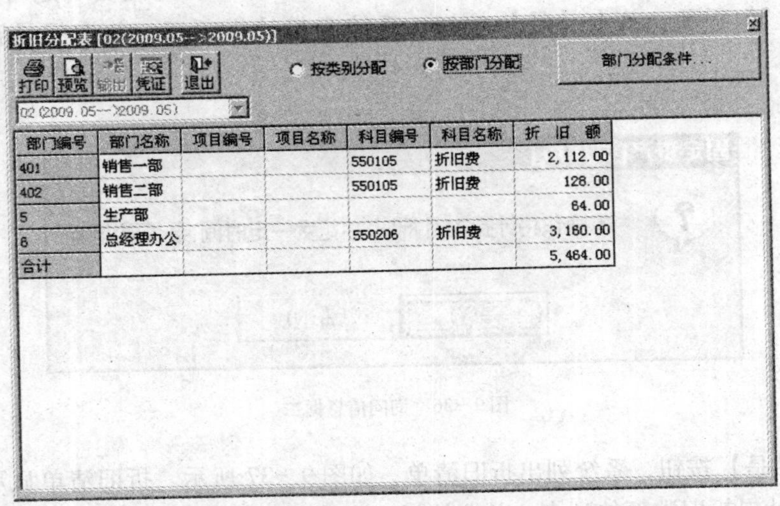

图 9－38　【折旧分配表】窗口

注意：

1）本系统在一个期间内可以多次计提折旧，每次计提折旧后，只是将计提的折旧累加到月初的累计折旧，不会重复累计。

2）如果上次计提折旧已制单，并将数据传递到账务系统，则必须删除该凭证才能重新计提折旧。

3）计提折旧后又对账套进行了影响折旧计算或分配的操作，必须重新计提折旧，否则系统不允许结账。

4）如果自定义的折旧方法月折旧率或月折旧额出现负数，自动中止计提。

3. 批量制单

固定资产系统和账务系统之间存在着数据的自动传输，该传输通过制作传送到账务的凭证实现。固定资产子系统需要制单或修改凭证的情况包括：资产增加（录入新卡片）、资产减少、卡片修改（涉及到原值或累计折旧时）、资产评估（涉及到原值或累计折旧变化时）、原值变动、累计折旧调整和折旧分配等。

完成任何一笔需制单的业务的同时，可以通过单击【制单】制作记账凭证并传输到账务系统，也可以在当时不制单（选项中【业务发生后立即制单】复选框的“√”应去掉），而在某一时间（如月底）利用本系统提供的另一功能，即批量制单，完成制单工作。批量功能可同时将一批需制单业务连续制作凭证并传输到账务系统，避免了多次制单的烦琐。

凡是业务发生当时没有制单的，该业务自动排列在批量制单表中，表中列示应制单而没有制单的业务发生的日期、类型、原始单据号、缺省的借贷方科目和金额以及制单选择标志。

具体操作如下。

1）从【处理】菜单中选择【批量制单】，显示【批量制单】窗口，表中列示的内容是直至本次制单所有固定资产子系统应制而没有制单的业务，如图 9－39 所示。

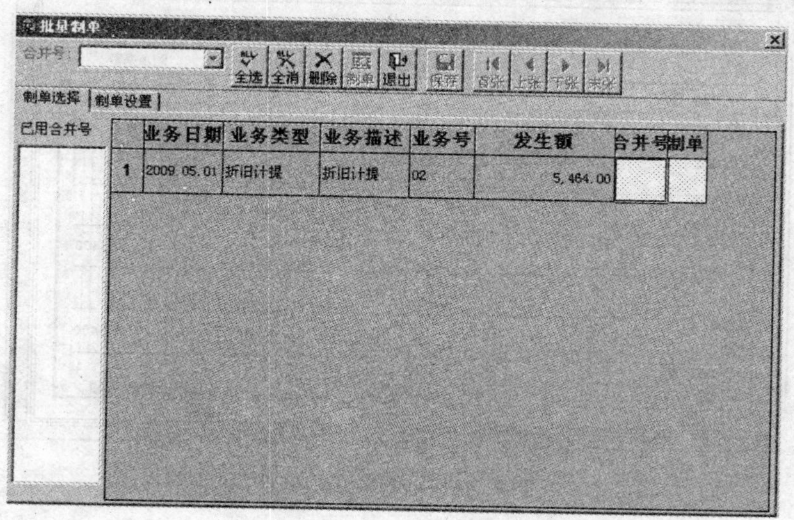

图 9－39　【批量制单—制单选择】窗口

2）进行制单选择，单击【制单选择】，选中的制单将连续制作凭证，一个制单（图中显示为一行）制作一张凭证。

3）进行汇总制单。在合并号下选择所需卡片汇总制作一张单据。

4）单击【制单设置】选项卡，选择新增业务涉及的会计科目及部门，如图 9－40 所示。

批量制单

合并号 02 折旧计提　全选 全消 删除 制单 退出 保存 首张 上张 下张 末张

制单选择　制单设置

☑ 合并（科目及辅助项相同的分录）

	业务日期	业务类型	业务描述	业务号	方向	发生额	科目	部门核算
1	2009.05.01	折旧计提	折旧计提	02	借	2,112.00	550105	
2	2009.05.01	折旧计提	折旧计提	02	借	128.00	550105 折旧费	
3	2009.05.01	折旧计提	折旧计提	02	借	64.00		
4	2009.05.01	折旧计提	折旧计提	02	借	3,160.00	550206 折旧费	6 总经理办公室
5	2009.05.01	折旧计提	折旧计提	02	贷	5,464.00		

图 9－40　【批量制单—制单设置】窗口

5）单击【制单】按钮，系统根据设置提供批量制单和汇总制单，如图 9－41 所示。单击【保存】按钮后，系统提示："凭证［已生成］"。

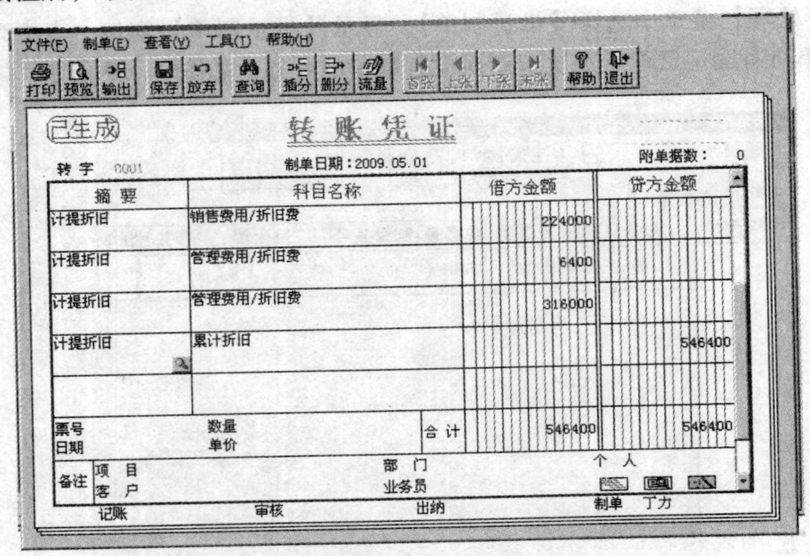

文件(F) 制单(E) 查看(V) 工具(T) 帮助(H)

打印 预览 输出 保存 放弃 查询 插分 删分 流量 首张 上张 下张 末张 帮助 退出

已生成　转账凭证

转 字 0001　制单日期：2009.05.01　附单据数： 0

摘要	科目名称	借方金额	贷方金额
计提折旧	销售费用/折旧费	224000	
计提折旧	管理费用/折旧费	6400	
计提折旧	管理费用/折旧费	316000	
计提折旧	累计折旧		546400
票号 日期	数量 单价 合计	546400	546400

备注　项目　部门　个人

客户　业务员

记账　审核　出纳　制单 丁力

图 9－41　【凭证生成】窗口

系统在运行过程中，应保证本系统管理的固定资产价值和账务系统中固定资产科目的数值相等，而两个系统的资产价值是否相等，则通过执行本系统提供的对账功能实现。对账操作不限制执行的时间，任何时候均可进行对账。系统在执行月末结账时自动对账一次，给出对账结果，并根据初始化或选项中的判断确定不平情况下是否允许结账。

只有系统初始化或选项中选择了与账务对账，本功能才可操作。

具体操作：在菜单中选择【对账】，屏幕即显示对账结果，如图9－42所示。

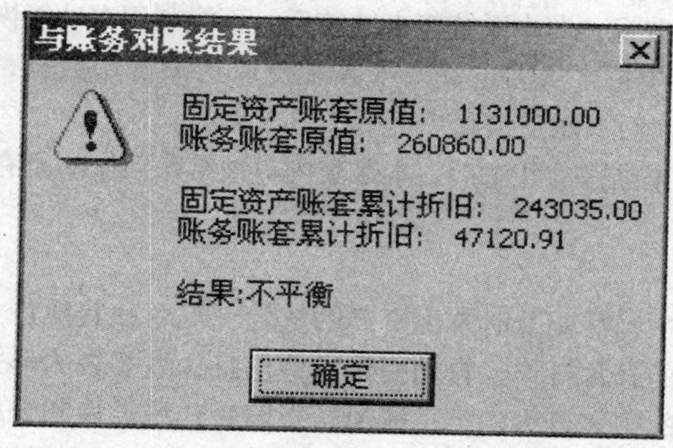

图9－42　对账结果显示窗口

5．月末结账

（1）结账

月末结账每月进行一次，结账后当期的数据不能修改。

具体操作如下。

在菜单中选择【月末结账】，屏幕出现几个提醒对话框，如图9－43所示，在认真阅读无误后，单击【开始结账】按钮，系统就开始月末结账，直至完成。

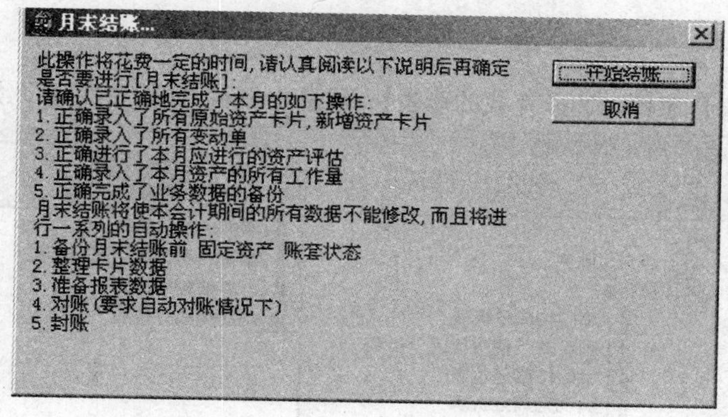

图9－43　【月末结账】窗口

（2）取消结账

月末结账后发现已结账期间有数据错误必须修改，可通过恢复结账前状态功能返回修改。

操作步骤如下。

1）以要恢复的月份登录，如要恢复到6月底，则以6月份登录。

2）从【处理】菜单中单击【恢复月末结账前状态】，屏幕显示提示信息，提醒要恢复到的日期。单击【是】按钮，系统即执行本操作，完成后自动以原登录日期打开，并提示该日期是否为可操作日期。

注意：

1）不能跨年度恢复数据，即本系统年末结转后，不能利用本功能恢复年末结转前状态。

2）因为成本管理系统每月从固定资产子系统提取折旧费用数据，所以一旦成本管理系统提取了某期的数据，该期不能反结账。

3）恢复到某个月月末结账前状态后，本账套内对该结账后做的所有工作都无痕迹删除。

6. 查询报表

固定资产管理过程中，需要及时掌握资产的统计、汇总和其他各方面的信息。固定资产子系统根据用户对系统的日常操作，自动提供这些信息，以报表的形式提供给财务人员和资产管理人员。系统提供的报表分为四类：账簿、折旧表、统计表和分析表。另外，如果所提供的报表不能满足要求，系统提供自定义报表功能，企业可以根据需要定义所要求的报表。

1）账簿：包括部门类别明细账、单个固定资产明细账、固定资产登记簿和固定资产总账等四种账簿。

2）折旧表：包括部门折旧计提汇总表、固定资产及累计折旧表（一）、固定资产及累计折旧表（二）和固定资产折旧计算明细表四种报表。

3）统计表：包括固定资产原值一览表、固定资产统计表、盘盈盘亏报告表、评估变动表、评估汇总表、役龄资产统计表和逾龄资产统计表七种报表。

4）分析表：包括部门构成分析表、价值构成分析表、类别构成分析表和使用状况分析表四种报表。

具体操作如下。

1）单击【账表】菜单，选择【我的账表】，屏幕中显示出报表的目录，如图9－44所示。

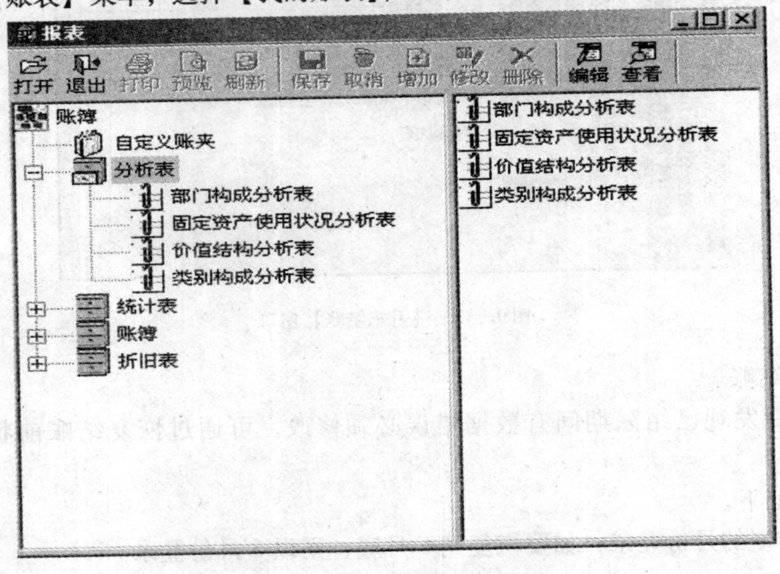

图9－44　固定资产账表管理窗口

2）从报表目录中双击要查看的报表或选择要查看的报表，然后单击【打开】按钮。输入报表的查询条件，单击【确定】按钮后，显示的查询结果即是要查看的报表。

课堂单项实验九

固定资产管理

【实验目的】

掌握用友 U8 管理软件中有关固定资产管理的相关内容，掌握固定资产系统初始化、日常业务处理、月末处理的操作。

【实验内容】

1）固定资产系统参数设置、原始卡片录入。

2）日常业务：资产增减、资产变动、资产评估、生成凭证、账表查询。

3）月末处理：计提减值准备、计提折旧、对账和结账。

【实验准备】

引入实验七的账套数据。

【实验要求】

以王东东的身份进行固定资产管理。

【实验资料】

1．初始设置

（1）控制参数

控制参数	参数设置
约定与说明	我同意
启用月份	2010.9
折旧信息	本账套计提折旧 折旧方法：平均年限法 当（月初已计提折旧月份 = 可使用月份 - 1）时，将剩余折旧全部提足
编码方式	资产类别编码方式：2112 固定资产编码方式：按类别编码 + 部门编码 + 序号自动编码（卡片序号长度为 3）
财务接口	与账务系统进行对账 对账科目：固定资产（1601 固定资产） 累计折旧（1602 累计折旧）
补充参数	业务发生年立即制单 月末结账前一定要完成制单登账业务 固定资产缺省科目：1601 累计折旧缺省科目：1602

（2）资产类别

编　码	类别名称	净残值率（%）	折旧方法	计提属性
01	交通运输设备		平均年限法（一）	正常计提
011	经营用设备	4	平均年限法（一）	正常计提
012	非经营用设备	4	平均年限法（一）	正常计提
02	电子及通信设备		平均年限法（一）	正常计提
021	经营用设备	4	平均年限法（一）	正常计提
022	非经营用设备	4	平均年限法（一）	正常计提

（3）部门及对应折旧科目

部　门	对应折旧费用
企管办、财务科、采购部	管理费用/折旧费用
销售部	销售费用/折旧费用
生产部	制造费用/折旧费用

（4）增减方式的对应入账科目

增减方式	对应入账科目
增加方式	
直接购入	100201，工行存款
减少方式	
毁损	1606，固定资产清理

（5）原始卡片录入

类别编码	名　称	所在部门	增加方式	使用年数	开始使用	日期原值	累计折旧
022	货车	销售部	购入	10	2008. 12. 1	600000	
012	小汽车	总经理办公室	购入	5	2008. 6. 1	200000	
022	电脑 A	财务部	购入	5	2009. 12. 1	8000	
021	电脑 B	销售部	购入	5	2009. 6. 1	8000	
021	数字机床	生产部	购入	5	2008. 6. 1	4000	

2. 日常业务

（1）9 月 21 日，财务部购入扫描仪一台，价值 1500 元，净残值率为 4%，预计使用年限 5 年。

（2）9 月 23 日，对轿车进行资产评估，评估结果为原值 200000，累计折旧为 45000。

（3）9 月 30 日，计提本月折旧费用。

（4）9 月 30 日，生产部毁损电脑一台。

（5）10 月 28 日，经核查对 2009 年 6 月 1 日购入的电脑 B 计提 1000 元的减值准备。

第十章　购销存子系统

学习目标： 通过对本章学习，要求掌握采购管理、销售管理、库存和核算四个模块的基本操作流程，了解它们之间的联系和数据传递关系。

重点与难点： 采购管理模块的初始设置及采购业务处理；销售管理模块的初始设置及销售业务处理；库存管理模块的收发存业务处理、库存控制；核算模块的日常业务处理。

第一节　购销存系统的初始设置

一、购销存系统概述

购销存系统是用友通管理软件的重要组成部分，它突破了会计核算软件单一财务管理的局限，实现了从财务管理到企业财务业务一体化全面管理，实现了物流、资金流管理的统一。

（一）购销存系统的应用模块

购销存系统包括采购、销售、库存和核算四个模块。

1）采购模块的主要功能：输入采购发票与其相对应的采购入库单，实现采购报账（结算）工作；输入付款单，实现采购付款业务。采购模块相关的操作人员为采购核算员、库房管理员。

2）销售模块的主要功能：输入销货发票和发货单，实现库存商品的对外销售业务；输入收款单，实现销售收款业务。相关的操作人员为销售核算员、库房管理员。

3）库存模块的主要功能：根据采购和销售的情况进行出入库业务的管理工作以及其他出入库业务的管理工作。相关操作人员为库房管理员。

4）核算模块的主要功能：对各种出入库业务进行入库成本及出库成本的核算，对各种收付款业务生成一系列的相关凭证，并传递到总账中。相关操作人员为财务人员、材料会计。

（二）购销存系统的业务流程

在企业的日常工作中，采购供应部门、仓库、销售部门、财务部门等都涉及购销存业务及其核算的处理，各个部门的管理内容是不同的，工作间的延续性是通过单据在不同部门间的传递来完成，那么这些工作在软件中是如何体现的？计算机环境下的业务处理流程与手工环境下的业务处理流程肯定存在差异，如果缺乏对购销存系统业务流程的了解，就无法实现部门间的协调配合，从而影响系统的效率。

购销存业务流程如图 10－1 所示。

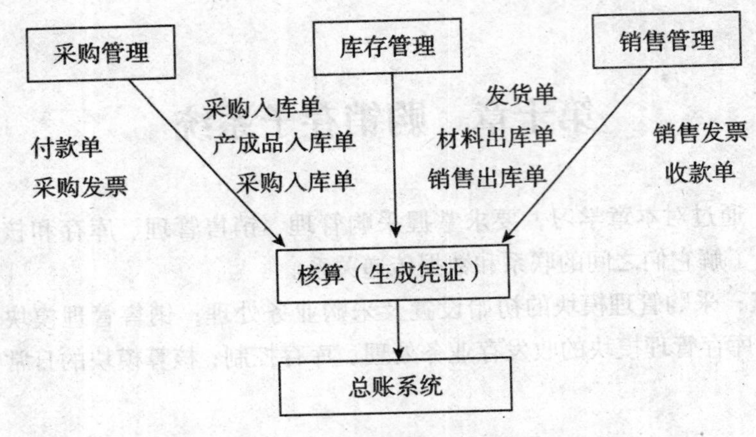

图 10－1　购销存业务流程图

二、购销存系统初始化

（一）购销存系统业务参数设置

购销存系统各个模块间的关系密切，各模块在使用前需要进行相应的参数设置。本节就对购销存系统采购、销售、库存和核算四个模块中涉及的主要参数进行介绍。

（二）设置基础档案

在前面几章设计的实验中，都有基础信息的设置，但基本限于与财务相关的信息。除此以外，购销存系统还需要增设与业务处理、查询统计、财务连接相关的基础信息。

1. 基础档案信息

使用购销存系统之前，应做好手工基础数据的准备工作，如对存货合理分类、准备存货的详细档案、进行库存数据的整理及与账面数据的核对等。购销存系统需要增设的基础档案信息包括存货分类、存货档案、仓库档案、收发类别、采购类型、销售类型等。

（1）存货分类

采购业务经常伴有采购费用的发生，如果需要将该费用计入采购成本，则在系统中需要将劳务费用也视为一种存货，为了与企业正常存货分开管理、统计，通常将其单独列为一类。

具体操作：在【基础设置】中单击【存货】菜单中的【存货分类】。按具体情况进行分类即可。

（2）存货档案

在【存货档案】窗口中包括四个选项卡：基本、成本、控制和其他。

在【基本】选项卡中，有六个复选框，用于设置存货属性。

① 销售。用于发货单、销售发票、销售出库单等与销售有关的单据参照使用，表示该存货可用于销售。

② 外购。用于购货所填制的采购入库单、采购发票等与采购有关的单据参照使用，在采购发票、运费发票上一起开具的采购费用，也应设置为外购属性。

③ 生产耗用。存货可在生产过程中被领用、消耗。生产产品耗用的原材料、辅助材料等在开具材料出库单时参照。

④ 自制。由企业生产自制的存货，如产成品、半成品等，主要用在开具产成品入库单时参照。

⑤ 在制。指尚在制造加工中的存货。

⑥ 劳务费用。指在采购发票上开具的运输费、包装费等采购费用及开具在销售发票或发货单上的应税劳务、非应税劳务等。

在【控制】选项卡中，有三个复选框。

① 是否批次管理。对存货是否按批次进行出入库管理。该项必须在库存系统账套参数中选中“有批次管理”后，方可设定。

② 是否保质期管理。有保质期管理的存货必须有批次管理。因此，该项也必须在库存系统账套参数中选中“有批次管理”后，方可设定。

③ 是否需要最高最低库存报警。指在录入单据时，如果存货当前现存量小于最低库存量或大于最高库存量，是否需要系统报警。

具体操作：在【基础设置】中单击【存货】菜单中的【存货档案】，如图 10－2 所示。

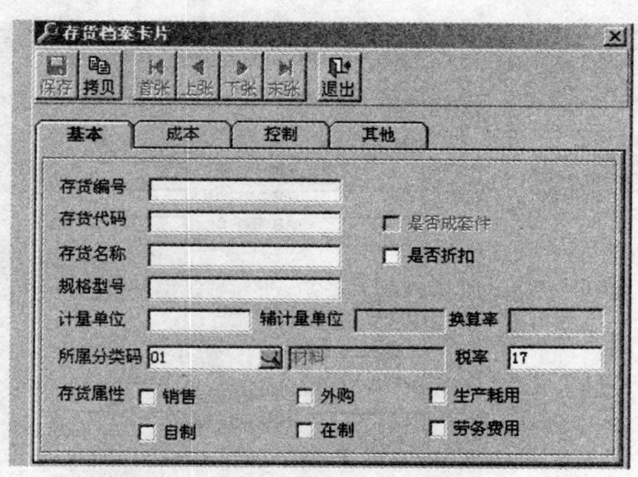

图 10－2　存货档案设置窗口

（3）仓库档案

存货一般是存放在仓库中保管的。对存货进行核算管理，就必须建立仓库档案。

具体操作：在【基础设置】中单击【购销存】菜单中的【仓库档案】。

（4）收发类别

收发类别用来表示存货的出入库类型，便于对存货的出入库情况进行分类汇总统计。

具体操作：在【基础设置】中单击【购销存】菜单中的【收发类别】。

（5）采购类型/销售类型

定义采购类型和销售类型，能够按采购、销售类型对采购、销售业务数据进行统计和分析。采购类型和销售类型均不分级次，根据实际需要设立。

具体操作：在【基础设置】中单击【购销存】菜单中的【采购类型】及【销售类型】。

(6) 产品结构

产品结构用来定义产品的组成，包括组成成分和数量关系，以便用于配比出库、组装拆卸、消耗定额、产品材料成本等引用。产品结构中引用的物料必须首先在存货档案中定义。

(7) 费用项目

销售过程中有很多不同的费用发生，如代垫费用、销售支出等，在系统中将其设为费用项目，以方便记录和统计。

具体操作：在【基础设置】中单击【购销存】菜单中的【费用项目】。

2. 设置客户往来、供应商往来业务科目

如果企业的应收/应付业务类型较固定，生成的凭证类型也较固定，则为了简化凭证生成操作，可在此处将各业务类型凭证中的常用科目预先设置好，包括基本科目设置、控制科目设置、产品科目设置、结算方式科目设置。

具体操作：在【核算】模块下单击【科目设置】菜单中的【客户往来科目】项，如图10－3所示。

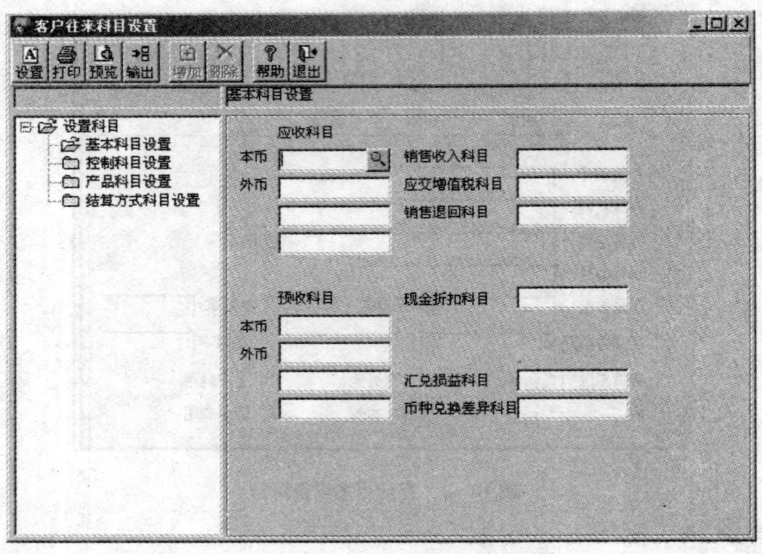

图10－3 【客户往来科目设置】窗口

供应商往来业务科目设置同上。

3. 设置存货业务科目

核算系统是购销存系统与财务系统联系的桥梁，各种存货的购进、销售及其他出入库业务，均在核算系统中生成凭证，并传递到总账系统。为了快速、准确地完成制单操作，应事先设置凭证中的相关科目。

(1) 设置存货科目

存货科目是设置生成凭证所需要的各种存货科目和差异科目。存货科目既可以按仓库也

可以按存货分类分别进行设置。

具体操作：在【核算】模块下单击【科目设置】菜单中的【存货科目】，如图10－4所示。

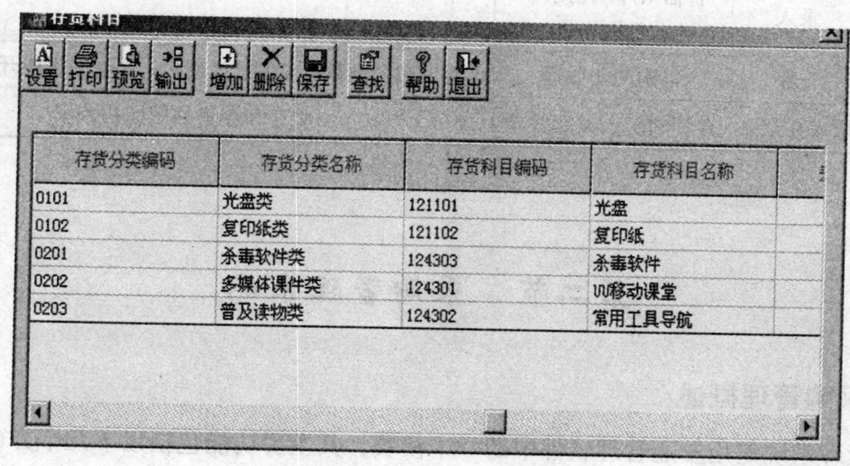

存货分类编码	存货分类名称	存货科目编码	存货科目名称
0101	光盘类	121101	光盘
0102	复印纸类	121102	复印纸
0201	杀毒软件类	124303	杀毒软件
0202	多媒体课件类	124301	Ⅵ移动课堂
0203	普及读物类	124302	常用工具导航

图10－4　【存货科目】窗口

（2）设置对方科目

对方科目是设置生成凭证所需要的存货对方科目，可以按收发类别设置。

具体操作：在【核算】模块下单击【科目设置】菜单中的【存货对方科目】，如图10－5所示。

对方科目设置

设置　打印　预览　输出　增加　删除　帮助　退出

对方科目设置

收发类别编码	收发类别名称	存货分类编码	存货分类名称	存货编码	存货名称	部门编码
11	采购入库					
12	产成品入库					
21	销售出库					
22	材料领用出库					

图10－5　【对方科目设置】窗口

（三）客户往来和供应商往来期初数据

客户往来期初数据和供应商往来期初数据需要分别在销售模块中的销售发货单、销售发票和采购模块中的采购入库单、采购发票中输入。

（四）购销存系统期初数据

在购销存业务系统中，期初数据录入是一个非常关键的环节，期初数据的录入内容如表10－1所示。

表10-1 期初数据录入内容

系统名称	操作	内容	说明
采购	录入	暂估入库期初余额 在途存货期初余额暂	估入库是指货到票未到 在途存货是指票到货未到
	记账	采购期初数据	没有期初余额数据也要选择期初记账否则不能开始日常业务
库存、核算	录入并记账	存货期初余额及差异	库存和存货共用期初数据

第二节 采购管理系统

一、采购管理概述

采购管理系统是用友通管理软件中的一个模块，其主要功能包括以下几个方面。

1. 采购管理系统初始化

采购系统初始设置包括设置采购管理系统业务处理所需要的采购参数、基础信息和采购期初数据。

2. 采购订单管理

采购订单是指企业与供应商签订的采购合同、协议等。采购管理系统的订单管理功能主要包括订单的录入、修改、审核、删除等功能，订单执行情况查询和采购订货统计查询等功能，用户还可以根据采购订单生成供应商催货函。

3. 采购入库单管理

采购入库单管理包括入库单的录入、修改与删除等。系统可以根据采购订单和采购发票自动生成采购入库单，也可以由用户根据实际到货数量手工输入入库单。同时，采购系统还支持退货负入库和冲单负入库，并可处理采购期初退货业务。生成的入库单交由库存管理系统审核，由存货系统制单并记账（借方为“原材料”，贷方为“在途物资”）。

4. 采购发票管理

采购发票管理包括各种发票（专用发票、普通发票、运费发票等）的输入、修改、删除和审核，并支持现付功能。发票可以由采购订单、采购入库单生成，也可以由用户手工输入。经审核的采购发票，由应付款系统制单（借方为“在途物资”，贷方为“应付账款”）。

5. 采购结算

采购结算也叫采购报账，是指采购核算人员根据采购入库单、采购发票核算采购入库成本。采购结算的结果是采购结算单，它是记载采购入库单和采购发票对应关系的结算对照表。

6. 采购账表

采购系统主要提供下述账表供用户查询、统计和分析：货到票未到统计表、货到票未到明细表、票到货未到统计表、票到货未到明细表、费用明细表、结算统计表、结算明细表、存货采购余额一览表、存货采购明细表、增值税发票抵扣明细表、采购综合统计表。

7. 期末处理

采购管理系统的期末处理是将本期的单据数据封存，并将当期的采购数据记入有关账表中，具体包括月末结账、结转上年度数据和取消结账功能。

二、采购管理系统的流程

1. 采购管理系统的操作流程

采购管理系统的操作流程如图 10－6 所示。

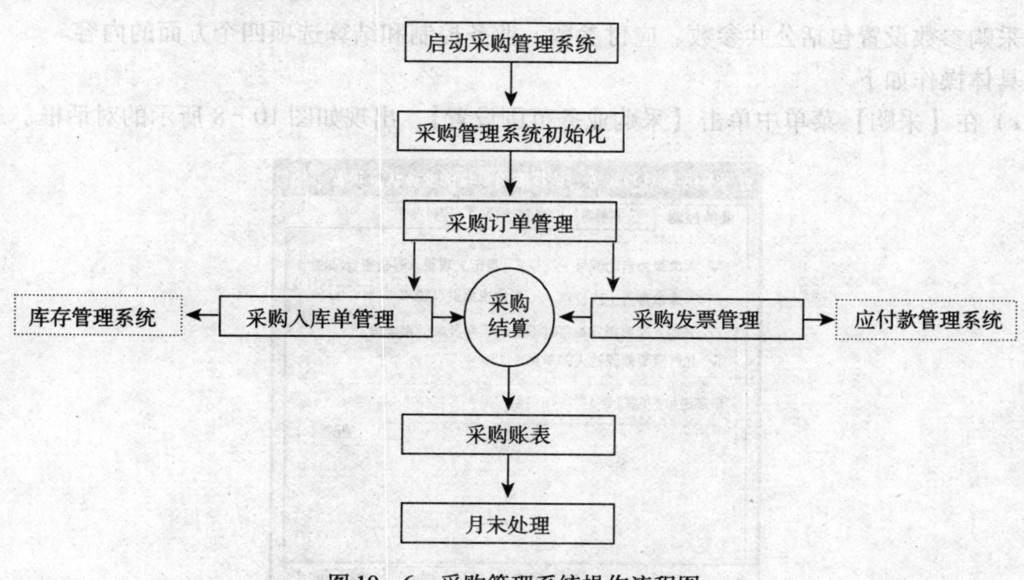

图 10－6　采购管理系统操作流程图

三、采购管理系统与其他系统的主要关系

采购管理系统与库存、核算等模块集成使用，它们之间的主要关系如图 10－7 所示。

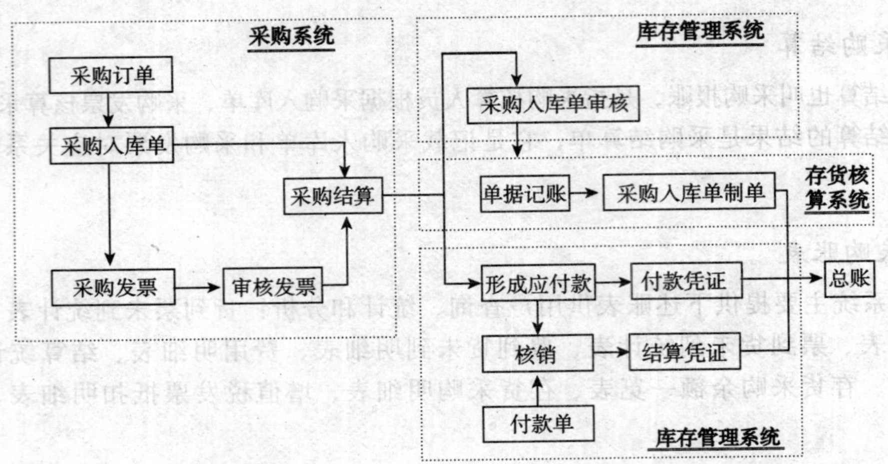

图 10－7　采购管理系统与其他系统的业务处理流程图

四、采购管理系统的初始设置

采购管理系统的初始设置是在启动与注册采购管理系统后，在进行采购业务处理前，根据核算要求和实际业务情况进行的有关初始化工作。采购管理系统期初需要设置的内容主要包括采购参数设置、基础信息设置和期初数据录入三部分。

1. 采购参数设置

采购参数设置包括公共参数、应付参数、业务控制和结算选项四个方面的内容。

具体操作如下。

1）在【采购】菜单中单击【采购业务范围设置】，出现如图 10－8 所示的对话框。

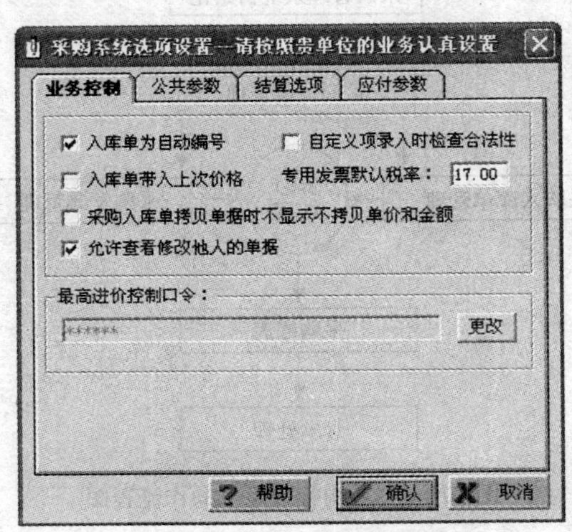

图 10－8　【采购系统选项设置—业务控制】对话框

2）按要求选择相应参数，单击【公共参数】选项卡，如图 10－9 所示。

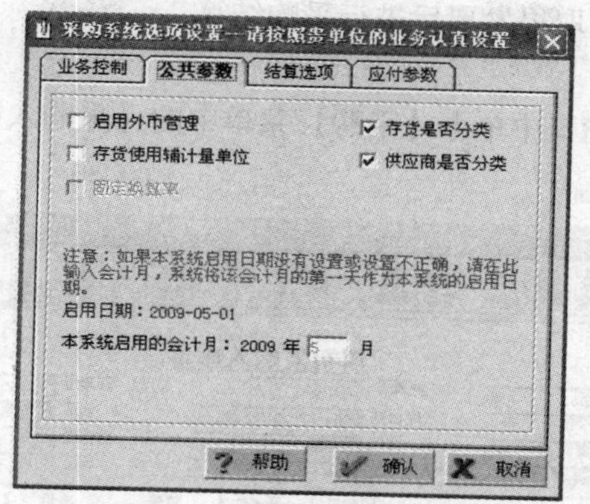

0-9 【采购系统选项设置—公共参数】对话框

3）按要求选择相应参数，单击【结算选项】和【应付参数】选项卡进行相应的设置即可。

2. 基础信息设置

采购管理系统的基础信息设置与前述几个系统基本一致，在此主要介绍采购类型的设置方法。采购类型是由用户根据企业需要自行设定的项目，在填制采购入库单等单据时，会涉及采购类型栏目。如果企业需要按采购类型进行统计，那就应该建立采购类型项目。采购类型不分级次，企业可以根据实际需要进行设立。例如：从国外购进、从国内购进、从省外购进、从本地购进；从生产厂家购进，从批发企业购进；为生产采购、为委托加工采购、为在建工程采购等。

具体操作如下。

1）在采购管理系统的【基础设置】菜单中，选中【购销存】，单击【采购类型】，出现如图 10－10 所示的窗口。

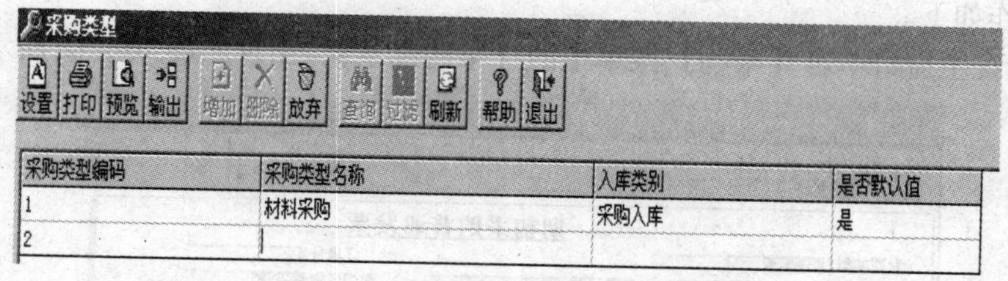

图 10－10 【采购类型】窗口

2）依次输入采购类型编码、采购类型名称、入库类别，双击选择是否采用默认值。

3）按回车键保存当前设置。

3. 期初余额输入

采购管理系统的期初数据包括期初暂估入库、期初在途存货、期初受托代销商品。

(1) 期初暂估入库

期初暂估入库是将启用采购管理系统前没有取得供货单位采购发票，不能进行采购结算的入库单输入进系统，以便取得发票后进行采购结算。

具体操作如下。

1）在采购管理系统主窗口中单击【采购】菜单中的【采购入库单】，出现如图 10－11 所示的窗口。

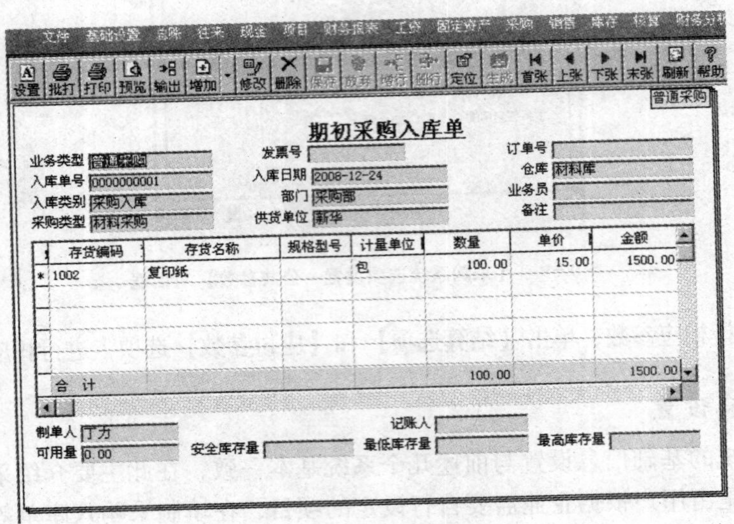

图 10－11 【期初采购入库单】窗口

2）单击【增加】按钮，输入期初暂估入库单。

3）单击【保存】按钮，完成操作。

（2）期初在途存货

期初在途存货是将已取得供货单位的采购发票，但货物没有入库，而不能进行采购结算的发票输入系统，以便货物入库填制入库单后进行采购结算。

具体操作如下。

1）在系统主窗口单击【采购】菜单中的【采购发票】，出现如图 10－12 所示的窗口。

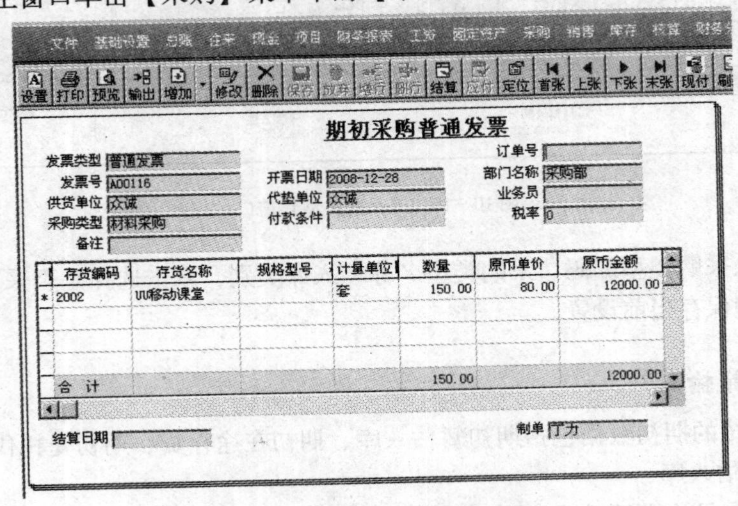

图 10－12 【期初采购普通发票】窗口

2）输入期初在途存货内容。

3）单击【保存】按钮，完成操作。

注意： 参照上述操作方法，可继续录入期初退货单、期初在途存货的普通发票以及期初委托代销商品（仅适用于商业企业）等。

（3）期初记账

期初记账是将采购期初数据记入有关采购账、代销商品采购账中。期初记账后，期初数据不能增加、修改，除非取消期初记账。

具体操作如下。

1）在【采购】菜单中单击【期初记账】，出现如图 10－13 所示的对话框。

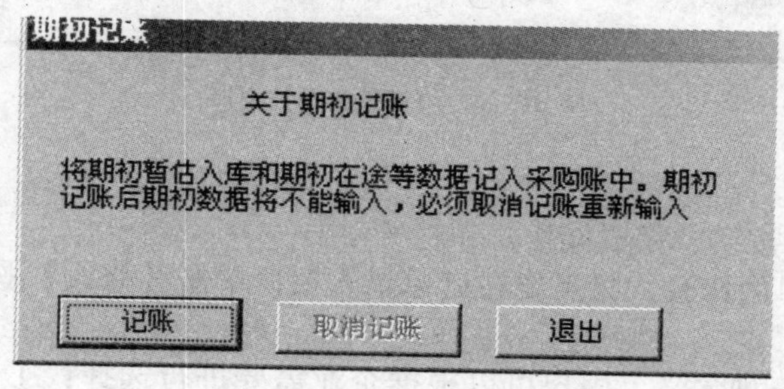

图 10－13　【期初记账】对话框

2）单击【记账】按钮，完成期初记账工作。

注意：

1）在日常业务处理前若发现期初记账有误，可在期初记账窗口执行取消记账操作。

2）只有采购管理系统执行期初记账功能后，库存管理系统和存货核算系统才能录入期初数据。

五、采购管理系统日常业务处理

1. 采购订单管理

采购订单是企业与供应商之间签订的一种协议，主要包括采购什么货物、采购多少、由谁供货、到货时间、到货地点、运输方式、价格、运费等。采购管理系统对采购订单的管理主要包括采购订单的录入、修改、审核和关闭等，同时，系统提供供应商催货函功能。

（1）采购订单录入

当与供货单位签订采购意向协议时，可以将采购协议录入计算机，并打印出来报采购主管审批。

具体操作如下。

1）在采购管理系统主窗口中，单击【采购订单】菜单，显示【采购订单】窗口，如图 10－14 所示。

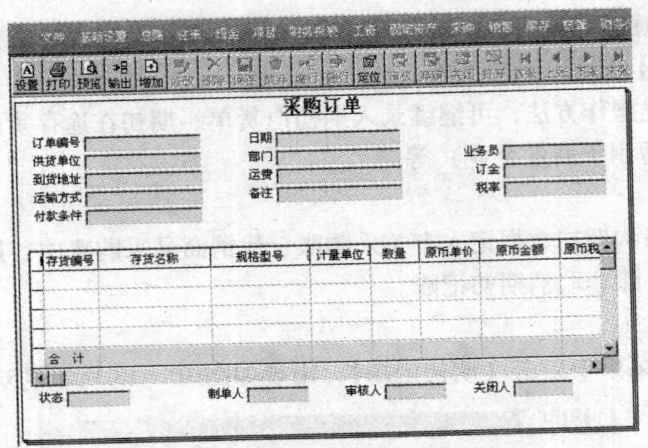

图 10－14 【采购订单】窗口

2）录入订单内容。

3）单击【保存】按钮，完成操作。

注意：对采购订单的修改，只需要在订单录入窗口单击【修改】按钮即可进行修改。

（2）订单审核

审核订单可以有三种含义，用户可以根据企业需要进行选择：① 采购订单录入计算机后，交由供货单位确认后的订单；② 如果订单是由专职录入员录入，应由业务员进行数据检查，以录入正确的订单；③ 经过采购主管批准的订单。

具体操作如下。

1）单击【采购订单】下的【审核】按钮，出现如图 10－15 所示的窗口。

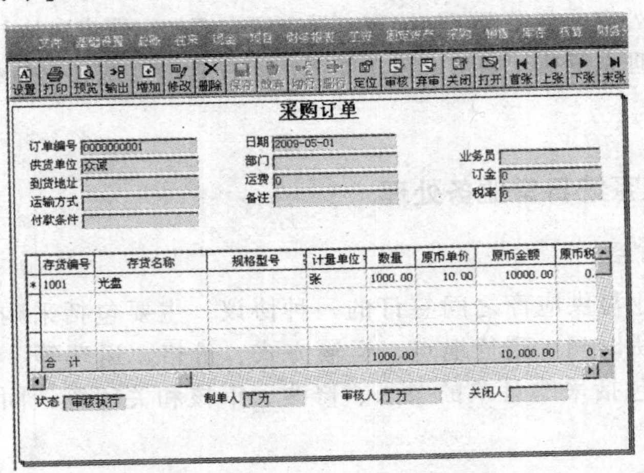

图 10－15 【采购订单】窗口

2）用【首张】、【末张】、【上张】、【下张】按钮找到要审核的订单，用鼠标单击工具栏的【审核】按钮，完成审核操作。

3）对于审核过的订单，如果要修改该订单，可找到该订单后单击【取消审核】按钮，将该订单从审核执行状态恢复到输入状态。这时可以进入【采购订单】功能进行订单修改等操作。

（3）订单关闭

采购订单执行完毕，即某采购订单已入库并且已付款取得采购发票后，该订单就可以关闭了。对于确实不能执行的某些采购订单，经采购主管批准后，也可以关闭该订单。订单采用人工关闭。

操作步骤如下。

1）单击工具栏的【关闭】按钮，完成订单关闭的操作。

2）用【首张】、【末张】、【上张】、【下张】按钮找到要关闭的订单，单击工具栏的【关闭】按钮，完成订单关闭操作。关闭的订单不能再执行。

3）对于某些由于不能执行而关闭的订单，如果又可以执行了，那么可以找到该订单后单击【打开】按钮，将该订单从关闭状态恢复到审核执行状态。

（4）订单查询

查询采购订单可通过【采购统计表】菜单进行。

（5）供应商对账单

按照采购订单的计划到货日期规定，当在规定的到货日期货物没有收到时，就可以向供货单位发出对账单。

用户可在【供应商往来账表】菜单中执行此功能。

2. 采购入库单管理

采购入库单是根据采购到货签收的实收数量填制的单据。该单据按进出仓库方向划分为入库单、退货单；按业务类型划分为普通业务入库单、受托代销入库单（商业）。采购入库单可以直接录入，也可以由采购订单或采购发票产生。

在实际工作中，用户可根据到货清单直接在计算机上填制采购入库单（即前台处理），也可以先由人工制单而后集中录入（即后台处理），用户无论采用哪种方式都应根据本单位实际情况。一般来说，业务量不多或基础较好或使用网络版的用户可采用前台处理方式，而在使用第一年的人机并行阶段，则比较适合采用后台处理方式。

（1）采购入库单录入

具体操作如下。

1）单击【采购】菜单中的【采购入库单】，出现如图 10－16 所示的窗口。

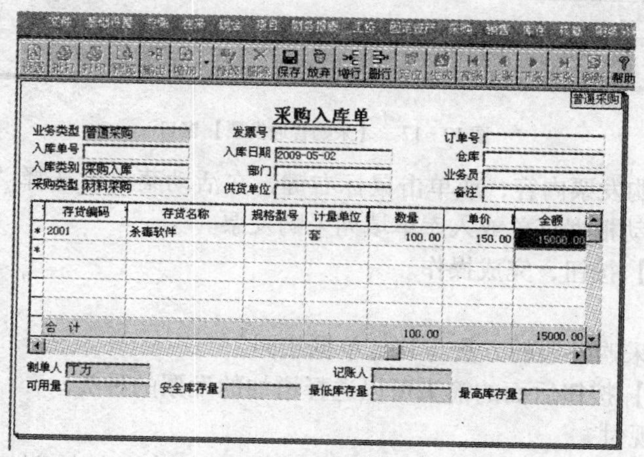

图 10－16 【采购入库单】窗口

2）直接录入采购入库单内容，或单击鼠标右键，在活动菜单中选择“拷贝订单”或“拷贝发票”，系统自动根据订单或发票填列入库单。

3）单击【保存】按钮，完成操作。

注意：在采购管理系统中，暂不对采购入库单进行审核，而由库存管理系统审核。

（2）采购入库单修改与删除

修改、删除采购入库单的方法与其他单据一样，在此不再介绍。

3. 采购发票管理

采购发票是从供货单位取得的进项发票及发票清单。在收到供货单位的发票后，如果没有收到供货单位的货物，可以对发票进行压单处理，待货物到达后，再录入计算机进行报账结算处理，也可以先将发票输入计算机，以便实时统计在途货物。

采购发票按发票类型分为专用发票、普通发票（包括普通、农收、废收、其他收据）、运费发票；按业务性质分为蓝字发票、红字发票。

专用发票提供现付功能，以方便用户进行现结操作。

（1）采购发票录入

具体操作如下。

1）单击【采购】菜单中的【采购发票】，单击【增加】按钮，出现如图 10－17 所示的窗口。

图 10－17　【采购普通发票】窗口

2）直接录入采购发票内容，或单击鼠标右键，在活动菜单中选择“拷贝订单”或“拷贝入库单”，系统自动根据订单或入库单填列采购发票。

3）单击【保存】按钮，完成操作。

注意：

1）修改、删除采购发票的方法与其他单据相同。

2）单击【增加】按钮后面的箭头可以选择增加的发票的种类。

（2）采购发票现付

如果用户在收到采购发票时立即付款，则可使用现付功能来完成结算操作。用户只需要在采购发票窗口单击【现付】按钮，输入结算方式、金额即可，如图 10－18 所示。

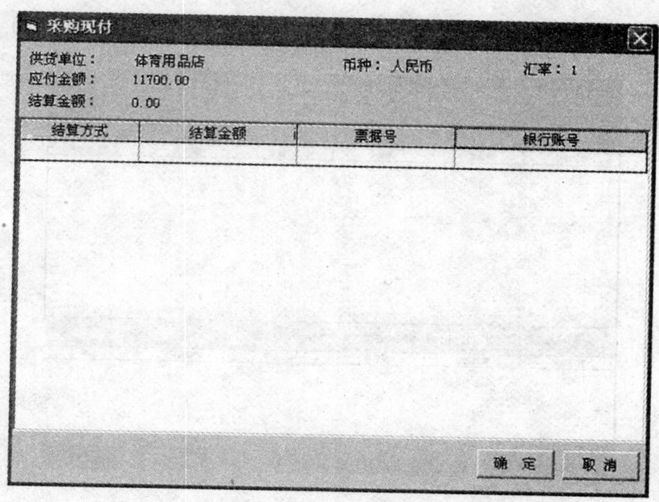

图 10－18 【采购现付】窗口

4. 采购结算

采购结算也叫采购报账，在手工业务中，采购业务员拿着经主管领导审批过的采购发票和仓库确认的入库单到财务部门，由财务人员确认采购成本。

采购结算是针对“一般采购”业务类型的入库单，根据发票确认其采购成本。采购结算从操作处理上分为自动结算、手工结算两种方式；从单据处理上分为正数入库单与负数入库单结算，正数发票与负数发票结算，正数入库单与正数发票结算，费用发票单独结算等方式。

（1）自动结算

具体操作如下。

1）单击【采购】菜单中的【采购结算】中的【自动结算】，出现如图 10－19 所示的对话框。

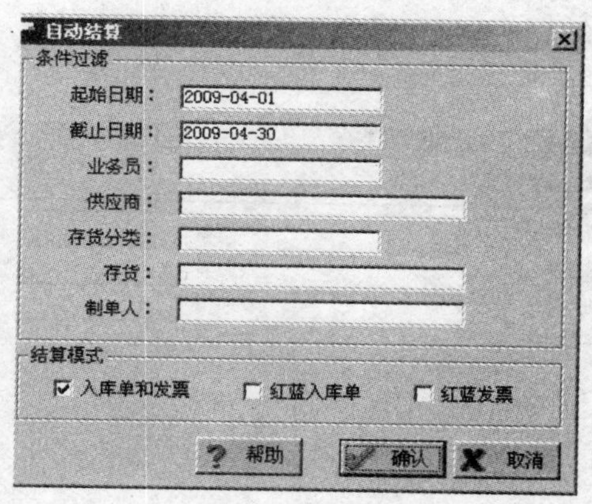

图 10－19 【自动结算】对话框

2）输入自动结算条件。

3）单击【确认】按钮，系统自动列出结算关联表。

（2）手工结算

具体操作如下。

1）单击【采购】→【采购结算】→【手工结算】，出现如图 10－20 所示的窗口。

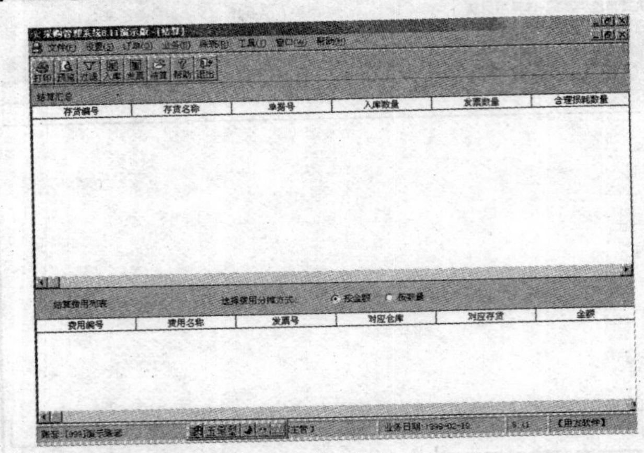

图 10－20　【手工结算】窗口

2）单击【过滤】按钮，出现【输入结算范围】窗口，与图 10－20 相似，输入结算范围。

3）单击【入库单】按钮，选择相应入库单，单击【发票】按钮，选择对应发票。

4）单击选中“按数量分摊”，此时，运费发票金额按采购存货的数量分摊至存货成本中。

5）单击【结算】按钮，完成操作。

（3）结算单明细列表

已进行结算的采购业务可在结算单明细列表中查询，若用户发现结算有误，可在结算单明细列表中找到该结算单，将其删除即可。

具体操作如下。

1）单击【业务】菜单中【采购结算】中的【结算单明细列表】，出现【单据过滤条件】对话框，如图 10－21 所示。

2）输入条件后单击【确认】按钮，屏幕显示结算单明细列表，双击选中需要审核或删除的结算单。

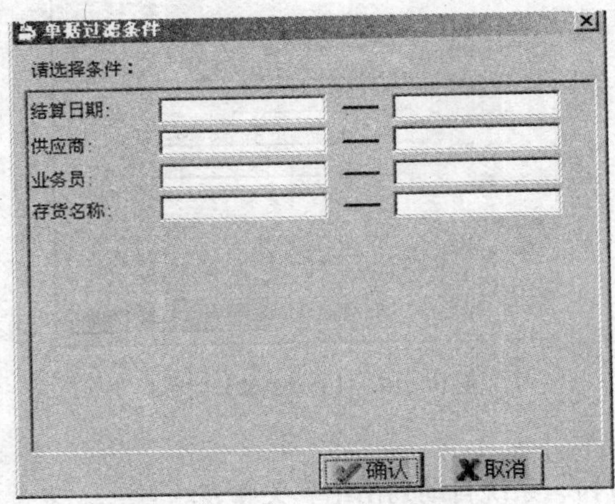

图 10－21　【单据过滤条件】对话框

3）单击【删除】按钮，即可取消此结算业务。

六、采购管理系统的月末处理

1. 月末结账

月末结账是逐月将每月的单据数据封存，并将当月的采购数据记入有关账表中。采购管理系统月末结账可以连续将多个月的单据进行结账，但不允许跨月结账。月末结账后，该月的单据将不能修改、删除。该月末输入的单据只能视为下个月单据处理。

采购管理月末处理后，才能进行库存管理、存货核算、应付系统的月末处理；如果采购管理要取消月末处理，必须先通知库存管理、存货核算、应付系统的操作人员，要求他们的系统取消月末结账。如果库存管理、存货核算、应付系统的任何一个系统不能取消月末结账，那么也不能取消采购管理系统的月末结账。

如果没有启用库存管理、存货核算、应付系统系统，并且不需要查看采购余额一览表，那么可以不进行采购月末结账。

具体操作如下。

1）单击【业务】菜单下的【月末结账】，系统显示【月末结账】窗口，如图 10－22 所示。

月末结账

会计月份	起始日期	截止日期	是否结账	选择标记
1	1999-01-01	1999-01-31	已结账	
2	1999-02-01	1999-02-28	未结账	
3	1999-03-01	1999-03-31	未结账	
4	1999-04-01	1999-04-30	未结账	
5	1999-05-01	1999-05-31	未结账	
6	1999-06-01	1999-06-30	未结账	
7	1999-07-01	1999-07-31	未结账	
8	1999-08-01	1999-08-31	未结账	
9	1999-09-01	1999-09-30	未结账	
10	1999-10-01	1999-10-31	未结账	
11	1999-11-01	1999-11-30	未结账	
12	1999-12-01	1999-12-31	未结账	

结账　取消结账　退出

图 10－22　【月末结账】窗口

2）选择结账月份，单击【结账】按钮，完成操作。

注意：在月末结账窗口中，若单击【取消结账】按钮，可取消结账。

2. 取消结账

在采购管理系统结账后，若发现操作有误，可执行取消结账功能。只需要在月末结账窗口中，单击【取消结账】按钮即可。

第三节　销售管理系统

一、销售管理子系统的初始设置

销售管理子系统的初始设置是在“启动与注册”销售管理系统后，在进行销售业务处理前，根据核算要求和实际业务情况进行的有关初始化工作。销售管理子系统期初需要设置的内容主要包括三个方面。

1）账套参数设置：可在第一次使用销售管理系统时的【建账向导】窗口中设置，或进入销售管理系统后，在【设置】菜单下的【选项】中进行设置。

2）基础信息设置：包括分类体系设置、编码档案设置、其他设置（如开户银行、采购类型、付款条件、发运方式、结算方式、外币、费用项目及成套件等）和单据设计。

3）期初数据录入。

下面将详细介绍销售管理系统初始设置的方法。

1. 销售参数设置

销售参数设置包括业务范围、业务控制、系统参数、价格管理、应收核销和打印参数六个方面的内容。

具体操作如下。

1）在【销售】菜单中单击【业务范围】选项卡，如图10－23所示。

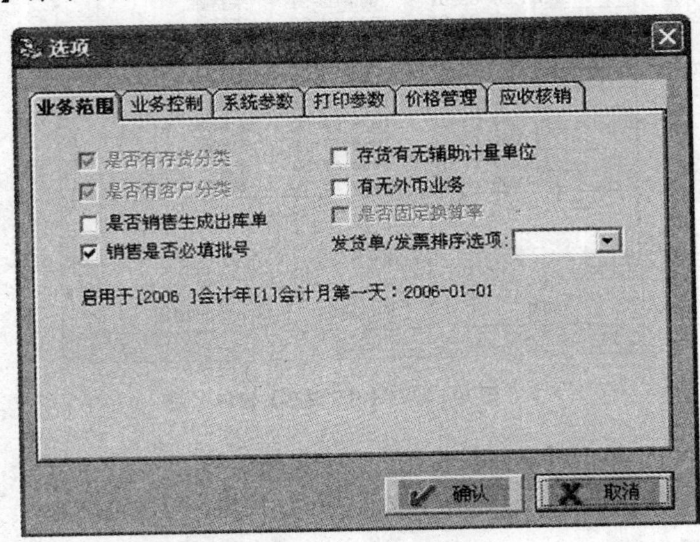

图10－23　【业务范围】设置窗口

2）按要求选择相应参数，单击【业务控制】选项卡，进入【业务控制】设置窗口，如图10－24所示。

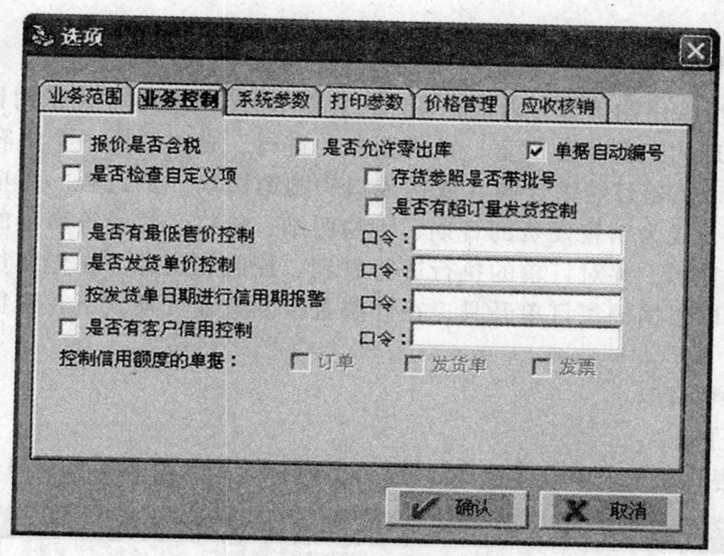

图 10－24 【业务控制】设置窗口

3）其他参数设置的操作与上述类似，这里不再赘述。

2. 确定分类体系

分类体系主要包括地区分类、客户分类、存货分类。总的来说，销售管理系统分类体系的设置方法与系统控制台、总账、应收款管理系统的分类体系的设置方法基本相同。但需要注意的是，企业的分类体系是财务软件的共享参数，用户在任一子系统中对“分类体系”进行设置，将会影响其他子系统的使用。

3. 设置编码档案

编码档案包括部门档案、职员档案、客户档案、仓库档案、存货档案、收发类别及常用摘要。销售管理系统编码档案的设置方法与系统控制台、总账、应收款管理等系统的编码档案的设置方法相同。在此主要介绍收发类别设置的作用与方法。

收发类别设置，是为了用户对材料的出入库情况进行分类汇总统计而设置的，表示材料的出入库类型，如采购入库、退货入库、销售出库、调拨出库等。用户可根据各单位的实际需要自由灵活地进行设置。

4. 其他设置

其他设置包括开户银行、销售类型、付款条件、发运方式、结算方式、币种、费用项目及成套件等的设置。

二、销售管理子系统的日常业务处理

销售管理子系统日常业务处理功能包括销售订单管理、普通销售业务处理、退货业务处理、销售账表查询和月末结账等。

1. 销售订单管理

销售订单是反映由购销双方确认的客户购货需求的单据。对于追求对销售业务进行规范化、计划化管理的工商企业而言，销售业务的进行，必须经历一个由客户询价、销售业务部门报价，双方签订购销合同（或达成口头购销协议）的过程。订单作为合同或协议的载体而存在，成为销售发货的日期、货物明细、价格、数量等事项的依据。企业根据销售订单组织货源，并对订单的执行进行管理、控制和追踪。在先发货后开票业务模式下，发货单可以根据销售订单开具；在开票直接发货业务模式下，销售发票可以根据销售订单开具。

（1）录入销售订单

具体操作如下。

1）在【销售】菜单中单击【销售订单】，出现如图10－25所示的窗口。

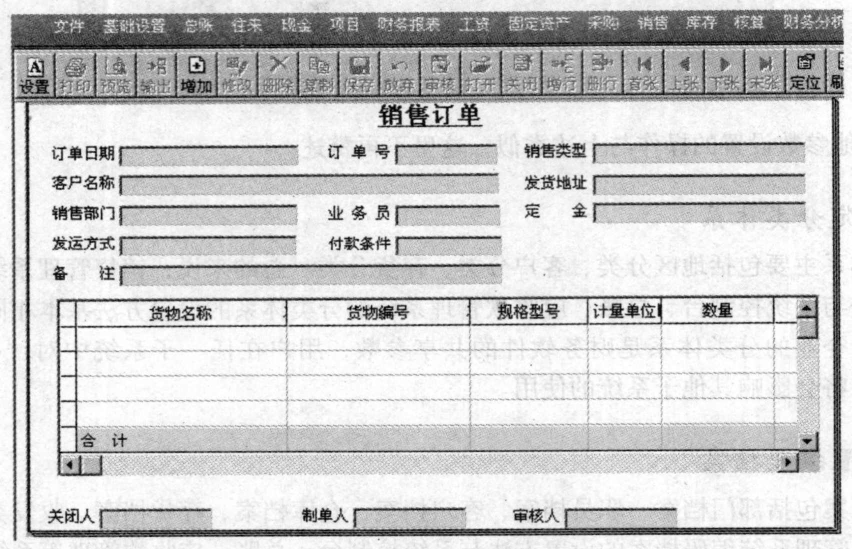

图10－25 【销售订单】窗口

2）单击【增加】按钮。

3）在订单表头输入订单日期、销售类型、客户名称、销售部门等。

4）在订单表体输入货物名称、数量、单价等。

5）单击【保存】按钮。

（2）修改销售订单

修改销售订单有两种方法：① 在录入订单过程中，通过【上张】、【下张】按钮找到需要修改的订单，然后单击【修改】按钮直接修改；② 通过“销售订单列表”查找需要修改的单据进行修改。

下面以第二种方法为例说明销售订单的修改方法。

具体操作如下。

1）在【销售】菜单中打开【销售单据列表】，选择【销售订单列表】，出现如图

10－26 所示的对话框。

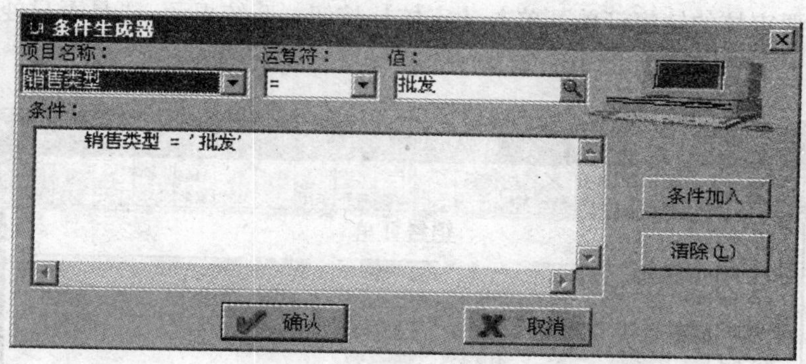

图 10－26 【条件生成器】对话框

2）在【条件生成器】对话框中选择错误订单的查找条件：销售类型＝批发。

3）单击【条件加入】按钮。

4）单击【确认】按钮，出现如图 10－27 所示的窗口。

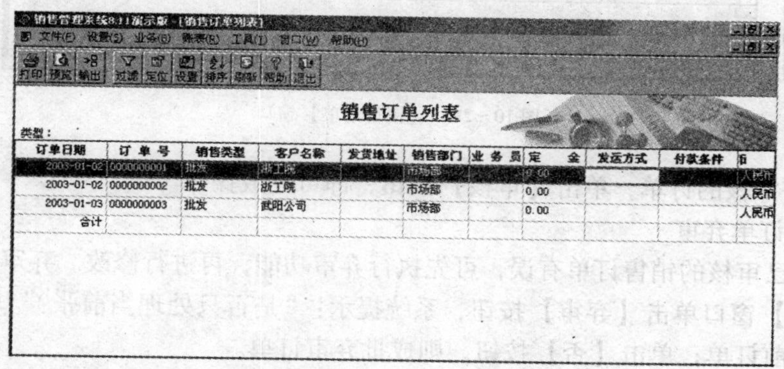

图 10－27 【销售订单列表】窗口

5）双击需要修改的销售订单，屏幕显示【销售订单录入】窗口。

6）单击【修改】按钮，即可进行修改。

注意：

1）销售订单只能由制单人本人修改，如果订单已开票或已发货，则订单中列明的货物不能修改、删除，只能增加单据行。

2）删除订单，只要在图 10－27 中单击【删除】按钮即可。

（3）审核销售订单

对于订单、发货单、委托代销发货单等单据，在单据保存之后，再经过审核，相关数据才记入有关的统计表，同时生成与该单据有关联的其他单据。如果发现单据的审核有误，还可以弃审，即放弃审核。

销售订单的审核有两种方法：① 保存完销售订单后，立刻在【销售订单】窗口中单击【审核】按钮进行审核；② 从“销售订单列表”查找需要审核的销售订单，然后在【销售订单】窗口中审核。

具体操作如下。

1）找到需要审核的销售订单，单击【审核】按钮，系统提示：“是否只处理当前张?”

2）单击【是】按钮，如图 10－28 所示。

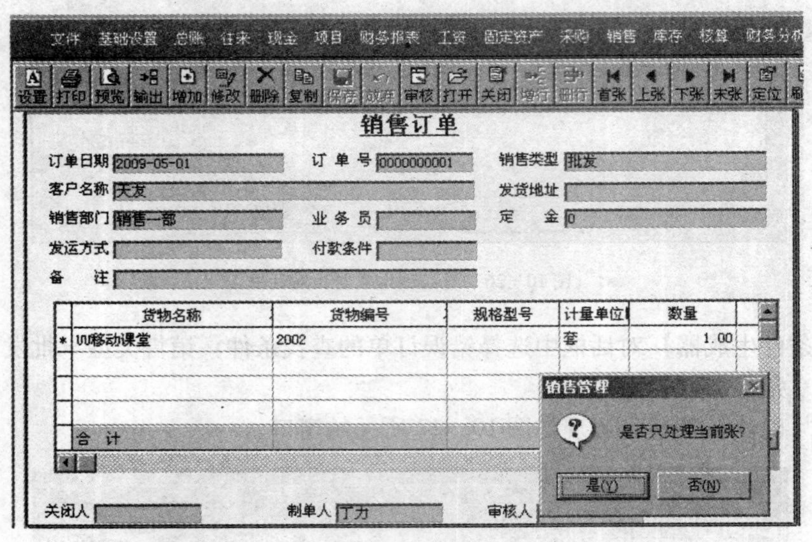

图 10－28 【销售订单】窗口

3）选择需审核的订单，单击【审核】按钮，即可完成操作。

（4）销售订单弃审

如果发现已审核的销售订单有误，可先执行弃审功能，再进行修改。弃审时，在已审核的【销售订单】窗口单击【弃审】按钮，系统提示：“是否只处理当前张?”单击【是】按钮，只弃审当前订单；单击【否】按钮，则成批弃审订单。

（5）查询订单

执行【销售】菜单中【销售单据列表】下的【销售订单列表】，即可查看相关的销售订单。

2. 普通销售业务处理

企业的销售形式有多种，如先发货后开票、先开票后发货、委托代销等。下面以先发货后开票的业务模式为例，说明企业销售业务的处理方法。

（1）录入销售发货单

发货单是普通销售发货业务的执行载体。发货单由销售部门根据销售订单生成，经审核后由库存管理系统自动生成销售出库单，销售出库单经库存管理系统审核后，在存货核算系统进行制单操作。

具体操作如下。

1）在【销售】菜单中打开【销售发货单】，显示【发货单】窗口，如图 10－29 所示。

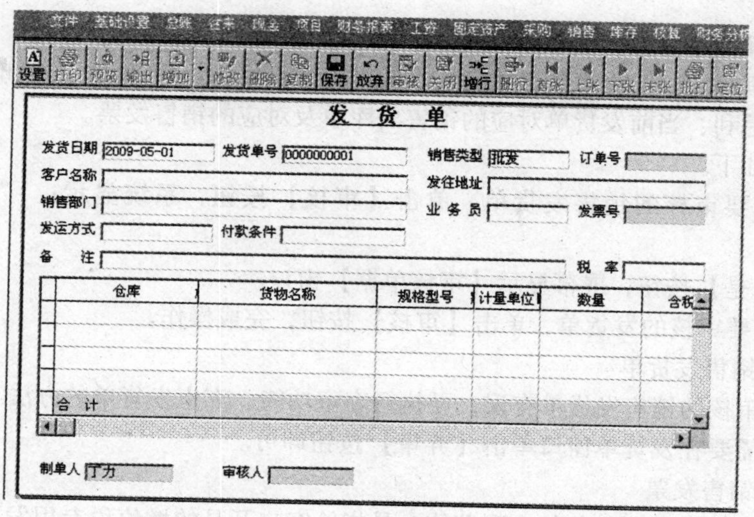

图 10－29 【发货单】窗口

2）单击【增加】按钮，出现如图 10－30 所示的对话框。

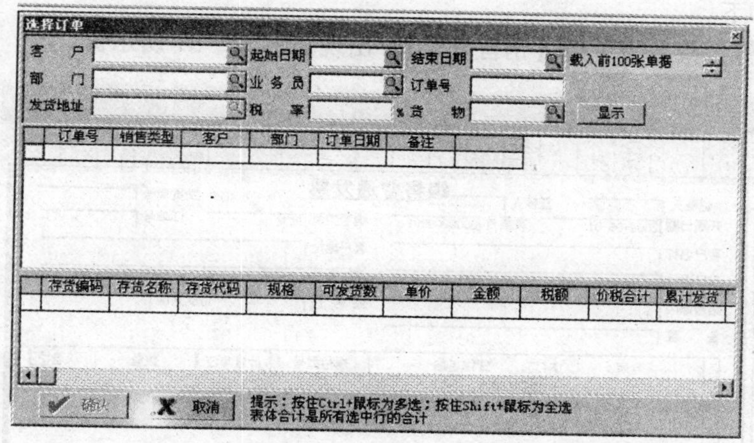

图 10－30 【选择订单】对话框

3）选择客户和销售订单，窗口上半部分显示相应客户的未生成发货单的订单，下半部分显示该订单的详细信息。单击【确认】按钮，系统自动根据订单内容填制发货单。

4）补充填写发货单的其他信息，如仓库，然后单击【保存】按钮。

（2）修改销售发货单

如果发现销售发货单有误，可对其进行修改；如果销售发货单已经审核，则需要先弃审，然后进行修改。

修改销售发货单的方法也有两种：① 在录入发货单过程中，通过单击【上张】、【下张】按钮找到所需修改的发货单，然后单击【修改】按钮直接修改；② 通过“发货单列表”查找需要修改的单据进行修改。

注意：在发货单窗口中单击【删除】按钮，即可删除该发货单。

(3) 审核销售发货单

发货单经审核后，发货单数据才能记入发货统计表累计开票情况、存货的现存量、当前发货单的预计毛利、当前发货单对应的销售出库单及对应的销售发票。

具体操作如下。

1）找到需要审核的销售发货单，单击【审核】按钮，系统显示："是否只处理当前张?"

2）单击【是】按钮，屏幕显示【审核单据】窗口。

3）选择需要审核的发货单，单击【审核】按钮，完成操作。

(4) 弃审销售发货单

若发现已审核的销售发货单有误，可执行弃审功能。弃审发货单的方法与审核发货单的方法类似，只需要在发货单窗口单击【弃审】按钮即可。

(5) 录入销售发票

销售发票是销售开票业务的主要载体，是指给客户开具的增值税专用发票、普通发票及其所附清单等原始销售票据。在"先发货，后开票"的业务模式下，销售发票必须参照销售发货单录入。

具体操作如下。

1）在【销售】菜单中单击【销售发票】，出现如图 10－31 所示窗口。

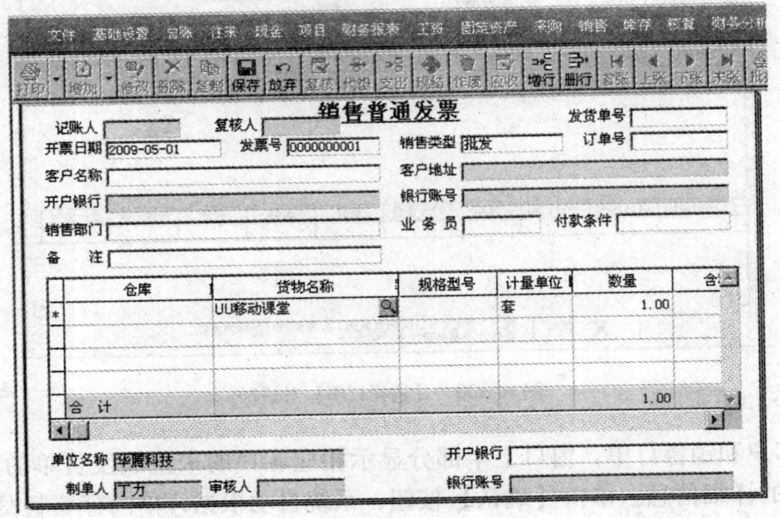

图 10－31 销售普通发票录入窗口

2）单击【增加】按钮选择发货单号。

3）选择客户及需要开票的发货单（窗口上半部分显示该客户的所有未开票发货单，下半部分显示所选发货单的详细内容）。

4）单击【确认】按钮，系统自动根据发货单内容填制销售发票。

5）单击【保存】按钮，完成操作。

(6) 修改销售发票

若发现销售发票输入有误，可进行修改，若销售发票已经审核，则需要先弃审再进行修改。因为销售发票是依据销售发货单生成的，所以销售数量不能修改。

(7) 审核销售发票

销售发票只有经过审核才能记入销售总账，并在应收款管理系统进行收款结算。

(8) 作废销售发票

销售发票录入有错时可以删除销售发票，但在用户对销售发票有严格管理的情况下，当销售发票录入有错但已进行打印时，销售发票不能被删除（因为手工的销售发票是不能销毁的），而且不能采用开具红字发票进行回冲的方法，这时可以使用作废销售发票的功能。作废发票的效果相当于销售发票被删除。作废销售发票，只能在销售发票处于未审核状态时进行。已审核记账的销售发票不能作废。

(9) 弃废销售发票

如果用户因不小心作废了一张发票，可以使用恢复功能将已作废的销售发票恢复为正常销售发票。

操作步骤如下。

1）找到已作废销售发票。

2）单击【弃废】按钮，完成操作。

(10) 现收款业务处理

现收款指在款货两讫的情况下，在销售结算的同时向客户收取货币资金（收取的金额必须等于发票所列金额）。在销售发票、销售调拨单和零售日报等销售结算单据中可以随单据录入发生的现收款并结算。如果录入的现收款数据有错误，还可以修改和删除。销售结算单据保存后才能录入现收款，可在【销售发票】窗口中单击【现结】按钮完成。

注意：已审核的现收款销售发票不能进行修改和删除现收款结算操作。

(11) 代垫费用处理

在销售业务中，有的企业随货物销售有代垫费用的发生，如代垫运杂费、保险费等。其中一部分以应税劳务的方式通过发票处理。不通过发票处理而形成的代垫费用，实际上形成了本企业对客户的应收款。本系统仅对代垫费用的发生情况进行登记，代垫费用的收款核销由应收账款核算系统完成。

代垫费用单可以直接录入，也可以在【销售发票】窗口中录入，单击【代垫】按钮，即可录入代垫费用单。

3. 退货业务处理

因货物质量、品种、数量不符合要求，可能发生退货业务，针对退货业务发生的不同时机，系统采用了不同的解决方法。

如果退货时还没有开具发票，直接修改或删除发货单即可；如果已经根据销售发货单开具发票，则要先录入退货单，经审核后根据退货单开具红字销售发票。

4. 销售账表查询

在【销售】菜单下的【销售明细账】、【销售明细表】、【销售统计表】中可以对销售账表进行查询。

5. 月末结账

销售管理系统结账只能每月进行一次，一般在当前的会计期间终了时进行。结账后本月不能再进行发货、开票、委托代销、销售调拨、零售、代垫费用等业务的增删改审等处理。如果用户觉得某月的月末结账有错误，可以取消月末结账。

(1) 月末结账

具体操作如下。

1) 单击【业务】菜单中的【月末结账】，出现如图10-32所示的对话框。

图10-32 【月末结账】对话框

2) 选择结账月份，单击【月末结账】按钮。

注意：

1) 上月未结账，则本月不能记账，但可以增、改单据。

2) 本月还有未审核单据时，则本月不能结账。

3) 已结账月份不能再录入单据。

4) 年底结账时，先进行数据备份后再结账。

5) 与库存管理系统、存货核算系统、应收账款核算系统联合使用时，本系统的月末结账应先于这些系统的月末结账。

6) 与库存管理系统、存货核算系统、应收账款核算系统联合使用时，这些系统月末结账后，本系统不能取消月末结账。

(2) 取消结账

取消结账的操作方法与月末结账的操作方法相似，只需要在【业务】菜单中单击【取消结账】按钮，选择最后一个已结账月份，单击【确认】按钮即可。

第四节　库存管理系统

一、库存管理系统的操作流程

库存管理系统的操作流程如图 10－33 所示。

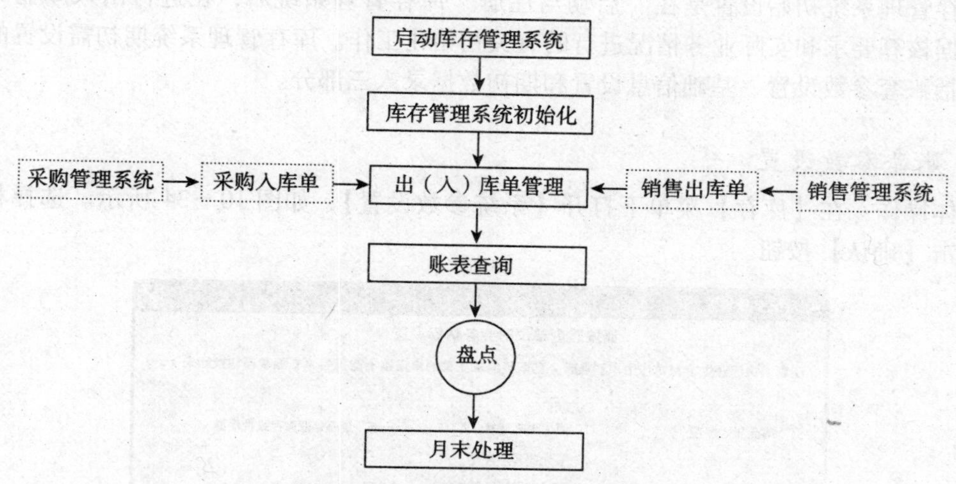

图 10－33　库存管理系统操作流程图

1. 库存管理系统初始化

库存管理系统的初始化工作包括库存管理系统参数设置、出入库单据格式定义、确定分类体系、建立编码档案，输入期初余额等。

2. 出（入）库单管理

库存管理系统的出（入）库单管理主要包括出（入）库单的录入、修改、删除及审核等操作。当库存管理系统与采购管理系统、销售管理系统、成本管理系统合用时，采购入库单由采购管理系统生成、销售出库单由销售管理系统生成、领料单和产成品入库单由成本管理系统生成，此时，库存管理系统仅提供审核功能，以便仓库管理部门对其进行审核。

3. 账表查询

系统主要提供的账表有出（入）库流水账、库存台账、呆滞积压备查簿、收发存汇总表、业务类型汇总表、收发类别汇总表、供货单位收发存汇总表、存货批次汇总表、批次存货汇总表、组装拆卸汇总表、形态转换汇总表、储备分析、安全库存预警、超储存货查询、短缺存货查询、呆滞积压存货查询、库龄分析、保质期预警、配套表等。

4. 盘点

库存管理系统的盘点功能，支持用户随时盘点任何仓库，同时，系统能自动根据盘点结果生成盘盈（亏）入（出）库单。

5．月末处理

库存管理系统的月末处理主要包括月末对账、结账和结转上年度数据等操作。

二、库存管理系统初始设置

库存管理系统初始设置是在“启动与注册”库存管理系统后，在进行出入库业务处理前，根据核算要求和实际业务情况进行的有关初始化工作。库存管理系统期初需设置的内容主要包括账套参数设置、基础信息设置和期初数据录入三部分。

1．账套参数设置

具体操作：在【库存】菜单下打开【系统参数设置】，如图 10－34 所示。选择相应参数，单击【确认】按钮。

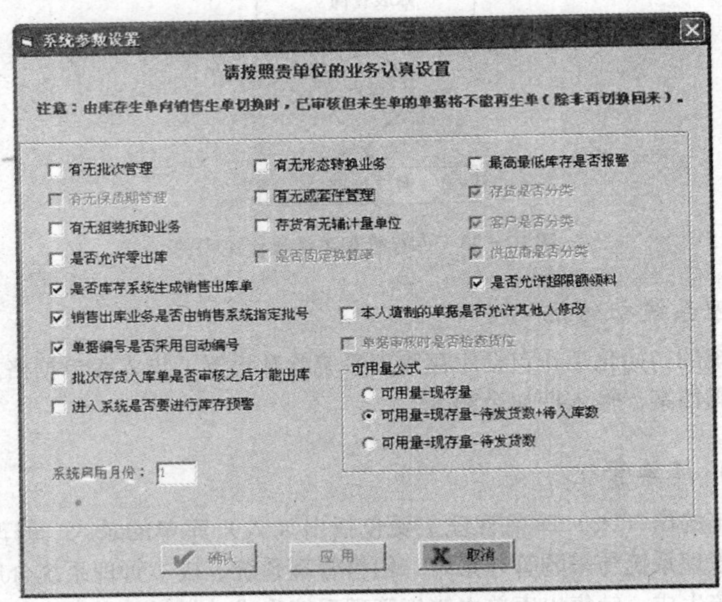

图 10－34　【系统参数设置】窗口

下面对主要参数进行说明。

（1）有无批次管理

批次管理指对存货的收发存进行批次跟踪，可统计某一批次所有存货的收发存情况或某一存货所有批次的收发存情况。如果用户需要管理存货的保质期或对供货单位进行跟踪，即查询该存货每个供应商供了多少货、销售了多少、退货多少、库中结存多少等信息，以便考核供应商的供货质量或商品的畅销情况，可通过批次管理实现。

（2）有无组装拆卸业务

某些企业的某些存货既可单独出售，又可与其他存货组装在一起销售。如计算机销售公司既可将显示器、主机、键盘等单独出售，又可按客户的要求将显示器、主机、键盘等组装销售，这时就需要对计算机进行组装；如果企业库存中只存有组装好的计算机，但客户只需要显示器，此时可将计算机进行拆卸，然后将显示器卖给客户。

（3）有无形态转换业务

由于自然条件或其他因素的影响，某些存货会由一种形态转换成另一种形态，如煤块由于长时间风吹、雨淋，变成了煤渣，活鱼由于缺氧变成了死鱼等，从而引起存货规格和成本的变化，因此库管员应根据存货的实际状况填制形态转换单（又称规格调整单），报请主管部门批准后进行调账处理。

（4）最高最低库存是否报警

录入单据时，如果存货当前现存量小于最低库存量或大于最高库存量，是否需要系统报警。

2. 基础信息设置

库存管理系统的基础信息设置如下。

1）确定分类体系，如地区分类、供应商分类、客户分类和存货分类。

2）建立编码档案，如供应商档案、存货档案、仓库档案和收发类别等。

3）其他设置，如产品结构设置和成本对象设置等。

库存管理系统基础信息设置的方法与其他系统相同，本节不再赘述。

3. 期初余额

库存管理系统的期初数据是指企业期初存货的数量。如果库存系统和存货核算系统同时使用，新用户在录入期初数据之前，应将库存的结存数与存货核算的结存数核对一致后，统一录入。因为在本系统中期初数据是库存系统和存货核算系统共用的。

（1）期初余额录入

具体操作如下。

1）单击【库存】→【期初数据】→【库存期初】，出现如图 10－35 所示的窗口。

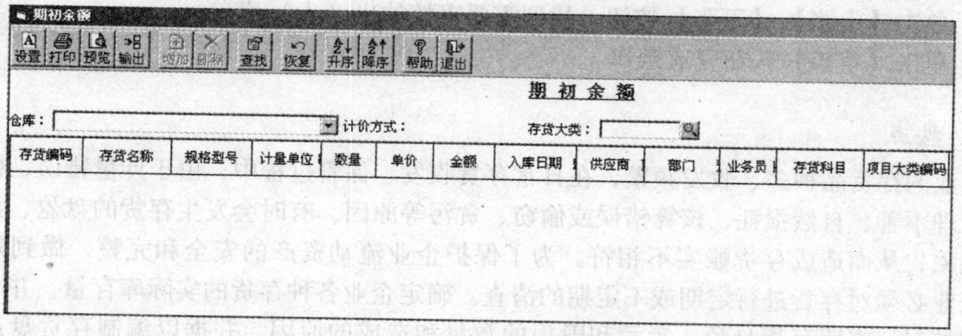

图 10－35 【期初余额】窗口

2）选择相应的仓库名称。

3）增加新记录。

4）重复上述操作，直到所有存货录入完毕。

（2）期初记账

期初记账是指将用户录入的各存货的期初数据记入库存台账、批次台账等账簿中。期初数据录入完毕且必须执行了期初记账后，才能开始日常业务。如果用户没有期初数据，则可以不录入期初数据，但也必须执行期初记账操作。

具体操作如下。

1）录入期初数据（若无数据则不需录入）。

2）在期初余额窗口单击【记账】按钮，完成操作。

注意：若用户发现期初记账后的期初数据有误，可在【期初余额】窗口单击【恢复】按钮取消记账。

二、库存管理系统的日常业务处理

1．出（入）库单管理

库存管理系统的出（入）库单管理主要包括各种出（入）库单的录入、修改、删除和审核等操作。如果库存管理系统与采购管理系统、销售管理系统、成本管理系统联合使用，则采购入库单由采购管理系统生成、销售出库单由销售管理系统生成、领料单和产成品入库单由成本管理系统生成。此时，库存管理系统只生成盘盈（亏）的入（出）库单，并对所有出（入）库单进行审核。

（1）增加出（入）库单

1）在【库存】菜单中单击相应的出（入）库单类型，屏幕显示相应的出（入）库单录入窗口。

2）单击【增加】按钮即可录入相应的出（入）库单。

注意：出入库单的录入、修改、删除方法与其他系统一致。

（2）审核出（入）库单

1）在【销售】菜单中选择并单击相应的出（入）库单类型，屏幕显示相应的出（入）库单录入窗口。

2）单击【上张】、【下张】按钮，找到需要审核的出（入）库单。

3）单击【审核】按钮完成操作。

2．盘点

企业的存货品种多、收发频繁，在日常存货收发、保管过程中，由于计量错误、检验疏忽、管理不善、自然损耗、核算错误或偷窃、贪污等原因，有时会发生存货的盘盈、盘亏和毁损现象，从而造成存货账实不相符。为了保护企业流动资产的安全和完整，做到账实相符，企业必须对存货进行定期或不定期的清查。确定企业各种存货的实际库存量，并与账面记录相核对，查明存货盘盈、盘亏和毁损的数量和造成的原因，并据以编制存货盘点报告表，按规定程序，报有关部门审批。

本功能提供按仓库盘点和按批次盘点两种盘点方法，还可对各仓库或批次中的全部或部分存货进行盘点，盘盈、盘亏的结果可自动生成出入库单。

具体操作如下。

1）单击【销售】菜单中的【库存其他业务】中的【盘点单】，出现如图10－36所示的窗口。

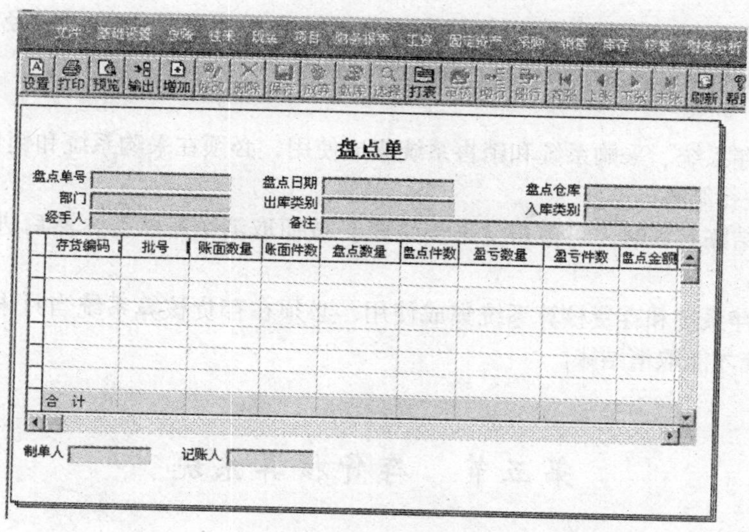

图 10－36 【盘点单】窗口

2）选择相应的仓库，单击【盘库】按钮。

3）系统自动根据账面余额生成盘点单，确认存货盘点数量，单击【保存】按钮。

4）单击【审核】按钮，完成操作。

三、库存管理系统的月末处理

1. 月末结账

在手工会计处理中都有结账的过程，在计算机会计处理中也应有这一过程，以符合会计制度的要求，因此本系统特提供了【月末结账】功能。结账只能每月进行一次。结账后本月不能再填制单据。

具体操作如下。

1）单击【库存】→【月末结账】→【结账处理】，出现如图 10－37 所示的窗口。

结账处理

会计月份	起始日期	结束日期	已经结账
1	2009-01-01	2009-01-31	是
2	2009-02-01	2009-02-28	是
3	2009-03-01	2009-03-31	是
4	2009-04-01	2009-04-30	否
5	2009-05-01	2009-05-31	否
6	2009-06-01	2009-06-30	否
7	2009-07-01	2009-07-31	否
8	2009-08-01	2009-08-31	否
9	2009-09-01	2009-09-30	否
10	2009-10-01	2009-10-31	否
11	2009-11-01	2009-11-30	否
12	2009-12-01	2009-12-31	否

结账
取消结账
帮助
退出

图 10－37 【结账处理】窗口

2）单击【结账】按钮，系统开始进行合法性检查。

3）如果检查通过，系统立即进行结账操作。结账后结账月份的“已经结账”显示为“是”；如果检查未通过，系统会提示不能结账的原因。

注意：

1）如果库存系统、采购系统和销售系统集成使用，必须在采购系统和销售系统结账后，库存系统才能进行结账。

2）当某月结账有误时，可单击【取消结账】按钮取消结账状态，然后进行该月业务处理，最后结账。

3）如果库存系统和存货核算系统集成使用，必须在存货核算系统当月未结账或取消结账后，库存系统才能取消结账。

第五节　存货核算系统

一、存货核算系统的初始设置

存货核算系统的初始设置是在“启动与注册”存货核算系统后，在进行存货业务处理前，根据核算要求和实际业务情况进行的有关初始化工作。存货核算系统期初需要设置的内容主要包括账套参数设置、基础信息设置和期初数据录入三部分。

1. 账套参数设置

具体操作如下。

1）在【核算】菜单中单击【核算业务范围设置】，如图 10－38 所示。

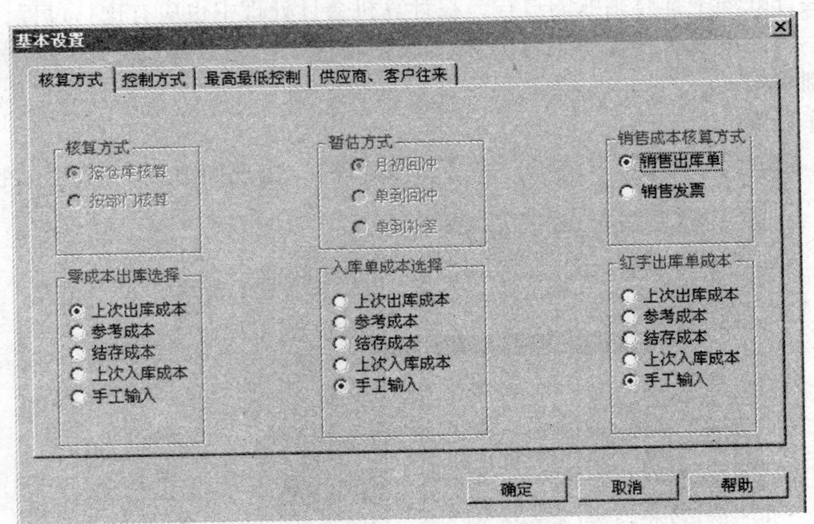

图 10－38　【基本设置】窗口

2）设置好公共参数，单击【核算方式】、【控制方式】、【最高最低控制】和【供应商、客户往来】选项卡，可以进行各业务范围的设置。

3）选择相应参数，单击【确定】按钮。

各参数说明如下。

（1）核算方式

初建账套时，用户可以选择按仓库核算或按部门核算。如果是按仓库核算，则按仓库设置计价方式，并且每个仓库单独核算出库成本；如果是按部门核算，则按仓库中的所属部门设置计价方式，并且相同所属部门的各仓库统一核算出库成本。

用户输入期初数据和日常数据后，此核算方式将不能修改。

（2）暂估方式

如果与采购系统集成使用时，用户可以进行暂估业务，并且在此选择暂估入库存货成本的回冲方式，包括月初回冲、单到回冲、单到补差三种。月初回冲是指月初时系统自动生成红字回冲单，报销处理时，系统自动根据报销金额生成采购报销入库单；单到回冲是指报销处理时，系统自动生成红字回冲单，并生成采购报销入库单；单到补差是指报销处理时，系统自动生成一笔调整单，调整金额为实际金额与暂估金额的差额。

与采购系统集成使用时，如果明细账中有暂估业务未报销或本期未进行期末处理，暂估方式将不允许修改。

（3）销售成本核算方式

当销售系统启用后，用户可选择用销售出库单或销售发票记账，默认为销售出库单。该选项只有在本月没有对销售单据记账前，并且在销售单据（发货单、发票）的业务全部处理完毕后方可修改。

（4）零成本出库选择

零成本出库选择是指先进先出或后进先出方式核算的出库单据记明细账时，如果出现账中为零成本或负成本，造成出库成本不可计算时，出库成本的取值方式分别如下。

1）上次出库成本：取明细账中此存货的上一次出库单价，作为本出库单据的出库单价，计算出库成本。

2）参考成本：取存货目录中此存货的参考成本，即参考单价，作为本出库单据的出库单价，计算出库成本。

3）结存成本：取明细账中的此存货的结存单价，作为本出库单据的出库单价，计算出库成本。

4）上次入库成本：取明细账中此存货的上一次入库单价，作为本出库单据的出库单价，计算出库成本。

5）手工输入：提示用户输入单价，作为本出库单据的出库单价，计算出库成本。

用户可以随时对零成本出库进行重新选择。

（5）入库单成本选择和红字出库单成本

其选择方式与零成本出库选择相同，这里不再赘述。

2. 基础信息设置

存货核算系统基础信息设置的内容与方法同其他系统基本相同。

3．期初数据录入

存货核算系统的期初数据是指企业期初存货的数量。如果存货核算系统和库存管理系统同时使用，新用户录入期初数据之前，应将存货核算结存数与库存的结存数核对一致后，统一录入。因为在本系统中期初数据是库存系统和存货核算系统共用的。

期初数据录入及记账的方法与库存管理系统相同。

二、存货核算系统的日常业务处理

1．出（入）库单管理

存货核算系统的出（入）库单管理主要包括各种出（入）库单的录入、修改、删除和审核等操作。如果存货核算系统与库存管理系统联合使用，则出（入）库单由库存管理系统生成，但存货核算系统可以修改出（入）库存货的单价。

出（入）库单的增、改、删、审操作与其他系统相同，用户只需要在【单据】菜单中选择相应的出（入）库单类型进行操作即可。

2．单据记账

单据记账用于将用户所输入的单据登记存货明细账、差异/差价明细账、受托代销商品明细账、受托代销商品差价账。若记账有误，还可通过“恢复记账”功能将用户已登记明细账的单据恢复到未记账状态。

具体操作如下。

1）单击【核算】菜单中的【核算】，出现如图10－39所示的窗口。

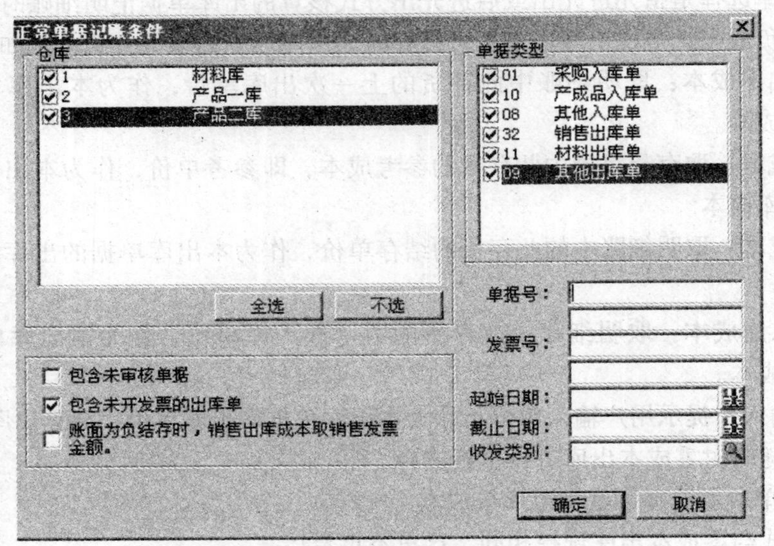

图10－39　【正常单据记账条件】窗口

2）选择需要记账的仓库及其他记账条件，单击【确定】按钮。

3）选择记账单据，单击【记账】按钮即可完成单据记账工作。

注意：取消单据记账的方法与单据记账的方法类似，只要在单据一览表查询窗口选中“已记账单据”，并输入其他记账条件，单击【确认】按钮后，在未记账单据一览表窗口中单击【恢复】按钮即可完成取消记账工作。

3. 生成凭证

生成凭证用于对本会计月已记账单据生成凭证，并可对已生成的所有凭证进行查询；生成的记账凭证传递至总账系统，由总账系统进行审核、记账。

具体操作如下。

1）单击【核算】菜单中的【凭证】。

2）选择要生成凭证的单据类型，选中“未生成凭证的单据”选项，单击【确认】按钮。

3）选择要生成凭证的单据，单击【生成】按钮或【合成】按钮。

4）确认凭证的相关科目，单击【确认】按钮，系统即显示所生成的凭证。用户可修改凭证类别、凭证摘要、借方科目、贷方科目、金额，可以增加或删除借贷方记录，但应保证借贷方金额相平，并等于所选记录的金额。

5）生成凭证后，在【凭证】窗口中单击【保存】按钮保存此凭证。

三、存货核算系统月末处理

1. 期末处理

当日常业务全部完成后，计算按全月平均方式核算的存货的全月平均单价及其本会计月出库成本；计算按计划价、售价方式核算的存货的差异率、差价率及其本会计月的分摊差异、差价；对已完成日常业务的仓库、部门做处理标志。

具体操作如下。

1）单击【处理】菜单中的【期末处理】，出现如图 10－40 所示的窗口。

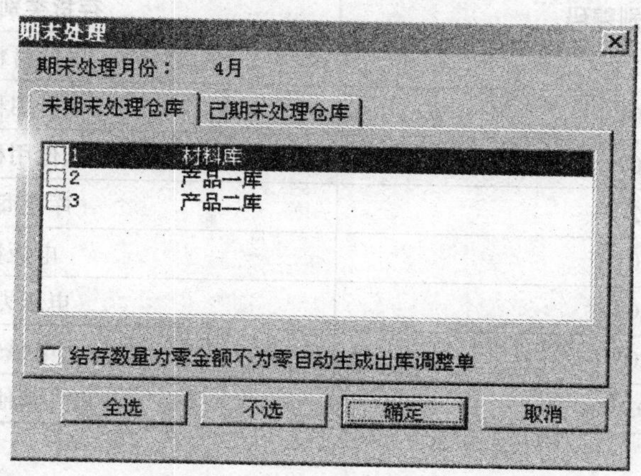

图 10－40 【期末处理】窗口

2）选择要处理的仓库或部门，系统自动显示应进行期末处理的会计月份。

3）单击【确定】按钮，即可对所选仓库进行期末处理。

2. 期末结账

本期存货核算业务结束后，便可执行月末结账功能。如果存货核算系统与采购管理、销售管理和库存管理系统一起使用，则月末结账要在采购、销售和库存管理系统结账后进行。系统提供恢复期末处理功能，但是在总账结账后将不可恢复。

具体操作如下。

1）单击【处理】菜单中的【月末结账】，出现如图10－41所示的对话框。

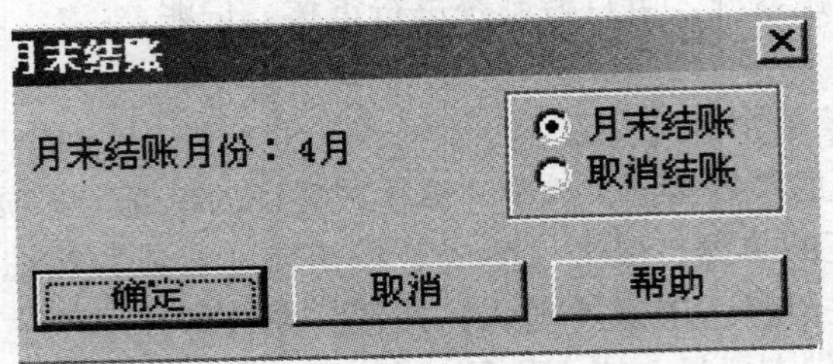

图10－40　【月末结账】对话框

2）选中"月末结账"（或"取消结账"），单击【确定】按钮，完成操作。

课堂单项实验十

购销存系统

一、初始设置实验资料

1. 基础信息

（1）存货分类

存货类别编码	存货类别名称
01	原材料
0101	生产用材料
0102	其他用材料
02	库存商品
0201	电饭煲
0202	电压力锅
0203	电磁炉
03	其他

（2）存货档案

存货编码	存货名称	计量单位	所属分类	税率（%）	存货属性	参考成本	启用日期
1001	C材料	吨	0101	17	外购、生产耗用	100	2010－1－1

续表

存货编码	存货名称	计量单位	所属分类	税率（%）	存货属性	参考成本	启用日期
1002	D 材料	包	0102	17	外购、生产耗用	10	2010－1－1
2001	电饭煲	只	0201	17	外购、销售	300	2010－1－1
2002	电压力锅	只	0202	17	外购、自制、销售	1000	2010－1－1
2003	电磁炉	只	0203	17	外购、自制、销售	280	2010－1－1
3001	运输费	公里	03	7	外购、销售、劳务费用		2010－1－1

（3）仓库档案

仓库编码	仓库名称	所属部门	负责人	计价方式
1	材料库	采购部	王佳	移动平均法
2	产品一库	销售部	罗敏	移动平均法
3	产品二库	销售部	罗敏	移动平均法

（4）收发类别

收发类别编码	收发类别名称	收发标志	收发类别编码	收发类别名称	收发标志
1	入库分类	收	2	出库分类	发
101	采购入库	收	201	销售出库	发
102	产成品入库	收	202	材料领用出库	发
103	其他入库	收	203	其他出库	发

（5）采购类型

采购类型编码	采购类型名称	入库类别	是否默认值
1	材料采购	采购入库	是
2	库存商品采购	采购入库	否

（6）销售类型

销售类型编码	销售类型名称	出库类别	是否默认值
1	批发	销售出库	是
2	零售	销售出库	否

2. 基础科目

（1）存货科目

仓库编码	仓库名称	存货分类	存货科目
1	材料库	0101	C 材料

续表

仓库编码	仓库名称	存货分类	存货科目
1	材料库	0102	D 材料
2	产品一库	0201	电饭煲
2	产品一库	0202	电压力锅
3	产品一库	0203	电磁炉

（2）存货对方科目

收发类别	对方科目
采购入库	材料采购
产成品入库	生产成本/材料费
销售出库	主营业务成本
材料领用出库	生产成本/材料费

（3）客户往来科目

基本科目设置：应收科目 1122，预收科目 2203，销售收入科目 6001，应交增值税科目 22210105。

结算方式科目设置：现金结算对应 1001，现金支票对应 100201，转账支票对应 100201。

（4）供应商往来科目

基本科目设置：应付科目 2202，预付科目 1123，采购科目 1401，采购税金科目 22210101。

结算方式科目设置：现金结算对应 1001，现金支票对应 100201，转账支票对应 100201。

3．期初数据

（1）采购模块期初数据

8 月 24 日，采购部收到上海钢材厂提供的 C 材料 10 吨，暂估价为 100 元，商品已验收入材料库，至今尚未收到发票。

8 月 28 日，采购部收到北京模具厂开具的专用发票一张，发票号为 A00116，数量为 150 套，每套售价 80 元，该货物尚在运输途中。

（2）库存和存货系统期初数据

8 月 31 日，对各个仓库进行了盘点，结果如下。

仓库名称	存货编码	存货名称	数 量	单 价
材料库	1001	C 材料	2 200	100
材料库	1002	D 材料	500	10
产品一库	2001	电饭煲	200	300
产品一库	2002	电压力锅	100	1 000
产品二库	2003	电磁炉	230	280

（3）客户往来期初数据

应收账款科目的期初余额为157 600元，以销售普通发票形式输入，具体信息如下。

日　期	凭证号	客　户	摘　要	方　向	金　额	业务员	票　号	票据日期
2009－12－25	转－118	哈飞公司	销售商品	借	99 600	王佳	P111	2009－12－25
2009－12－10	转－15	通达公司	销售商品	借	58 000	王佳	Z111	2009－12－10

（4）供应商往来期初数据

应付账款科目的期初余额为276 850元，以采购普通发票输入，具体信息如下。

日　期	凭证号	供应商	摘　要	方　向	金　额	业务员	票　号	票据日期
2009－11－20	转－45	迅杰	购买商品	贷	276 850	郑佳佳	C000	2009－11－20

二、采购管理实验资料

1. 采购订货业务

1日，向上海钢材厂订C材料一批，数量为100套，单价为100元，预计本月3日到货。

2. 普通采购业务

（1）3日，向上海钢材厂将所订商品到货，数量为100套，单价为100元，将收到的货物验收入产品一库，填制采购入库单。

（2）当天收到该笔货物的专用发票一张，发票号为F001，填制采购发票。

（3）财务部门根据采购发票开出转账支票（票号为C1）一张，付清采购货款，填制付款单。

3. 采购现结业务

5日，向迅杰公司购买配件300套，单价为10元，验收入材料库，同时收到专用发一张，发票号为F002，立即以转账支票（票号为Z001，银行账号为12345）支付货款。

4. 采购运费处理

8日，向上海钢材厂购买配件400吨，单价为100元，验收入材料库，同时收到专用发票一张，发票号为F003，另外，在采购过程中发生一笔运费200元，税率为7%，收到相应的运费发票一张，发票号为F004。

三、销售管理实验资料

1. 销售订货业务

9月2日，朝阳公司订购电压力锅80只，单价1 000元。

2. 普通销售业务

9 月 4 日，销售部从产品一库向朝阳公司发出其所订货物，填制销售发货单。当天开出该笔货物的专用发票一张，发票号为 X001，填制销售发票。

9 月 5 日，财务部门收到转账支票（票号为 Z001）一张，朝阳公司付清采购货款，填制收款单。

3. 商业折扣的处理

9 月 7 日，销售部向通达公司出售电饭煲 200 只，不含税单价为 300 元，即成交价格的 90%，货物从产品一库发出。

9 月 10 日，根据上述发货单开具普通发票一张。

4. 现结业务

1 月 12 日，销售部向哈飞公司出售电磁炉 20 只，含税单价为 280 元，货物从产品二库发出。

同日，根据上述发货单开具专用发票一张，同时收到客户以转账支票支付的全部货款，票号为 Z188。进行现结制单处理。

5. 代垫费用处理

9 月 12 日，销售部在向哈飞公司销售商品过程中发生了一笔代垫运输费 200 元，以现金支付。客户尚未支付该笔款项。

第三部分
综合实验

大型综合模拟实训

【实验目的】

掌握用友 U850 软件中建立账到总账处理及报表的相关内容，掌握账套处理、总账系统处理及报表的操作方法。

【实验内容】

1．建立账套，财务分工

2．基础设置

3．总账系统处理

4．报表的编制

【实验要求】

建立以学生的学号为账套号的核算账套，以学生本人为账套主管，另外分别设置两名学生为会计和出纳。然后根据所提供的原始凭证，完成整个账务处理过程，直到编制报表。要求同学们独立完成整个核算过程。（注意：此资料是一个新设企业）

一、仿真模拟平台

（一）新设企业流程（附详细流程和资料）

名称预核准（工商局）→验资（会计师事务所）→办理工商营业执照（工商局）→办理组织机构代码证（技术监督局）→办理银行开户许可证（银行）→办理税务登记证及发票（税务局）。

（二）新设企业基本情况

1．企业名称：浙江长征有限公司

2．法人代表：王长庆

3．开户银行：中国工商银行杭州留下支行

4．账号：1202020876543210000

5．联系电话：0571-85076638

6．地址：杭州市西湖区留和路 525 号

7．邮编：310023

8．纳税人登记号：330198765432100

9．纳税人类别：小规模纳税人

10. 行业：工业

11. 类型：装配、生产

（三）公司组织架构

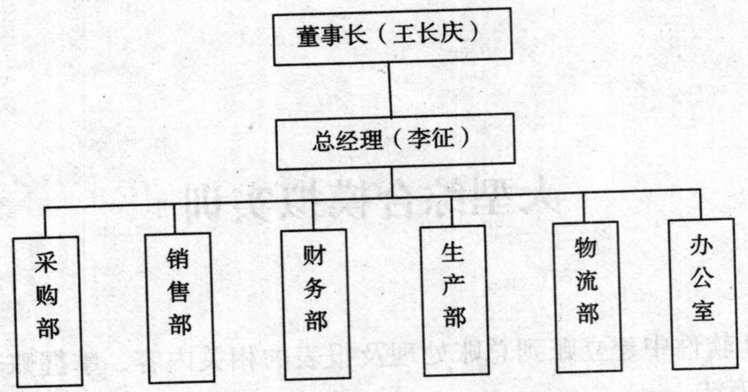

部门名称	部门属性	负责人
办公室	管理（含人事管理）	赵丹
财务部	管理	（机动）
采购部	管理	王刚
物流部	管理	蔡卫兵
生产部	生产	孙军
销售部	销售	方伯乐

（四）财务部架构

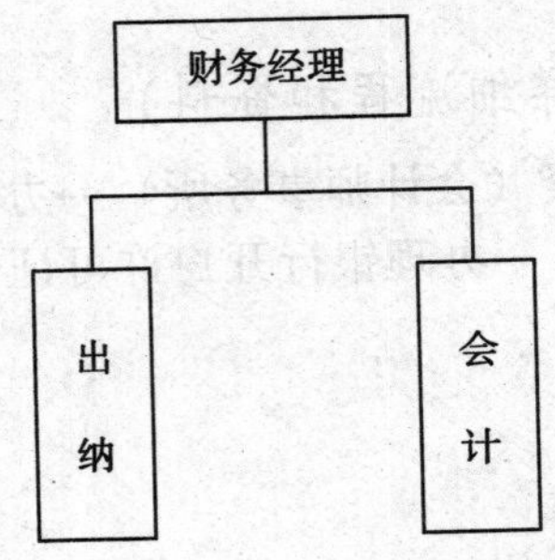

（五）主要银行结算方式

支票、银行汇票、商业汇票、委托收款、网银。

（六）财务部分工与职责

1. 出纳

1）现金收付。

2）负责银行票据的填制、去银行取银行对账单。

3）登记现金和银行存款日记账。

2. 会计

1）编制银行余额调节表。

2）负责生产成本的计算。

3）负责记账凭证的编制、登记各类明细账。

4）负责纳税申报。

3. 财务经理

1）进行账务稽核。

2）登记总账、编制报表。

3）拟定预算和资本运营方案等。

（七）基本会计政策

1）会计制度：公司执行财政部2006年2月公布的《企业会计准则》。

2）会计年度：会计年度自公历1月1日起至12月31日止。

3）记账本位币：人民币。

4）财务报表的编制基础：公司财务报表以持续经营为编制基础。

5）会计计量属性：财务报表项目以历史成本计量为主。

6）坏账准备的计提：对于单项金额重大且有客观证据表明发生了减值的应收款项（包括应收账款和其他应收款），根据其未来现金流量现值低于其账面价值的差额计提坏账准备；对于单项金额非重大以及经单独测试后未减值的单项金额重大的应收款项（包括应收账款和其他应收款），根据其他以前年度与之相同或类似的、具有类似信用风险特征的应收款项组合的实际损失率为基础，结合现时情况确定报告期各项组合计提坏账准备的比例。确定的具体提取比例为：应收款项按年末应收款项余额5‰计提坏账准备。

7）固定资产折旧方法：平均年限法。

8）存货的核算：存货按照实际成本进行初始计量，发出存货采用月末一次加权平均法，周转材料按一次摊销法进行摊销。

9）应付职工薪酬的计算：生产工人工资暂采用计时工资。

10）制造费用的核算：当月归集的制造费用，按产品实际工时数的比例分配。

11）盈余公积提取比例：法定盈余公积10%。

12）货币资金核算。

① 库存现金限额为5 000元。

② 费用报销需要填写《付款申请单》，各部门负责人对本部门费用进行签字审核，付款金额超过5万元，由财务经理签字，10万元（含10万元）由总经理签字，30万元以上（含30万元）由董事长签字认可。

③ 财务专用章由出纳保管，法人章由会计保管。

二、三个月的日常业务资料

10月份实训资料

（1）2009. 10. 8

ICBC 中国工商银行现金交款单（回单）

交款日期2009 年10 月8 日　　收款编号 第　号

交款单位	全称	浙江长征有限公司	款项来源	投资款（王长庆）
	账号		开户银行	
人民币（大写）		贰佰万元整	中国工商银行杭州市留下支行 业务（1）清讫	千百十万百十元角分：￥20000000
科目（贷）__________		收讫章________	收款员：	事后监督：

ICBC 中国工商银行现金交款单（回单）

交款日期 2009 年 10 月 8 日　　收款编号 第　号

交款单位	全称	浙江长征有限公司	款项来源	投资款（李征）
	账号		开户银行	
人民币（大写）		壹佰万元整	中国工商银行杭州市留下支行 业务（1）清讫	千百十万百十元角分：￥10000000
科目（贷）__________		收讫章________	收款员：	事后监督：

（2）2009. 10. 12

ICBC 中国工商银行　　凭证（回单）

付款日期　2009.10.12

付款人户名：浙江长征有限公司

付款人账号：1202020876543210000

业务项目（凭证种类）	数量	凭证号码	工本费	手续费	金额小计
转账支票	1	07654301－07654325	5	25	30
现金支票	1	09876501－09876525	5	25	30
进账单	1				4.5
现金缴款单	1				2.5
金额合计（大写）：	陆拾柒元整				
金额合计（小写）：	￥ 67				

中国工商银行杭州市留下支行 业务（1）清讫

地区号：　网点号：　操作柜员：　授权柜员：

（3）2009. 10. 12：出纳提备用金5000元。

（4）2009. 10. 17：支付审计费，支付由王长庆代垫支付的工商注册费。

浙江长征有限公司

付款审批单

2009 年 10 月 17 日

客户单位	浙江金陵会计师事务所有限公司			部门领导	
款项内容	审计费	合同号			
应付金额	4,000				
申请支付金额	4,000			财务审核	
申请支付金额（大写）	肆仟元整				
开户行				总经理审批	
账号					
付款方式	承兑□ 汇票□ 支票■ 现金□ 其他□			经办人	

浙江省杭州市服务业统一发票

发票联

2009年12月31日前填开使用有效

2009 年 10 月 17 日

发票代码 233000710

发票号码 1526815

纳税人识别号	330198765432100	机打号码	590901		
机器编号		税控防伪码			
付款户名	浙江长征有限公司		付款方式	转帐	
服务项目	单位	数量	单价	金额	
审计费				￥4000	
合计 人民币（大写）	肆仟元整				

开票人：朱敏　　收款人：浙江金陵会计师事务所　　手写无效

浙江金陵会计师事务所有限公司 330000765432100 发票专用章

杭地税印D07681 x 20000 浙江天健印刷厂承印

浙江长征有限公司

费用报销审批单

2009 年 10 月 17 日

报销人	王长庆	所属部门		部门领导	赵丹
费用项目	报销代垫工商注册费				
填报金额	1,500			财务审核	
单据张数	1				
核准金额（小写）	￥1,500			总经理审批	
核准金额（大写）	壹仟伍佰元整			经办人	王芳

浙江省非税收入一般缴款书（收据）

执收单位代码：　　　　票据编码：200001200

执收单位：杭州市工商局　　2009年10月12日　　杭财 NO 001890

付款人	全称	浙江长征有限公司	收款人	全称	杭州市非税收入财政专户
	账号			账号	73341101876543200
	开户银行			开户银行	中信银行杭州分行**支行

币种：￥　金额（大写）　壹仟伍佰元整　（小写）　￥1,500.00

收入项目编码	收入项目名称	单位	数量	收缴标准	金额
10401001	企业注册登记费	宗	1	1500.00	1500.00

执收单位（盖章）　　备注：

经办人（签章）

校验码：

2008年9月×1000本×25×5　杭州市财税印刷厂承印

（5）2009．10．18：支付李征代垫的系列开办费用。

浙江长征有限公司

费用报销审批单

2009 年 10 月 18 日

报销人	李征	所属部门		部门领导	赵丹
费用项目	报销代垫系列开办费（发票、代码证、营业执照等）			财务审核	
填报金额	234.8				
单据张数	4			总经理审批	
核准金额（小写）	￥234.8				
核准金额（大写）	贰佰叁拾肆元捌角整			经办人	王芳

浙江省国税票证工本费专用发票

发票联

发票代码 233000710144

发票号码 1526815

领票日期：2009 年 10 月 13 日　　购领单位：浙江长征有限公司

发票代码	票证名称	发票分类代码	起止号码	单位	数量	单价	金额
10080	浙江省货物销售统一发票		50001 50015	本	1	4.00	4.00
合计人民币（大写）	肆圆整						4.00

收款人：　　税务机关签章

第二联：发票联

浙江省非税收入一般缴款书（收据）

执收单位代码：

执收单位：杭州市质量技术监督局　2009年10月12日

票据编码：200001400

杭财 NO 020410

付款人	全称	浙江长征有限公司	收款人	全称	杭州市非税收入财政专户	
	账号			账号	7334110187654320	
	开户银行			开户银行	中信银行杭州分行**支行	
币种：¥	金额（大写）	壹佰叁拾捌元整		（小写）	¥138.00	
收入项目编码	收入项目名称		单位	数量	收缴标准	金额
12901100	统一代码证书费		件	1	138.00	138.00
执收单位（盖章）				备注：		
		经办人（签章）				

校验码：

2008年9月×1000本×25×5 杭州市财税印刷厂承印

第四联：执收单位给缴款人

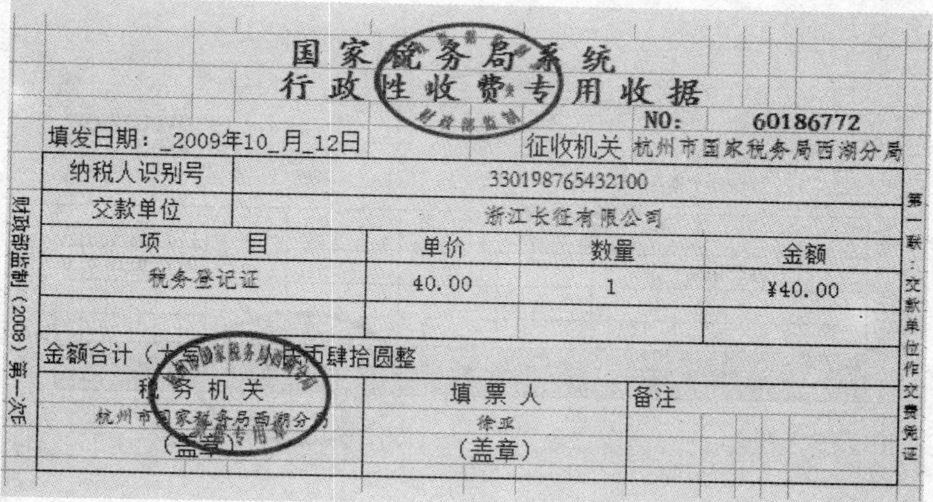

国家税务局系统
行政性收费专用收据

NO: 60186772

填发日期：2009年10月12日　征收机关 杭州市国家税务局西湖分局

纳税人识别号	330198765432100		
交款单位	浙江长征有限公司		
项目	单价	数量	金额
税务登记证	40.00	1	¥40.00
金额合计（大写）人民币肆拾圆整			
税务机关 杭州市国家税务局西湖分局 （盖章）	填票人 徐亚 （盖章）	备注	

财政部监制（2008）第一次印

第一联：交款单位作交费凭证

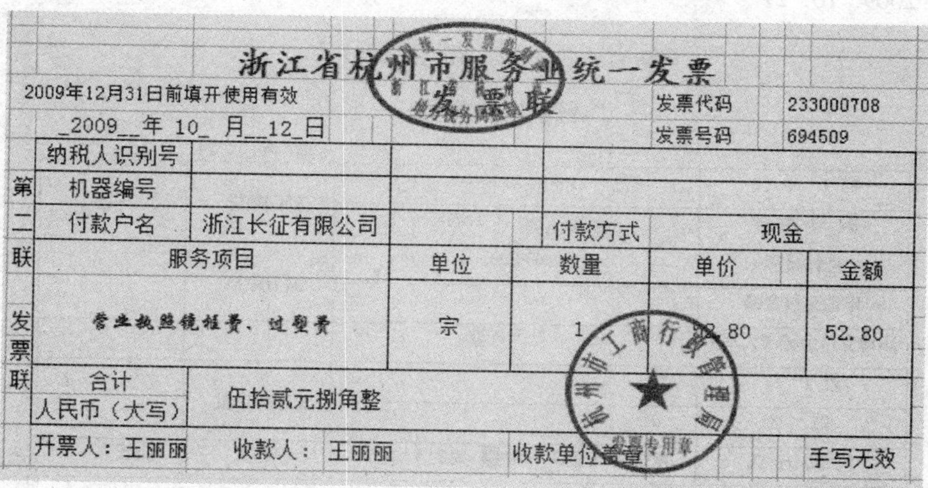

浙江省杭州市服务业统一发票

发票联

2009年12月31日前填开使用有效

2009年10月12日

发票代码 233000708

发票号码 694509

纳税人识别号				
机器编号				
付款户名	浙江长征有限公司	付款方式	现金	
服务项目	单位	数量	单价	金额
营业执照镜框费、过塑费	宗	1	52.80	52.80
合计人民币（大写）	伍拾贰元捌角整			

开票人：王丽丽　收款人：王丽丽　收款单位盖章　手写无效

第二联 发票联

（6）2009. 10. 19

浙 江 长 征 有 限 公 司

费用报销审批单

2009 年 10 月 19 日

报销人	王芳	所属部门	办公室	部门领导	赵丹
费用项目	购买办公用品			财务审核	
填报金额	2,500				
单据张数	1			总经理审批	
核准金额（小写）	￥2,500				
核准金额（大写）	贰仟伍佰元整			经办人	王芳

杭州欧尚超市有限公司零售发票

HANGZHOU AUCHAN HYPERMARKETS CO., LTD.

INVOICE

发票代码 133010823292

发票号码 00378906

税号:330165710938239

客户: 浙江长征有限公司

Customer

2009 年 10 月 14日

20

品名规格 Description & standard	单位 Unit	数量 Quantity	单价 Unit price	满万元无效 invalid for 10,000 Yuan	金额 千	百	十	元	角	分
办公用品					2	5	0	0	0	0
贰 仟 伍 佰 零 拾 零 元 零 角 零 分 ¥ 2500										

②发票联 ②INVOICE

开票: (Made out by) 收款: (Cashier)

2008.11×8000本

地址：杭州市大关路213号

NO.213 Da Guan Road 310015 HangZhou,China

邮编：310015 电话：88296888

（7）2009. 10. 21

浙 江 长 征 有 限 公 司

付款审批单

2009 年 10 月 21 日

客户单位	杭州高科技术有限公司			部门领导	王刚
款项内容	购买电脑	合同号			
应付金额	60,000			财务审核	
申请支付金额	60,000				
申请支付金额（大写）	陆万元整				
开户行				总经理审批	
账号					
付款方式	承兑□ 汇票□ 支票■ 现金□ 其他□			经办人	张云飞

国税函（2008）562号海南华森实业公司

3301065432　　**浙江增值税专用发票**　　NO 08245517

发票联

开票日期：2009 年 10 月 19 日

购货单位	名　　称：浙江长征有限公司 纳税人识别号：330198765432100 地址、电话：杭州市西湖区留和路 525 号 0571－85076638 开户行及账号：工商银行留下支行 1202020876543210000	密码区	6+－ <2> 6> 927+296+/ ＊ 加密版本： 01446 < 600375 < 35 > < 4/ ＊ 370099314102-2 < 2051+24+2618 < 7 07050445/3-15>> 09/5/-1>>> +2

货物或应税劳务名称	规格型号	单位	数量	单价	金额	税率	税额
电脑		台	10	5128.205	51282.05	17%	8717.95
合　　计					￥51282.05		￥8717.95
价税合计（大写）	⊗陆万元整				（小写）￥60000.00		

销货单位	名　　称：杭州高科技术有限公司 纳税人识别号：330163786263333 地址、电话：杭州市青年路 38 号 8880321 开户行及账号：工商银行青年路办事处 33013580012364	备注	杭州高科技术有限公司 330163786263333 发票专用章

收款人　　复核　　开票人　林芳　　销货单位：（章）

第三联：发票联　购货方记账凭证

浙 江 长 征 有 限 公 司

付款审批单

2009 年 10 月 21 日

客户单位	杭州永发模具设备厂			部门领导	王刚
款项内容	购买设备	合同号			
应付金额	500,000			财务审核	
申请支付金额	500,000				
申请支付金额（大写）	伍拾万元整				
开户行				总经理审批	
账　号					
付款方式	承兑□　汇票□　支票■　现金□　其他□			经办人	马杰

国税函（2008）562号海南华森实业公司

3301065432　　**浙江增值税专用发票**　　NO 08245517

发票联

开票日期：2009 年 10 月 20 日

购货单位	名　　称：浙江长征有限公司 纳税人识别号：330198765432100 地址、电话：杭州市西湖区留和路 525 号 0571－85076638 开户行及账号：工商银行留下支行 1202020876543210000	密码区	6+－ <2> 6> 927+296+/ ＊ 加密版本： 01446 < 600375 < 35 > < 4/ ＊ 370099314102-2 < 2051+24+2618 < 7 07050445/3-15>> 09/5/-1>>> +2

货物或应税劳务名称	规格型号	单位	数量	单价	金额	税率	税额
设备		台	5	85470.086	427350.43	17%	72649.57
合　　计					￥427350.43		￥72649.57
价税合计（大写）	⊗伍拾万元整				（小写）￥500000.00		

销货单位	名　　称：杭州永发模具设备厂 纳税人识别号：330163751264321 地址、电话：杭州市乔司新明路 128 号 6880321 开户行及账号：工商银行乔司支行 33013560012345	备注	杭州永发模具设备厂 330163751264321 发票专用章

收款人　　复核　　开票人　林芳　　销货单位：（章）

第三联：发票联　购货方记账凭证

（8）2009. 10. 26

浙江长征有限公司

付款审批单

2009 年 10 月 26日

客户单位	杭州天瑞科技有限公司			部门领导	赵丹
款项内容	支付09.10－10.4房租	合同号			
应付金额	18,000			财务审核	
申请支付金额	18,000				
申请支付金额（大写）	壹万捌仟元整				
开户行				总经理审批	
账　号					
付款方式	承兑□　汇票□　支票■　现金□　其他□			经办人	王芳

浙江省杭州市房屋出租专用发票　地税

发票联

2009年12月31日前填开使用有效　　发票代码 233000710144

2009年 10 月 24 日　　发票号码 1526815

承租方名称	浙江长征有限公司				房屋坐落地点	杭州西湖区留和路565号	
出租方名称	杭州天瑞科技有限公司				合同编号	付款方式	转账
项　目	计租时间				计租面积（M^2）	单位租金	金　额
	起	止	单位	数量			十 万 千 百 十 元 角 分 百
场租费	2009.10.1	2010.4.1			600		￥ 1 8 0 0 0 0 0 0

金额（大写）　零佰零拾壹万捌仟零佰零拾零元零角零分　￥___18,000___

开票人　收款人　收款单位章

杭地税印07681 X 20000　浙江天地印刷厂承印

ICBC 中国工商银行客户存款对账单

网点号:2100　　币种:人民币(本位币)　单位:元　2009 年

账号:　1202020876543210000　　户名:浙江长征有限公司　　上页余额:　0

日期	交易类型	凭证种类	凭证号	对方户名	摘要	借方发生额	贷方发生额	余额
10/10	现金收款	000	0000025621	王长庆	投资款	1,000,000.00		1,000,000.00
10/10	现金收款			李征	投资款	2,000,000.00		3,000,000.00
10/12	手续费扣划			工行留下支行	手续费		67.00	2,999,933.00
10/17	现金支付			浙江长征有限公司	备用金		5,000.00	2,994,933.00
10/17	转账			浙江金陵会计师事务所	审计费		4,000.00	2,990,933.00
10/21	转账			杭州高科技术有限公司	设备款		60,000.00	2,930,933.00
10/21	转账			杭州永发模具设备厂	设备款		500,000.00	2,430,933.00
10/26	转账			杭州天瑞科技有限公司	房租款		18,000.00	2,412,933.00

截止日期：2009年10月31日，账号余额：2,412,933.00　，　保留余额:0.00　，　冻结余额:0.00　，　可用余额：　2,412,933.00

打印日期:2009/11/01

11月份实训资料

（1）2009．11．2

浙江长征有限公司
付款审批单

2009 年 11 月 2 日

客户单位	鸿茂物资有限公司			部门领导	王刚
款项内容	支付材料款	合同号			
应付金额	181,000			财务审核	
申请支付金额	181,000				
开户行				总经理审批	
账　号					
付款方式	承兑□ 汇票□ 支票■ 现金□ 其他□			经办人	马杰

3370065432　　浙江增值税专用发票　　NO 08245517

发票联

开票日期：2009年11月2日

国税函（2008）562号海南华森实业公司

购货单位	名　　称：浙江长征有限公司 纳税人识别号：330198765432100 地址、电话：杭州市西湖区留和路525号 0571－85076638 开户行及账号：工商银行留下支行 1202020876543210000	密码区	6+-＜2＞6＞927+298+/＊ 加密版本： 01446 ＜ 600375 ＜ 35 ＞ ＜ 4/ ＊ 370099314102-2 ＜2051+24+2618 ＜7 07050445/3-15＞＞09/5/-1＞＞＞+2

货物或应税劳务名称	规格型号	单位	数量	单价	金额	税率	税额
3.0锅盖	CYXB3FC3-01	个	500	31.8239	15811.97	17%	2688.03
3.0手柄	CYXB3FC3-02	个	500	36.7521	18376.07	17%	3123.93
3.0锅身	CYXB3FC3-03	个	500	30.7692	15384.62	17%	2615.38
合　计					￥49572.66		￥8427.34
价税合计（大写）	⊗伍万捌仟元整				（小写）￥58000.00		

销货单位	名　　称：鸿茂物资有限公司 纳税人识别号：330163786265559 地址、电话：杭州市文三路36号 8880368 开户行及账号：中国银行文三路办事处 36023580012364	备注	鸿茂物资有限公司 330163786265559 发票专用章

收款人　　复核　　开票人　林芳　　销货单位：（章）

第三联：发票联　购货方记账凭证

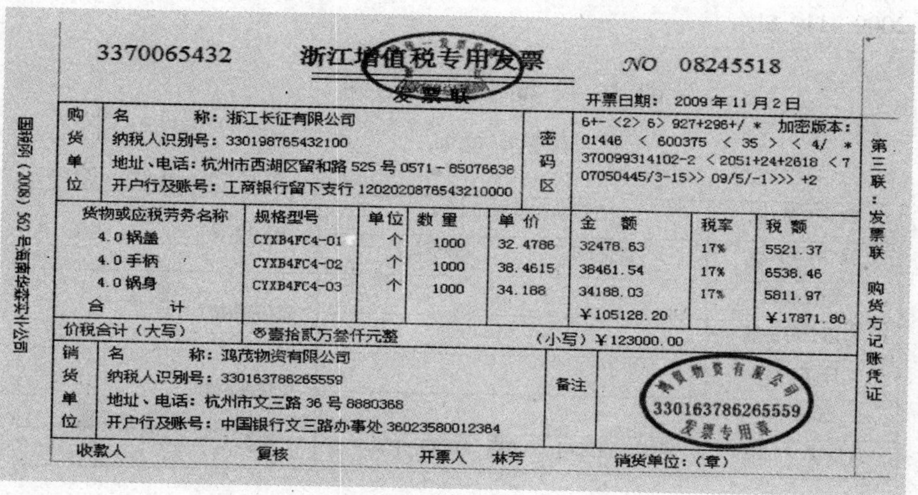

3370065432　　浙江增值税专用发票　　NO 08245518

发票联

开票日期：2009年11月2日

国税函（2008）562号海南华森实业公司

购货单位	名　　称：浙江长征有限公司 纳税人识别号：330198765432100 地址、电话：杭州市西湖区留和路525号 0571－85076638 开户行及账号：工商银行留下支行 1202020876543210000	密码区	6+-＜2＞6＞927+298+/＊ 加密版本： 01446 ＜ 600375 ＜ 35 ＞ ＜ 4/ ＊ 370099314102-2 ＜2051+24+2618 ＜7 07050445/3-15＞＞09/5/-1＞＞＞+2

货物或应税劳务名称	规格型号	单位	数量	单价	金额	税率	税额
4.0锅盖	CYXB4FC4-01	个	1000	32.4786	32478.63	17%	5521.37
4.0手柄	CYXB4FC4-02	个	1000	38.4615	38461.54	17%	6538.46
4.0锅身	CYXB4FC4-03	个	1000	34.188	34188.03	17%	5811.97
合　计					￥105128.20		￥17871.80
价税合计（大写）	⊗壹拾贰万叁仟元整				（小写）￥123000.00		

销货单位	名　　称：鸿茂物资有限公司 纳税人识别号：330163786265559 地址、电话：杭州市文三路36号 8880368 开户行及账号：中国银行文三路办事处 36023580012364	备注	鸿茂物资有限公司 330163786265559 发票专用章

收款人　　复核　　开票人　林芳　　销货单位：（章）

第三联：发票联　购货方记账凭证

浙江长征有限公司

进料验收入库单　　NO:000001　日期：2009.11.2

供应商：杭州鸿茂物资有限公司	申请购单：	检验不良单：

入账登录：☑入账　□不入账

验收内容：

编码	品　名	规　格	单位	交货数量	合格	单　价	总　价	备注
1	3.0锅　盖	CYXB3FC3-01	个	500		37.00	18,500	
2	3.0手　柄	CYXB3FC3-02	个	500		43.00	21,500	
3	3.0锅　身	CYXB3FC3-03	个	500		36.00	18,000	
	合计						58,000	

检验项目：□外观　□尺寸　□特性　验收结果：☑合格　□不合格

核准：王刚	采购：马杰	检验员：徐威	仓库：张强

浙江长征有限公司

进料验收入库单　　NO:000002　日期：2009.11.2

供应商：杭州鸿茂物资有限公司	申请购单：	检验不良单：

入账登录：☑入账　□不入账

验收内容：

编码	品　名	规　格	单位	交货数量	合格	单　价	总　价	备注
1	4.0锅　盖	CYXB4FC4-01	个	1000		38.00	38,000	
2	4.0手　柄	CYXB4FC4-02	个	1000		45.00	45,000	
3	4.0锅　身	CYXB4FC4-03	个	1000		40.00	40,000	
	合计						123,000	

检验项目：□外观　□尺寸　□特性　验收结果：☑合格　□不合格

核准：王刚	采购：马杰	检验员：徐威	仓库：张强

（2）2009．11．5

浙江长征有限公司

付款审批单

2009 年 11 月 5 日

客户单位	杭州中华电器有限公司			部门领导	王刚
款项内容	支付材料款	合同号			
应付金额	27,750			财务审核	
申请支付金额	27,750				
开户行				总经理审批	
账　号					
付款方式	承兑□　汇票□　支票■　现金□　其他□			经办人	张云飞

3200143265　**浙江增值税专用发票**　NO 05824517

发票联

开票日期：2009年11月4日

国税函（2008）562号海南华森实业公司

购货单位	名称：浙江长征有限公司 纳税人识别号：330198765432100 地址、电话：杭州市西湖区留和路525号 0571－85076638 开户行及账号：工商银行留下支行 1202020876543210000	密码区	6+－<2>6>927+296+/ * 加密版本：01446 < 600375 < 35 > < 4/ * 370099314102-2 <2051+24+2618 <7 07050445/3-15>> 09/5/-1>>> +2

货物或应税劳务名称	规格型号	单位	数量	单价	金额	税率	税额
3.0数码IMD面板	CYXB3FC3-04	个	500	11.1111	5555.56	17%	944.44
3.0电源线	CFXB3A	条	500	2.4786	1239.32	17%	210.68
3.0扁圆头铆钉	GB/T871-1	个	2000	0.0855	170.94	17%	29.06
合计					¥6965.82		¥1184.18
价税合计（大写）	⊗捌仟壹佰伍拾元整				（小写）¥8150.00		

销货单位	名称：杭州中华电器有限公司 纳税人识别号：330123783636896 地址、电话：杭州市江城路16号 88061782 开户行及账号：中国工商银行江城支行 231233500126412	备注	杭州市中华电器有限公司 330123783636896 发票专用章

收款人　　复核　　开票人　林芳　　销货单位：（章）

第三联：发票联　购货方记账凭证

3200143265　**浙江增值税专用发票**　NO 05824518

发票联

开票日期：2009年11月4日

国税函（2008）562号海南华森实业公司

购货单位	名称：浙江长征有限公司 纳税人识别号：330198765432100 地址、电话：杭州市西湖区留和路525号 0571－85076638 开户行及账号：工商银行留下支行 1202020876543210000	密码区	6+－<2>6>927+296+/ * 加密版本：01446 < 600375 < 35 > < 4/ * 370099314102-2 <2051+24+2618 <7 07050445/3-15>> 09/5/-1>>> +2

货物或应税劳务名称	规格型号	单位	数量	单价	金额	税率	税额
4.0数码IMD面板	CYXB4FC4-04	个	1000	12.8205	12820.51	17%	2179.49
4.0电源线	CFXB4A	条	1000	3.2479	3247.86	17%	552.14
4.0扁圆头铆钉	GB/T871-2	个	4000	0.1709	683.76	17%	116.24
合计					¥16752.13		¥2847.87
价税合计（大写）	⊗壹万玖仟陆佰元整				（小写）¥19600.00		

销货单位	名称：杭州中华电器有限公司 纳税人识别号：330123783636896 地址、电话：杭州市江城路16号 88061782 开户行及账号：中国工商银行江城支行 231233500126412	备注	杭州市中华电器有限公司 330123783636896 发票专用章

收款人　　复核　　开票人　林芳　　销货单位：（章）

第三联：发票联　购货方记账凭证

浙江长征有限公司

进料验收入库单

NO:000003
日期：2009.11.4

供应商：杭州中华电器有限公司　申请购单：　检验不良单：

入账登录：☑入账　☐不入账

验收内容：

编码	品名	规格	单位	交货数量	合格	单价	总价	备注
1	4.0数码IMD面板	CYXB4FC4-04	个	1000		15.00	15,000	
2	4.0电源线	CFXB4A	条	1000		3.80	3,800	
3	4.0扁圆头铆钉	GB/T871-2	个	4000		0.20	800	
	合计						19,600	

检验项目：☐外观　☐尺寸　☐特性　　验收结果：☑合格　☐不合格

核准：王刚　采购：张云飞　检验员：徐威　仓库：张强

浙江长征有限公司

进料验收入库单

NO:000004

日期：2009.11.4

供应商：杭州中华电器有限公司	申请购单：	检验不良单：

入账登录：☑入账　　□不入账

验收内容：

编码	品名	规格	单位	交货数量	合格	单价	总价	备注
1	3.0数码IMD面板	CYXB3FC3-04	个	500		13,00	6,500	
2	3.0电源线	CFXB3A	条	500		2.90	1,450	
3	3.0扁圆头铆钉	GB/T871-1	个	2000		0.10	200	
	合计						8150	

检验项目：□外观　□尺寸　□特性　　验收结果：☑合格　□不合格

核准：王刚	采购：张云飞	检验员：徐威	仓库：张强

（3）2009．11．5：提取备用金5000元。

（4）2009．11．6：电话费已办理银行托收业务。

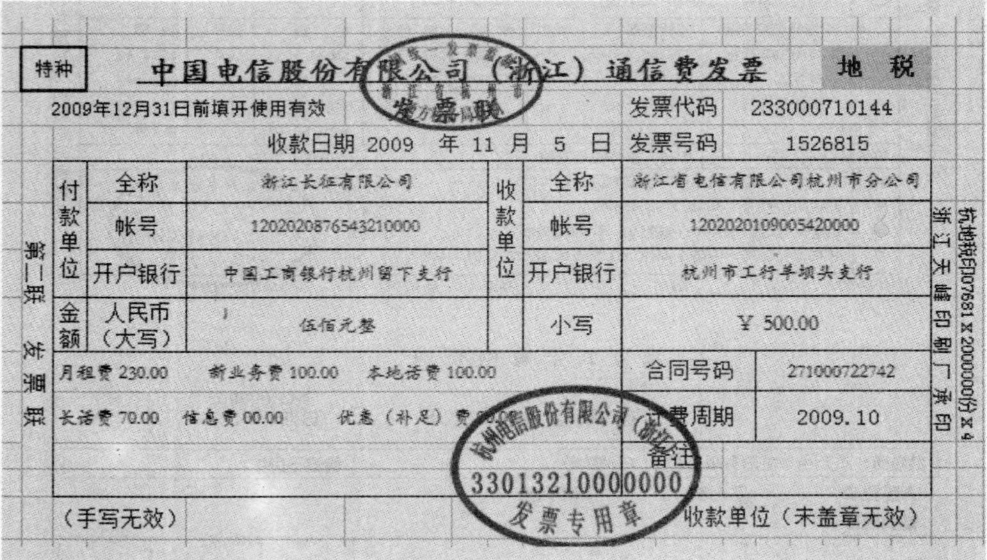

特种　**中国电信股份有限公司（浙江）通信费发票**　地税

2009年12月31日前填开使用有效

收款日期 2009 年 11 月 5 日

发票代码 233000710144

发票号码 1526815

付款单位	全称	浙江长征有限公司	收款单位	全称	浙江省电信有限公司杭州市分公司
	帐号	1202020876543210000		帐号	1202020109005420000
	开户银行	中国工商银行杭州留下支行		开户银行	杭州市工行半坝头支行
金额	人民币（大写）	伍佰元整		小写	¥ 500.00

月租费 230.00　新业务费 100.00　本地话费 100.00	合同号码	271000722742
长话费 70.00　信息费 00.00　优惠（补足）费 00.00	计费周期	2009.10
	备注	

（手写无效）　　收款单位（未盖章无效）

第二联　发票联

杭地税印07681 x 200000份 x 4　浙江天峰印刷厂承印

杭州电信股份有限公司（浙江）　330132100000000　发票专用章

（5）2009．11．24

注：出差补贴暂行规定如下。

1）董事长、总经理——200元/天。

2）部门经理——150元/天。

3）员工——100元/天。

17H02107
杭州站售
杭州 D5654次 上海南
Shanghai nan Hangzhou
2009年11月20日15:04开 04车 041号
¥54.00 动车组二等座
限乘当日当次车

17H02108
杭州站售
杭州 D5654次 上海南
Shanghai nan Hangzhou
2009年11月20日15:04开 04车 042号
¥54.00 动车组二等座
限乘当日当次车

17H02109 杭州站售

杭州 D5654次 上海南

Shanghai nan Hangzhou

2009年11月20日15:04开 04车 043号

¥54.00 动车组二等座

限乘当日当次车

9C021027 沪B售

上海南 D5655次 杭州

Shanghai nan Hangzhou

2009年11月22日17:40开 05车 025号

¥54.00 动车组二等座

限乘当日当次车

上海市旅店业专用发票 发票联 **地税**

2009年12月31日前填开使用有

发票代码 233010710531

开票日期 2009年11月22日 发票号码 1526815

第二联：开票人

付款户名	浙江长征有限公司				付款方式	现金								
房号	住宿时间			人数	单价	金额								
	到店	离店	天数			十	万	千	百	十	元	角	分	百
1201	2009.11.20	2009.11.22	2	1	175			¥	3	5	0	0	0	0
1202	2009.11.20	2009.11.22	2	2	165			¥	3	3	0	0	0	0
1203	2009.11.20	2009.11.22	2	2	165			¥	3	3	0	0	0	0
合计人民币（大写） ⊕佰⊕拾⊕万壹仟零佰壹拾零元零角零分 ¥ 1,010														

开票人:李洁　收款人：李洁　收款单位章

上海市永宁宾馆 883312345678988 发票专用章

（6）2009. 11. 25

浙 江 长 征 有 限 公 司

费用报销审批单

2009 年 11 月 25 日

报销人	王芳	所属部门	办公室	部门领导	赵丹
费用项目	招待安全检查相关领导				
				财务审核	
填报金额	600				
单据张数	2			总经理审批	
核准金额（小写）	¥600				
核准金额（大写）	陆佰元整			经办人	王芳

涉税举报电话 12366

浙江省杭州市服务业
定额发票（饮食有奖专用）
发票联

付款户名
填开日期
人民币：壹佰元
发票代码：233010871328
发票号码：2746741
密码：
收款人　　　收款单位盖章
本发票限于2009年12月31日前填开使用有效

涉税举报电话 12366

浙江省杭州市服务业
定额发票（饮食有奖专用）
发票联

付款户名
填开日期
人民币：伍佰元
发票代码：233010871328
发票号码：2746741
密码：
收款人　　　收款单位盖章
本发票限于2009年12月31日前填开使用有效

（7）2009. 11. 27：向杭州新华贸易有限公司销售3.0营养煲450个，单价200元，4.0营养煲800个，单价230元；当日开具发票后收到杭州新华贸易有限公司开具的金额为274 000元的支票一张并存入银行。（杭州新华贸易有限公司的开户行为中国农业银行杭州城西支行，账号为8101010400159076543）

（8）2009. 11. 27：固定资产计提折旧。

固定资产名称	原值	使用年限	残值率	本期计提折旧	累计折旧
电脑	60 000.00	5	5%	950.00	950.00
设备	500 000.00	10	5%	3 958.33	3 958.33

（9）2009. 11. 30：计提工资。

社会保险费名称	企业缴纳比例	个人缴纳比例	薪金所得（元）	扣税比例	速算扣除数
养老金	15%	8%	500以下	5%	0
工伤	0.50%		500～2 000	10%	25
生育	0.60%		2 000～5 000	15%	125
门诊	2.50%	2%	5 000～20 000	20%	375
医疗	9%				
失业	2%	1%			
合计	29.6%	11.0%			
		4元大病			

职务	姓名	应发工资							代扣代缴明细						计税工资	个调税	实发工资
		工资明细			扣款明细			小计	公积金	养老金	失业金	医保	门诊	扣款合计			
		基本工资	效益工资	通信费	病假	事假	迟到										
									10%	8%	1%	4	2%				
董事长	王长庆	3 000	1 200	300				4 500	450	360	45	4	90	949	3 551	130.1	3 420.9
总经理	李征	2 800	1 000	300				4 100	410	328	41	4	82	865	3 235	98.5	3 136.5
办公室主任	赵丹	2 000	800	200				3 000	300	240	30	4	60	634	2 366	18.3	2 347.7
财务部经理		2 000	800	200				3 000	300	240	30	4	60	634	2 366	18.3	2 347.7
物流部经理	蔡卫兵	2 000	800	200				3 000	300	240	30	4	60	634	2 366	18.3	2 347.7
生产部经理	孙军	2 000	800	200				3 000	300	240	30	4	60	634	2 366	18.3	2 347.7
办公室内勤	王芳	1 000	500	100				1 600	160	128	16	4	32	340	1 260		1 260
会计		1 200	500	100				1 800	180	144	18	4	36	382	1 418		1 418
出纳		1 000	500	100				1 600	160	128	16	4	32	340	1 260		1 260
采购部经理	王刚	2 000	800	200				3 000	300	240	30	4	60	634	2 366	18.3	2 347.7
采购部	张云飞	1 200	500	100				1 800	180	144	18	4	36	382	1 418		1 418
采购部	马杰	1 200	500	100				1 800	180	144	18	4	36	382	1 418		1 418
小计								32 200	3 220	2 576	322	48	644	6 810	25 390	320.1	25 069.9
销售部经理	方伯乐	2 000	800	200				3 000	300	240	30	4	60	634	2 366	18.3	2 347.7
销售部	陈彬彬	1 200	500	100				1 800	180	144	18	4	36	382	1 418		1 418
销售部	张强	1 200	500	100				1 800	180	144	18	4	36	382	1 418		1 418
销售部	林江辉	1 200	500	100				1 800	180	144	18	4	36	382	1 418		1 418
小计								8 400	840	672	84	16	168	1 780	6 620	18.3	6 601.7
仓管	张强	1 000	400					1 400	140	112	14	4	28	298	1 102		1 102

续表

职务	姓名	应发工资							代扣代缴明细						计税工资	个调税	实发工资
		工资明细			扣款明细			小计	公积金	养老金	失业金	医保	门诊	扣款合计			
		基本工资	效益工资	通信费	病假	事假	迟到										
检验	徐威	1 000	400					1 400	140	112	14	4	28	298	1 102		1 102
小计								2 800	280	224	28	8	56	596	2 204	0	2 204
一车间																	
生产工人	黄斌	800	400					1 200	120	96	12	4	24	256	944		944
生产工人	程呈	800	400					1 200	120	96	12	4	24	256	944		944
生产工人	朱英	800	400					1 200	120	96	12	4	24	256	944		944
生产工人	何露晓	800	400					1 200	120	96	12	4	24	256	944		944
生产工人	王晓慧	800	400					1 200	120	96	12	4	24	256	944		944
生产工人	张梦瑶	800	400					1 200	120	96	12	4	24	256	944		944
生产工人	丁露茜	800	400					1 200	120	96	12	4	24	256	944		944
生产工人	金姗	800	400					1 200	120	96	12	4	24	256	944		944
生产工人	周国芳	800	400					1 200	120	96	12	4	24	256	944		944
生产工人	王佳	800	400					1 200	120	96	12	4	24	256	944		944
小计								12 000	1 200	960	120	40	240	2 560	9 440	0	9 440
二车间																	
生产工人	李俊	800	400					1 200	120	96	12	4	24	256	944		944
生产工人	惠可娜	800	400					1 200	120	96	12	4	24	256	944		944
生产工人	杨洪燕	800	400					1 200	120	96	12	4	24	256	944		944
生产工人	居军	800	400					1 200	120	96	12	4	24	256	944		944

续表

职务	姓名	应发工资							代扣代缴明细						计税工资	个调税	实发工资
		工资明细			扣款明细			小计	公积金	养老金	失业金	医保	门诊	扣款合计			
		基本工资	效益工资	通信费	病假	事假	迟到										
生产工人	施昂	800	400					1 200	120	96	12	4	24	256	944		944
生产工人	陈文涛	800	400					1 200	120	96	12	4	24	256	944		944
生产工人	李求赟	800	400					1 200	120	96	12	4	24	256	944		944
生产工人	叶晨曦	800	400					1 200	120	96	12	4	24	256	944		944
生产工人	潘理珺	800	400					1 200	120	96	12	4	24	256	944		944
生产工人	邵军鹏	800	400					1 200	120	96	12	4	24	256	944		944
生产工人	徐卫平	800	400					1 200	120	96	12	4	24	256	944		944
生产工人	余作献	800	400					1 200	120	96	12	4	24	256	944		944
生产工人	郭响南	800	400					1 200	120	96	12	4	24	256	944		944
生产工人	陈舜键	800	400					1 200	120	96	12	4	24	256	944		944
生产工人	何龙	800	400					1 200	120	96	12	4	24	256	944		944
生产工人	张林斌	800	400					1 200	120	96	12	4	24	256	944		944
生产工人	张晓伟	800	400					1 200	120	96	12	4	24	256	944		944
生产工人	余鹏	800	400					1 200	120	96	12	4	24	256	944		944
生产工人	朱忠栋	800	400					1 200	120	96	12	4	24	256	944		944
生产工人	吴立健	800	400					1 200	120	96	12	4	24	256	944		944
小计								24 000	2 400	1 920	240	80	480	5 120	18 880	0	18 880
合计								79 400	7 940	6 352	794	192	1 588	16 866	62 534	338. 4	62 195. 6

（10）2009．11．30：计算企业承担社保费。

职务	姓名	应付工资	公积金（10%）	社会保险费（29.6%）	企业扣缴合计
董事长	王长庆	4 500	450	1 332	1 782
总经理	李征	4 100	410	1 213.6	1 623.6
办公室主任	赵丹	3 000	300	888	1 188
财务部经理	机动	3 000	300	888	1 188
物流部经理	蔡卫兵	3 000	300	888	1 188
生产部经理	孙军	3 000	300	888	1 188
办公室内勤	王芳	1 600	160	473.6	633.6
会计	机动	1 800	180	532.8	712.8
出纳	机动	1 600	160	473.6	633.6
采购部经理	王刚	3 000	300	888	1 188
采购部	张云飞	1 800	180	532.8	712.8
采购部	马杰	1 800	180	532.8	712.8
小计		32 200	3 220	9 531.2	12 751.2
销售部经理	方伯乐	3 000	300	888	1 188
销售部	陈彬彬	1 800	180	532.8	712.8
销售部	张强	1 800	180	532.8	712.8
销售部	林江辉	1 800	180	532.8	712.8
小计		8 400	840	2 486.4	3 326.4
仓管	张强	1 400	140	414.4	554.4
检验	徐威	1 400	140	414.4	554.4
小计		2 800	280	828.8	1 108.8
生产工人	黄斌	1 200	120	355.2	475.2
生产工人	程呈	1 200	120	355.2	475.2
生产工人	朱英	1 200	120	355.2	475.2
生产工人	何露晓	1 200	120	355.2	475.2
生产工人	王晓慧	1 200	120	355.2	475.2
生产工人	张梦瑶	1 200	120	355.2	475.2
生产工人	丁露茜	1 200	120	355.2	475.2
生产工人	金姗	1 200	120	355.2	475.2
生产工人	周国芳	1 200	120	355.2	475.2
生产工人	王佳	1 200	120	355.2	475.2

续表

职务	姓名	应付工资	公积金（10%）	社会保险费（29.6%）	企业扣缴合计
小计		12 000	1 200	3 552	4 752
生产工人	李俊	1 200	120	355.2	475.2
生产工人	惠可娜	1 200	120	355.2	475.2
生产工人	杨洪燕	1 200	120	355.2	475.2
生产工人	居军	1 200	120	355.2	475.2
生产工人	施昂	1 200	120	355.2	475.2
生产工人	陈文涛	1 200	120	355.2	475.2
生产工人	李求赟	1 200	120	355.2	475.2
生产工人	叶晨曦	1 200	120	355.2	475.2
生产工人	潘理珺	1 200	120	355.2	475.2
生产工人	邵军鹏	1 200	120	355.2	475.2
生产工人	徐卫平	1 200	120	355.2	475.2
生产工人	余作献	1 200	120	355.2	475.2
生产工人	郭响南	1 200	120	355.2	475.2
生产工人	陈舜键	1 200	120	355.2	475.2
生产工人	何龙	1 200	120	355.2	475.2
生产工人	张林斌	1 200	120	355.2	475.2
生产工人	张晓伟	1 200	120	355.2	475.2
生产工人	余鹏	1 200	120	355.2	475.2
生产工人	朱忠栋	1 200	120	355.2	475.2
生产工人	吴立健	1 200	120	355.2	475.2
小计		24 000	2 400	7 104	9 504
合计		79 400	7 940	23 502.4	31 442.4

（11）2009. 11. 30：原材料、制造费用结转。

3.0 营养煲领用材料明细表

规格型号	材料名称	数量	单价	金额
CYXB3FC3－01	锅盖	480	37.00	17 760.00
CYXB3FC3－02	手柄	480	43.00	20 640.00
CYXB3FC3－03	锅身	480	36.00	17 280.00
CYXB3FC3－04	数码 IMD 面板	480	13.00	6 240.00

续表

3.0 营养煲领用材料明细表				
规格型号	材料名称	数 量	单 价	金 额
CFXB3A	电源线	480	2.90	1 392.00
GB/T871－1	扁圆头铆钉	1 920	0.10	192.00
	合计			63 504.00

4.0 营养煲领用材料明细表				
规格型号	材料名称	数 量	单 价	金 额
CYXB4FC4－01	锅盖	900	38.00	34 200.00
CYXB4FC4－02	手柄	900	45.00	40 500.00
CYXB4FC4－03	锅身	900	40.00	36 000.00
CYXB4FC4－04	数码 IMD 面板	900	15.00	13 500.00
CFXB4A	电源线	900	3.80	3 420.00
GB/T871－2	扁圆头铆钉	3 600	0.20	720.00
	合计			128 340.00

产品	工时	制造费用总额	制造费用分摊
3.0 营养煲	200	7 867.13	3 146.85
4.0 营养煲	300		4 720.28

（12）2009. 11. 30：结转完工产品成本。

11 月生产成本计算单		
项 目	3.0 营养煲	4.0 营养煲
直接材料	63 504.00	128 340.00
直接人工	16 752.00	33 504.00
制造费用	3 146.85	4 720.28
合计	83 402.85	166 564.28
完工产品数量	480	900
产品单价	173.7559	185.0714
完工产品成本	83 402.85	166 564.28

（13）2009. 11. 30：摊销房租。

（14）2009. 11. 30：结转销售成本。

产品出库单							
购货单位	杭州英大电器	2009 年 11 月 25 日			编　号	000001	第二联　财务部
编　号	名称及规格	单　位	数　量	单　价	金　额	备　注	
	3.0 营养煲		450	173.7559	78 190.16		
合计			450.00	173.76	78 190.16		

产品出库单							
购货单位	杭州新华贸易	2009 年 11 月 25 日			编　号	000002	第二联　财务部
编　号	名称及规格	单　位	数　量	单　价	金　额	备　注	
	4.0 营养煲	800	185.0714	148 057.12			
合计			800	185.0714	148 057.12		

（15）2009. 11. 30：结转未交增值税。

（16）2009. 11. 30：计提附加税。

（17）2009. 11. 30：结转收入成本费用。

12 月份实训资料

（1）2009. 12. 1：提取备用金 5 000 元。

（2）2009. 12. 1

浙江长征有限公司公司差旅费借款借据

借款日期：2009 年　12 月　1　日　　　　承诺报销（还款）日期：2009　年　12　月　6　日

工作部门	销售部	借款人	张强	职务	业务员
同行人员	林江辉、陈彬彬				
出差事由	促销				
出差地点	杭州—宁波				
起止日期	12　月　2　日　至　12　月　5　日		天数	3	
交通工具	火车、汽车				
部门负责人审批	方伯乐	总经理审批		财务审核	
借款金额	人民币（大写）贰仟元整		¥2000.00		

注：乘坐飞机需出差前报总经理审批，出差人的出差地点及时限由部门负责人核定

(3) 2009．12．6

差旅费报销单

报销部门：销售部　　　2009 年 12 月 6 日　　　附件共 10 张

姓名	张强	职别	业务员	出差事由	促销
部门负责人审批	方伯乐		领导审批		

出差起止日期自 2009 年 12 月 2 日起至 2009 年 12 月 5 日止共 3 天

日期 月	日期 日	起讫地点	机票费	车船费	市内交通费	住宿费	出差补助	其他	小计
12	2	杭州-宁波		132.00	78.00	800.00	900.00		1910.00
12	5	宁波-杭州		165.00	25.00				190.00
		合计		297.00	103.00	800.00	900.00		2100.00

总计金额（大写）贰仟壹佰元整　　预支 2000 元　　补助 100 元

会计主管：　　复核：　　报销人：张强

18H03150　　杭州站售

杭州东　K 211 次　宁波

Hangzhou Dong　→　Ningbo

2009 年 12 月 02 日 10:34 开　07 车 030 号

¥44.00　软座

限乘当日当次车

18H03151　　杭州站售

杭州东　K 211 次　宁波

Hangzhou Dong　→　Ningbo

2009 年 12 月 02 日 10:34 开　07 车 031 号

¥44.00　软座

限乘当日当次车

18H03152　　杭州站售

杭州东　K 211 次　宁波

Hangzhou Dong　→　Ningbo

2009 年 12 月 02 日 10:34 开　07 车 032 号

¥44.00　软座

限乘当日当次车

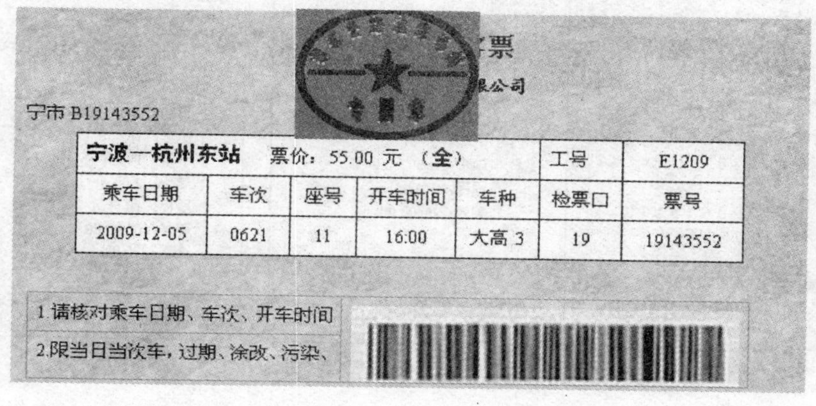

限公司

宁市 B19143552

宁波—杭州东站　票价：55.00 元（全）					工号	E1209
乘车日期	车次	座号	开车时间	车种	检票口	票号
2009-12-05	0621	11	16:00	大高 3	19	19143552

1.请核对乘车日期、车次、开车时间

2.限当日当次车，过期、涂改、污染、

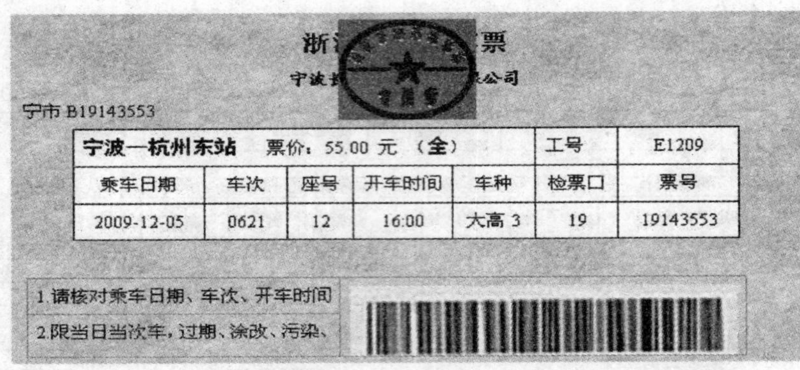

浙江 票

宁波长 公司

宁市 B19143553

宁波—杭州东站　票价：55.00 元　（全）					工号	E1209
乘车日期	车次	座号	开车时间	车种	检票口	票号
2009-12-05	0621	12	16:00	大高 3	19	19143553

1.请核对乘车日期、车次、开车时间

2.限当日当次车，过期、涂改、污染、

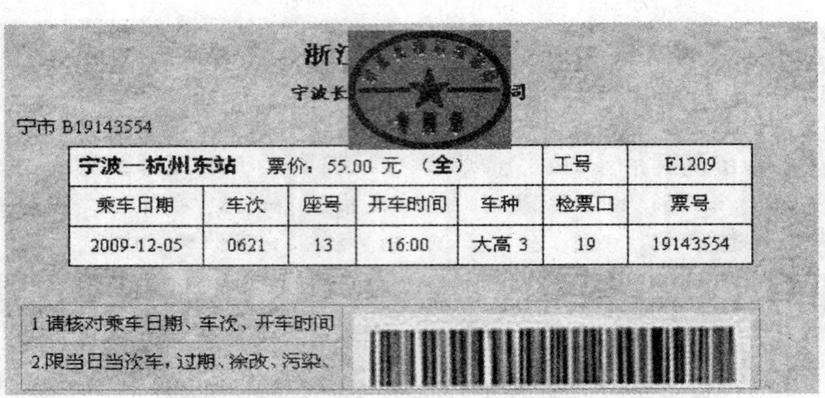

浙江

宁波长 司

宁市 B19143554

宁波—杭州东站　票价：55.00 元　（全）					工号	E1209
乘车日期	车次	座号	开车时间	车种	检票口	票号
2009-12-05	0621	13	16:00	大高 3	19	19143554

1.请核对乘车日期、车次、开车时间

2.限当日当次车，过期、涂改、污染、

宁波市
出租车专用发票
发票联

物价监督电话：
96520

机打发票　手写无效

车号：B・T5467
日期：2009-12-
上车：12:12
下车：13:03
单价：1.80
里程：25km
等候：00:00.00
电话预约费：0.00
金额：48.00

233020613112
No2902341

浙地税准字第 0613 号 2006 年 5 月印
浙江德邦印务有限公司承印

杭州市
出租车专用发票
发票联

发票代码：	233010510471
发票号码：	13915406

物价监督电话：
96520
85155205

车号：浙 AT-15467
日期：2009-12-02
上车：9:30
下车：10:01
单价：2.00
里程：13km
等候：00:00.00
金额：30.00

杭地税发（08）4 号×2008.12
杭州天峰印刷厂承印 Tel:86061737

杭州市
出租车专用发票
发票联

发票代码：	471235130100
发票号码：	06131594

物价监督电话：
96520
85155205

车号：浙 AT-46752
日期：2009-12-05
上车：19:03
下车：19:25
单价：2.00
里程：10.5km
等候：00:00.00
金额：25.00

杭地税发（08）4 号×2008.12
杭州天峰印刷厂承印 Tel:86061737

宁波市旅店业专用发票 　地税

发票联

2010年12月31日前填开使用有效

开票日期：2009 年 12 月 5日

发票代码 233010531709

发票号码 8151526

第二联：开票人

付款户名	浙江长征有限公司				付款方式	现金							
房号	住宿时间			人数	单价	金额							
	到店	离店	天数			十	万	千	百	十	元	角	分
203	2009.12.2	2009.12.5	3	3					8	0	0	0	0
								¥	8	0	0	0	0

合计人民币（大写） ⊗佰⊗拾⊗万⊗仟捌佰零拾零元零角零分 ¥ 800.00

开票人　　收款人　　收款单位章

（4）2009．12．3

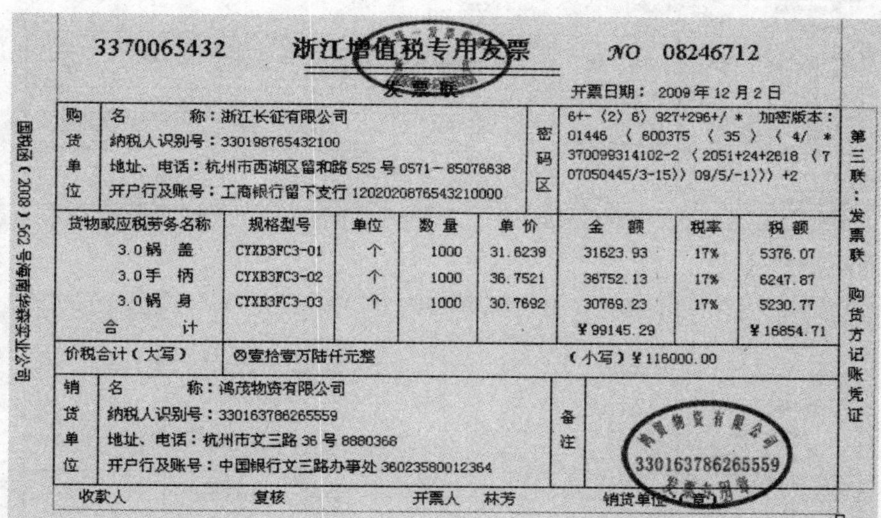

3370065432　　**浙江增值税专用发票**　　NO 08246712

发票联

开票日期：2009 年 12 月 2 日

国税函（2008）562 号海南华森实业公司

第三联：发票联　购货方记账凭证

购货单位	名称：浙江长征有限公司 纳税人识别号：330198765432100 地址、电话：杭州市西湖区留和路 525 号 0571－85078638 开户行及账号：工商银行留下支行 1202020876543210000	密码区	6+－〈2〉6〉927+296+/ ＊ 加密版本： 01446 〈 600375 〈 35 〉 〈 4/ ＊ 370099314102-2 〈2051+24+2818 〈7 07050445/3-15〉〉09/5/-1〉〉〉+2

货物或应税劳务名称	规格型号	单位	数量	单价	金额	税率	税额
3.0锅盖	CYXB3FC3-01	个	1000	31.6239	31623.93	17%	5376.07
3.0手柄	CYXB3FC3-02	个	1000	36.7521	36752.13	17%	6247.87
3.0锅身	CYXB3FC3-03	个	1000	30.7692	30769.23	17%	5230.77
合计					¥99145.29		¥16854.71
价税合计（大写）	⊗壹拾壹万陆仟元整				（小写）¥116000.00		

销货单位	名称：鸿茂物资有限公司 纳税人识别号：330163786265559 地址、电话：杭州市文三路 36 号 8880368 开户行及账号：中国银行文三路办事处 36023580012364	备注	鸿茂物资有限公司 330163786265559 发票专用章

收款人　　复核　　开票人　林芳　　销货单位：（章）

3370066443　　**浙江增值税专用发票**　　NO 08246712

发票联

开票日期：2009 年 12 月 2 日

国税函（2008）562 号海南华森实业公司

第三联：发票联　购货方记账凭证

购货单位	名称：浙江长征有限公司 纳税人识别号：330198765432100 地址、电话：杭州市西湖区留和路 525 号 0571－85078638 开户行及账号：工商银行留下支行 1202020876543210000	密码区	6+－〈2〉6〉927+296+/ ＊ 加密版本： 01446 〈 600375 〈 35 〉 〈 4/ ＊ 370099314102-2 〈2051+24+2818 〈7 07050445/3-15〉〉09/5/-1〉〉〉+2

货物或应税劳务名称	规格型号	单位	数量	单价	金额	税率	税额
4.0锅盖	CYXB4FC4-01	个	1000	32.4786	32478.63	17%	5521.37
4.0手柄	CYXB4FC4-02	个	1000	38.4615	38461.54	17%	6538.46
4.0锅身	CYXB4FC4-03	个	1000	34.188	34188.03	17%	5811.97
合计					¥105128.20		¥17871.80
价税合计（大写）	⊗壹拾贰万叁仟元整				（小写）¥123000.00		

销货单位	名称：鸿茂物资有限公司 纳税人识别号：330163786265559 地址、电话：杭州市文三路 36 号 8880368 开户行及账号：中国银行文三路办事处 36023580012364	备注	鸿茂物资有限公司 330163786265559 发票专用章

收款人　　复核　　开票人　林芳　　销货单位：（章）

浙江长征有限公司

进料验收入库单

NO:000005
日期：2009.12.3

供应商：杭州鸿茂物资有限公司　申请购单：　检验不良单：

入账登录：☑入账　□不入账

验收内容：

编码	品名	规格	单位	交货数量	合格	单价	总价	备注
1	3.0锅盖	CYXB3FC3-01	个	1000		37.00	37,000	
2	3.0手柄	CYXB3FC3-02	个	1000		43.00	43,000	
3	3.0锅身	CYXB3FC3-03	个	1000		36.00	36,000	
	合计						116,000	

检验项目：□外观　□尺寸　□特性　验收结果：☑合格　□不合格

核准：　采购：　检验员：徐威　仓库：张强

浙江长征有限公司

进料验收入库单

NO:000006
日期：2009.12.3

供应商：杭州鸿茂物资有限公司　申请购单：　检验不良单：

入账登录：☑入账　□不入账

验收内容：

编码	品名	规格	单位	交货数量	合格	单价	总价	备注
1	4.0锅盖	CYXB4FC4-01	个	1000		38.00	38,000	
2	4.0手柄	CYXB4FC4-02	个	1000		45.00	45,000	
3	4.0锅身	CYXB4FC4-03	个	1000		40.00	40,000	
	合计						123,000	

检验项目：□外观　□尺寸　□特性　验收结果：☑合格　□不合格

核准：　采购：　检验员：徐威　仓库：张强

（5）2009．12．5

浙江长征有限公司

付款审批单

2009 年 12 月 5 日

客户单位	杭州中华电器有限公司		部门领导	王刚
款项内容	支付材料款	合同号		
应付金额	35,900		财务审核	
申请支付金额	35,900			
开户行			总经理审批	
账号				
付款方式	承兑□ 汇票□ 支票■ 现金□ 其他□		经办人	张云飞

3200143265　**浙江增值税专用发票**　NO 05851824

发票联

开票日期：2009年12月4日

购货单位	名称：浙江长征有限公司 纳税人识别号：330198765432100 地址、电话：杭州市西湖区留和路525号 0571－85076638 开户行及账号：工商银行留下支行 1202020876543210000	密码区	6+-〈2〉6〉927+296+/＊ 加密版本：01446 〈 600375 〈 35 〉〈 4/ ＊ 370099314102-2 〈2051+24+2618 〈7 07050445/3-15〉〉09/5/-1〉〉〉+2

货物或应税劳务名称	规格型号	单位	数量	单价	金额	税率	税额
3.0数码IMD面板	CYXB3FC3-04	个	1000	11.1111	11111.11	17%	1888.89
3.0电源线	CFXB3A	条	1000	2.4786	2478.63	17%	421.37
3.0扁圆头铆钉	GB/T871-1	个	4000	0.0855	341.88	17%	58.12
合计					¥13931.62		¥2368.38
价税合计（大写）	⊗壹万陆仟叁佰元整				（小写）¥16300.00		

销货单位	名称：杭州中华电器有限公司 纳税人识别号：330123783636896 地址、电话：杭州市江城路16号 88061782 开户行及账号：中国工商银行江城支行 231233500126412	备注	杭州市中华电器有限公司 330123783636896 发票专用章

收款人　复核　开票人　张一　销货单位：（章）

国税函（2008）562号海南华森实业公司

第三联：发票联　购货方记账凭证

3200143265 浙江增值税专用发票 NO 05851825

发票联

开票日期：2009年12月4日

国税函（2008）562号南华森实业公司

购货单位	名称：浙江长征有限公司 纳税人识别号：330198765432100 地址、电话：杭州市西湖区留和路525号 0571－85076638 开户行及账号：工商银行留下支行 1202020876543210000	密码区	8+-〈2〉8〉927+296+/＊ 加密版本：01446 〈 600375 〈 35 〉 〈 4/ ＊ 370099314102-2 〈2051+24+2818 〈7 07050445/3-15〉〉 09/5/-1〉〉〉 +2

货物或应税劳务名称	规格型号	单位	数量	单价	金额	税率	税额
4.0数码IMD面板	CYXB4FC4-04	个	1000	12.8205	12820.51	17%	2179.49
4.0电源线	CFXB4A	条	1000	3.2479	3247.86	17%	552.14
4.0扁圆头铆钉	GB/T871-2	个	4000	0.1709	683.76	17%	116.24
合计					￥16752.13		￥2847.87
价税合计（大写）	⊗壹万玖仟陆佰元整				（小写）￥19600.00		

销货单位	名称：杭州中华电器有限公司 纳税人识别号：330123783636896 地址、电话：杭州市江城路16号 88061782 开户行及账号：中国工商银行江城支行 231233500126412	备注	杭州市中华电器有限公司 330123783636896 发票专用章

收款人 复核 开票人 张一 销货单位（章）

第三联：发票联 购货方记账凭证

浙江长征有限公司

进料验收入库单

NO:000007
日期：2009.12.5

供应商：杭州中华电器有限公司 申请购单： 检验不良单：

入账登录： ☑入账 ☐不入账

验收内容：

编码	品名	规格	单位	交货数量	合格	单价	总价	备注
1	4.0数码IMD面板	CYXB4FC4-04	个	1000		15.00	15,000	
2	4.0电源线	CFXB4A	条	1000		3.80	3,800	
3	4.0扁圆头铆钉	GB/T871-2	个	4000		0.20	800	
	合计						19,600	

检验项目：☐外观 ☐尺寸 ☐特性 验收结果：☑合格 ☐不合格

核准： 采购： 检验员：徐威 仓库：张强

浙江长征有限公司

进料验收入库单

NO:000008
日期：2009.12.5

供应商：杭州中华电器有限公司 申请购单： 检验不良单：

入账登录： ☑入账 ☐不入账

验收内容：

编码	品名	规格	单位	交货数量	合格	单价	总价	备注
1	3.0数码IMD面板	CYXB3FC3-04	个	1000		13,00	13,000	
2	3.0电源线	CFXB3A	条	1000		2.90	2,900	
3	3.0扁圆头铆钉	GB/T871-1	个	4000		0.10	400	
	合计						16300	

检验项目：☐外观 ☐尺寸 ☐特性 验收结果：☑合格 ☐不合格

核准： 采购： 检验员：徐威 仓库：张强

(6) 2009. 12. 10：发放工资。

银行卡号（略）	姓名	应发工资							代扣代缴明细						计税工资	个调税	实发工资
		工资明细			扣款明细			小计	公积金	养老金	失业金	医保	门诊	扣款合计			
		基本工资	效益工资	通信费	病假	事假	迟到										
	王长庆	3 000	1 200	300				4 500	450	360	45	4	90	949	3 551	130. 1	3 420. 9
	李征	2 800	1 000	300				4 100	410	328	41	4	82	865	3 235	98. 5	3 136. 5
	赵丹	2 000	800	200				3 000	300	240	30	4	60	634	2 366	18. 3	2 347. 7
	财务部经理	2 000	800	200				3 000	300	240	30	4	60	634	2 366	18. 3	2 347. 7
	蔡卫兵	2 000	800	200				3 000	300	240	30	4	60	634	2 366	18. 3	2 347. 7
	孙军	2 000	800	200				3 000	300	240	30	4	60	634	2 366	18. 3	2 347. 7
	王芳	1 000	500	100				1 600	160	128	16	4	32	340	1 260		1 260
	会计	1 200	500	100				1 800	180	144	18	4	36	382	1 418		1 418
	出纳	1 000	500	100				1 600	160	128	16	4	32	340	1 260		1 260
	王刚	2 000	800	200				3 000	300	240	30	4	60	634	2 366	18. 3	2 347. 7
	张云飞	1 200	500	100				1 800	180	144	18	4	36	382	1 418		1 418
	马杰	1 200	500	100				1 800	180	144	18	4	36	382	1 418		1 418
	小计							32 200	3 220	2 576	322	48	644	6 810	25 390	320. 1	25 069. 9
	方伯乐	2 000	800	200				3 000	300	240	30	4	60	634	2 366	18. 3	2 347. 7
	陈彬彬	1 200	500	100				1 800	180	144	18	4	36	382	1 418		1 418
	张强	1 200	500	100				1 800	180	144	18	4	36	382	1 418		1 418
	林江辉	1 200	500	100				1 800	180	144	18	4	36	382	1 418		1 418
	小计							8 400	840	672	84	16	168	1 780	6 620	18. 3	6 601. 7
	张强	1 000	400					1 400	140	112	14	4	28	298	1 102		1 102

续表

银行卡号	姓名	应发工资							代扣代缴明细						计税工资	个调税	实发工资
		工资明细			扣款明细			小计	公积金	养老金	失业金	医保	门诊	扣款合计			
		基本工资	效益工资	通信费	病假	事假	迟到										
	徐威	1 000	400					1 400	140	112	14	4	28	298	1 102		1 102
	小计							2 800	280	224	28	8	56	596	2 204	0	2 204
一车间																	
	黄斌	800	400					1 200	120	96	12	4	24	256	944		944
	程呈	800	400					1 200	120	96	12	4	24	256	944		944
	朱英	800	400					1 200	120	96	12	4	24	256	944		944
	何露晓	800	400					1 200	120	96	12	4	24	256	944		944
	王晓慧	800	400					1 200	120	96	12	4	24	256	944		944
	张梦瑶	800	400					1 200	120	96	12	4	24	256	944		944
	丁露茜	800	400					1 200	120	96	12	4	24	256	944		944
	金姗	800	400					1 200	120	96	12	4	24	256	944		944
	周国芳	800	400					1 200	120	96	12	4	24	256	944		944
	王佳	800	400					1 200	120	96	12	4	24	256	944		944
	小计							12 000	1 200	960	120	40	240	2 560	9 440	0	9 440
二车间																	
	李俊	800	400					1 200	120	96	12	4	24	256	944		944
	惠可娜	800	400					1 200	120	96	12	4	24	256	944		944
	杨洪燕	800	400					1 200	120	96	12	4	24	256	944		944
	居军	800	400					1 200	120	96	12	4	24	256	944		944

续表

银行卡号	姓名	应发工资							代扣代缴明细						计税工资	个调税	实发工资
		工资明细			扣款明细												
		基本工资	效益工资	通信费	病假	事假	迟到	小计	公积金	养老金	失业金	医保	门诊	扣款合计			
	施昂	800	400					1 200	120	96	12	4	24	256	944		944
	陈文涛	800	400					1 200	120	96	12	4	24	256	944		944
	李求赟	800	400					1 200	120	96	12	4	24	256	944		944
	叶晨曦	800	400					1 200	120	96	12	4	24	256	944		944
	潘理珺	800	400					1 200	120	96	12	4	24	256	944		944
	邵军鹏	800	400					1 200	120	96	12	4	24	256	944		944
	徐卫平	800	400					1 200	120	96	12	4	24	256	944		944
	余作献	800	400					1 200	120	96	12	4	24	256	944		944
	郭响南	800	400					1 200	120	96	12	4	24	256	944		944
	陈舜键	800	400					1 200	120	96	12	4	24	256	944		944
	何龙	800	400					1 200	120	96	12	4	24	256	944		944
	张林斌	800	400					1 200	120	96	12	4	24	256	944		944
	张晓伟	800	400					1 200	120	96	12	4	24	256	944		944
	余鹏	800	400					1 200	120	96	12	4	24	256	944		944
	朱忠栋	800	400					1 200	120	96	12	4	24	256	944		944
	吴立健	800	400					1 200	120	96	12	4	24	256	944		944
	小计							24 000	2 400	1 920	240	80	480	5 120	18 880	0	18 880
	合计							79 400	7 940	6 352	794	192	1 588	16 866	62 534	338.4	62 195.6

（7）2009．12．12

中华人民共和国
税收通用完税证　地

(20061)浙地完电: No. 0760184

注册类型：有限责任公司　填发日期：2009 年 12 月 12 日　征收机关：杭州西湖区分局

纳税人代码		330198765432100		地址	杭州市西湖区留和路 525 号	
纳税人名称		浙江长征有限公司			税款所属时期	2009 年 11 月 30 日
税种	品目名称	课税数量	计税金额或销售收入	税率或单位税额	已缴或扣除额	实缴金额
养老保险基金	企业缴纳	0			0.00	11910.00
失业保险基金	企业缴纳	0			0.00	1588.00
医疗保险基金	企业缴纳	0			0.00	9131.00
工伤保险基金	企业缴纳	0			0.00	397.00
生育保险基金	企业缴纳	0			0.00	476.40
金额合计	（大写）贰万叁仟伍佰零贰元肆角整					
(01) 杭州西湖区分局	委托代征单位（盖章）		填票人（章）		备注	

中华人民共和国
税收通用完税证　地

(20061)浙地完电: No. 0760185

注册类型：有限责任公司　填发日期：2009 年 12 月 12 日　征收机关：杭州西湖区分局

纳税人代码		330198765432100		地址	杭州市西湖区留和路 525 号	
纳税人名称		浙江长征有限公司			税款所属时期	2009 年 11 月 30 日
税种	品目名称	课税数量	计税金额或销售收入	税率或单位税额	已缴或扣除额	实缴金额
养老保险基金	职工缴纳	0			0.00	6352.00
失业保险基金	职工缴纳	0			0.00	794.00
医疗保险基金	职工缴纳	0			0.00	1780.00
金额合计	（大写）捌仟玖佰贰拾陆元整					
(01) 杭州西湖区分局	委托代征单位（盖章）		填票人（章）		备注	

中国工商银行浙江省分行电子缴税付款凭证

转账日期：2009 年 12 月 12 日　凭证字号：090023907

纳税人全称及纳税人识别号：

付款人全称：浙江长征有限公司
付款人账号：1202020876543210000
付款人开户银行：中国工商银行杭州留下支行
小写（合计）金额：￥23502.40
大写（合计）金额：贰万叁仟伍佰零贰元肆角整

征收机关名称：杭州市地税局西湖区分局
收款国库（银行）名称：工行
缴款书交易流水号：03910002
税票号码：0760184

税（费）种名称	所属时期	实缴金额
养老保险基金	20091101-20091130	11910.00
失业保险基金	20091101-20091130	1588.00
医疗保险基金	20091101-20091130	9131.00
工伤保险基金	20091101-20091130	397.00
生育保险基金	20091101-20091130	476.40

中国工商银行杭州留下支行 办讫章

第　　次打印

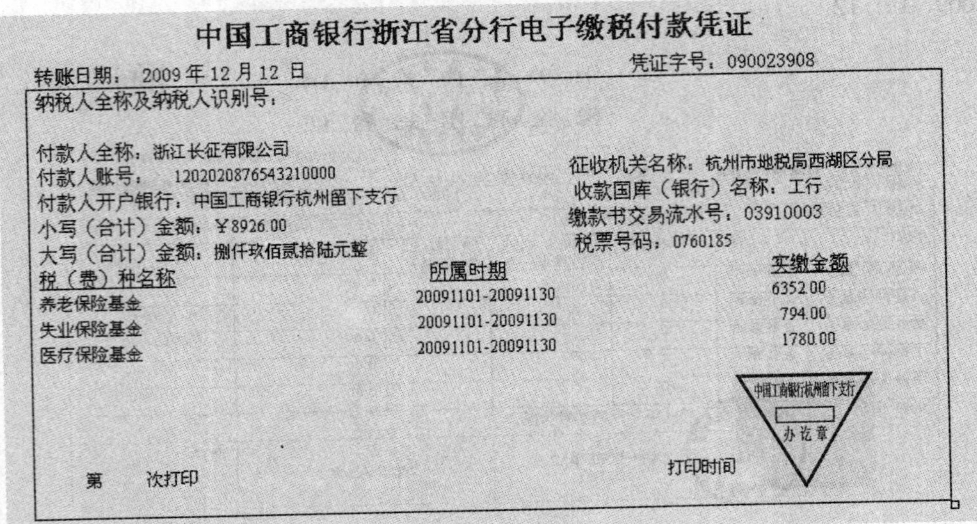

中国工商银行浙江省分行电子缴税付款凭证

转账日期：2009 年 12 月 12 日　　凭证字号：090023908

纳税人全称及纳税人识别号：

付款人全称：浙江长征有限公司
付款人账号：1202020876543210000
付款人开户银行：中国工商银行杭州留下支行
小写（合计）金额：￥8926.00
大写（合计）金额：捌仟玖佰贰拾陆元整

征收机关名称：杭州市地税局西湖区分局
收款国库（银行）名称：工行
缴款书交易流水号：03910003
税票号码：0760185

税（费）种名称	所属时期	实缴金额
养老保险基金	20091101-20091130	6352.00
失业保险基金	20091101-20091130	794.00
医疗保险基金	20091101-20091130	1780.00

中国工商银行杭州留下支行 办讫章

第　次打印　　打印时间

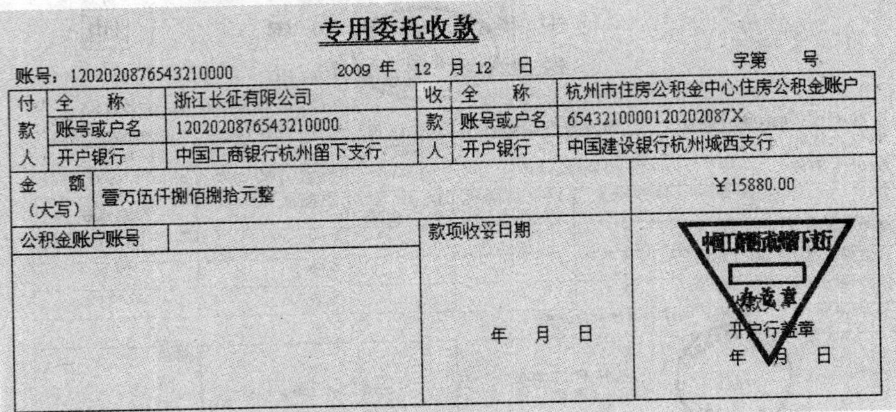

专用委托收款

账号：1202020876543210000　　2009 年 12 月 12 日　　字第　号

付款人	全称	浙江长征有限公司	收款人	全称	杭州市住房公积金中心住房公积金账户
	账号或户名	1202020876543210000		账号或户名	654321000120202087X
	开户银行	中国工商银行杭州留下支行		开户银行	中国建设银行杭州城西支行
金额（大写）	壹万伍仟捌佰捌拾元整				￥15880.00
公积金账户账号			款项收妥日期 年 月 日		中国工商银行杭州留下支行 办讫章 收款人开户行盖章 年 月 日

（8）2009．12．20

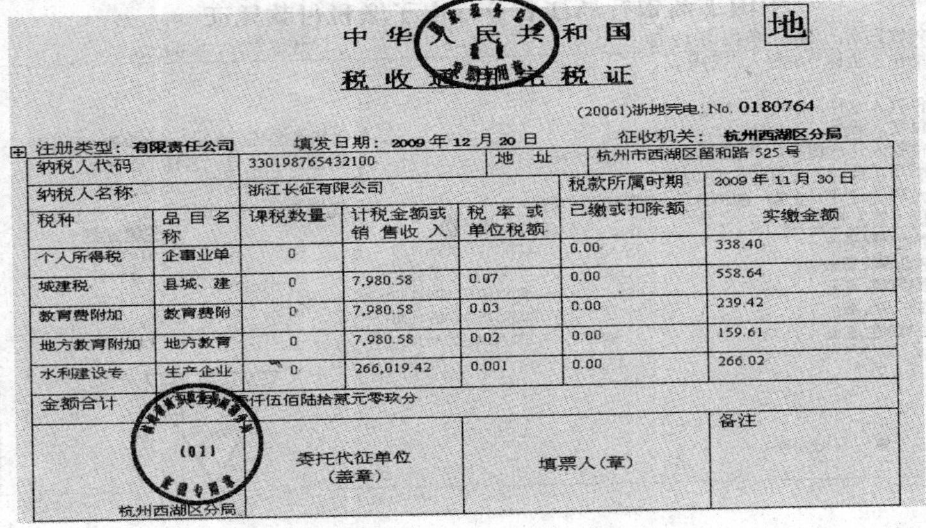

中华人民共和国

税收通用完税证　　地

(20061)浙地完电: No. 0180764

注册类型：有限责任公司　填发日期：2009 年 12 月 20 日　征收机关：杭州西湖区分局

纳税人代码	330198765432100		地址	杭州市西湖区留和路 525 号	
纳税人名称	浙江长征有限公司			税款所属时期	2009 年 11 月 30 日

税种	品目名称	课税数量	计税金额或销售收入	税率或单位税额	已缴或扣除额	实缴金额
个人所得税	企事业单	0			0.00	338.40
城建税	县城、建	0	7,980.58	0.07	0.00	558.64
教育费附加	教育费附	0	7,980.58	0.03	0.00	239.42
地方教育附加	地方教育	0	7,980.58	0.02	0.00	159.61
水利建设专	生产企业	0	266,019.42	0.001	0.00	266.02
金额合计	壹仟伍佰陆拾贰元零玖分					
杭州西湖区分局	委托代征单位（盖章）		填票人（章）		备注	

中华人民共和国 国

税收通用完税证

(20061)浙地完电: No. 1876004

注册类型：有限责任公司　　填发日期：2009 年 12 月 20 日　　征收机关：杭州西湖区分局

纳税人代码		330198765432100		地　址	杭州市西湖区留和路 525 号	
纳税人名称		浙江长征有限公司			税款所属时期	2009 年 11 月 30 日
税种	品目名称	课税数量	计税金额或销售收入	税率或单位税额	已缴或扣除额	实缴金额
增值税	其他行业	0	266,019.42	0.03	0.00	7980.58
金额合计	……玖佰捌拾元伍角捌分					
杭州西湖区分局	委托代征单位（盖章）		填票人（章）		备注	

中国工商银行浙江省分行电子缴税付款凭证

转账日期：2009 年 12 月 25 日　　凭证字号：093908002

纳税人全称及纳税人识别号：

付款人全称：浙江长征有限公司
付款人账号：1202020876543210000
付款人开户银行：中国工商银行杭州留下支行
小写（合计）金额：￥1562.09
大写（合计）金额：壹仟伍佰陆拾贰元零玖分

征收机关名称：杭州市地税局西湖区分局
收款国库（银行）名称：工行
缴款书交易流水号：10002039
税票号码：0180764

税（费）种名称	所属时期	实缴金额
个人所得税	20091101-20091130	338.40
城市维护建设税	20091101-20091130	558.64
教育费附加	20091101-20091130	239.42
地方教育费附加	20091101-20091130	159.61
水利建设专项资金	20091101-20091130	266.02

中国工商银行杭州留下支行 办讫章

第　次打印　　打印时间

(9) 2009. 12. 20：向杭州顶好电器有限公司销售 3.0 营养煲 500 个，单价 200 元，当日开具发票后收到杭州顶好电器有限公司开出转账支票 100 000 元并存入银行（杭州顶好电器有限公司的开户银行为中国建设银行清泰分理处，帐号为 65378912209865）；同日，向杭州大华贸易有限公司销售 4.0 营养煲 1000 个，单价 230 元，货款未收到。

(10) 2009. 12. 30：固定资产计提折旧（残值率 5%，电脑 5 年，设备 10 年）。

固定资产名称	原　值	使用年限	残值率	本期计提折旧	累计折旧
电脑					
设备					

(11) 2009. 12. 30：计提工资。

社会保险费名称	企业缴纳比例	个人缴纳比例		薪金所得（元）	扣税比例	速算扣除数
养老金	15%	8%		500 以下	5%	0

续表

社会保险费名称	企业缴纳比例	个人缴纳比例		薪金所得（元）	扣税比例	速算扣除数
工伤	0.50%			500～2 000	10%	25
生育	0.60%			2 000～5 000	15%	125
门诊	2.50%	2%		5 000～20 000	20%	375
医疗	9%					
失业	2%	1%				
	29.6%	11.0%				
		4 元大病				

职务	姓名	应发工资							代扣代缴明细						计税工资	个调税	实发工资
		工资明细			扣款明细			小计	公积金	养老金	失业金	医保	门诊	扣款合计			
		基本工资	效益工资	通信费	病假	事假	迟到										
									10%	8%	1%	4	2%				
董事长	王长庆	3 000	1 200	300				4 500	450	360	45	4	90	949	3 551	130.1	3 420.9
总经理	李征	2 800	1 000	300				4 100	410	328	41	4	82	865	3 235	98.5	3 136.5
办公室主任	赵丹	2 000	800	200				3 000	300	240	30	4	60	634	2 366	18.3	2 347.7
财务部经理		2 000	800	200				3 000	300	240	30	4	60	634	2 366	18.3	2 347.7
物流部经理	蔡卫兵	2 000	800	200				3 000	300	240	30	4	60	634	2 366	18.3	2 347.7
生产部经理	孙军	2 000	800	200				3 000	300	240	30	4	60	634	2 366	18.3	2 347.7
办公室内勤	王芳	1 000	500	100				1 600	160	128	16	4	32	340	1 260		1 260
会计		1 200	500	100				1 800	180	144	18	4	36	382	1 418		1 418
出纳		1 000	500	100				1 600	160	128	16	4	32	340	1 260		1 260
采购部经理	王刚	2 000	800	200				3 000	300	240	30	4	60	634	2 366	18.3	2 347.7
采购部	张云飞	1 200	500	100				1 800	180	144	18	4	36	382	1 418		1 418
采购部	马杰	1 200	500	100				1 800	180	144	18	4	36	382	1 418		1 418
小计								32 200	3 220	2 576	322	48	644	6 810	25 390	320.1	25 069.9
销售部经理	方伯乐	2 000	800	200				3 000	300	240	30	4	60	634	2 366	18.3	2 347.7
销售部	陈彬彬	1 200	500	100				1 800	180	144	18	4	36	382	1 418		1 418
销售部	张强	1 200	500	100				1 800	180	144	18	4	36	382	1 418		1 418
销售部	林江辉	1 200	500	100				1 800	180	144	18	4	36	382	1 418		1 418
小计								8 400	840	672	84	16	168	1 780	6 620	18.3	6 601.7
仓管	张强	1 000	400					1 400	140	112	14	4	28	298	1 102		1 102

续表

职务	姓名	应发工资							代扣代缴明细						计税工资	个调税	实发工资
		工资明细			扣款明细			小计	公积金	养老金	失业金	医保	门诊	扣款合计			
		基本工资	效益工资	通信费	病假	事假	迟到										
检验	徐威	1 000	400					1 400	140	112	14	4	28	298	1 102		1 102
小计								2 800	280	224	28	8	56	596	2 204	0	2 204
一车间																	
生产工人	黄斌	800	400					1 200	120	96	12	4	24	256	944		944
生产工人	程呈	800	400					1 200	120	96	12	4	24	256	944		944
生产工人	朱英	800	400					1 200	120	96	12	4	24	256	944		944
生产工人	何露晓	800	400					1 200	120	96	12	4	24	256	944		944
生产工人	王晓慧	800	400					1 200	120	96	12	4	24	256	944		944
生产工人	张梦瑶	800	400					1 200	120	96	12	4	24	256	944		944
生产工人	丁露茜	800	400					1 200	120	96	12	4	24	256	944		944
生产工人	金姗	800	400					1 200	120	96	12	4	24	256	944		944
生产工人	周国芳	800	400					1 200	120	96	12	4	24	256	944		944
生产工人	王佳	800	400					1 200	120	96	12	4	24	256	944		944
小计								12 000	1 200	960	120	40	240	2 560	9 440	0	9 440
二车间																	
生产工人	李俊	800	400					1 200	120	96	12	4	24	256	944		944
生产工人	惠可娜	800	400					1 200	120	96	12	4	24	256	944		944
生产工人	杨洪燕	800	400					1 200	120	96	12	4	24	256	944		944
生产工人	居军	800	400					1 200	120	96	12	4	24	256	944		944

续表

职务	姓名	应发工资							代扣代缴明细						计税工资	个调税	实发工资
		工资明细			扣款明细			小计	公积金	养老金	失业金	医保	门诊	扣款合计			
		基本工资	效益工资	通信费	病假	事假	迟到										
生产工人	施昂	800	400					1 200	120	96	12	4	24	256	944		944
生产工人	陈文涛	800	400					1 200	120	96	12	4	24	256	944		944
生产工人	李求赟	800	400					1 200	120	96	12	4	24	256	944		944
生产工人	叶晨曦	800	400					1 200	120	96	12	4	24	256	944		944
生产工人	潘理珺	800	400					1 200	120	96	12	4	24	256	944		944
生产工人	邵军鹏	800	400					1 200	120	96	12	4	24	256	944		944
生产工人	徐卫平	800	400					1 200	120	96	12	4	24	256	944		944
生产工人	余作献	800	400					1 200	120	96	12	4	24	256	944		944
生产工人	郭响南	800	400					1 200	120	96	12	4	24	256	944		944
生产工人	陈舜键	800	400					1 200	120	96	12	4	24	256	944		944
生产工人	何龙	800	400					1 200	120	96	12	4	24	256	944		944
生产工人	张林斌	800	400					1 200	120	96	12	4	24	256	944		944
生产工人	张晓伟	800	400					1 200	120	96	12	4	24	256	944		944
生产工人	余鹏	800	400					1 200	120	96	12	4	24	256	944		944
生产工人	朱忠栋	800	400					1 200	120	96	12	4	24	256	944		944
生产工人	吴立健	800	400					1 200	120	96	12	4	24	256	944		944
小计								24 000	2 400	1 920	240	80	480	5 120	18 880	0	18 880
合计								79 400	7 940	6 352	794	192	1 588	16 866	62 534	338.4	62 195.6

（12）2009．12．30：计算企业承担社保费。

职务	姓名	应付工资	公积金（10%）	社会保险费（29.6%）	企业扣缴合计
董事长	王长庆	4 500	450	1 332	1 782
总经理	李征	4 100	410	1 213.6	1 623.6
办公室主任	赵丹	3 000	300	888	1 188
财务部经理	机动	3 000	300	888	1 188
物流部经理	蔡卫兵	3 000	300	888	1 188
生产部经理	孙军	3 000	300	888	1 188
办公室内勤	王芳	1 600	160	473.6	633.6
会计	机动	1 800	180	532.8	712.8
出纳	机动	1 600	160	473.6	633.6
采购部经理	王刚	3 000	300	888	1 188
采购部	张云飞	1 800	180	532.8	712.8
采购部	马杰	1 800	180	532.8	712.8
小计		32 200	3 220	9 531.2	12 751.2
销售部经理	方伯乐	3 000	300	888	1 188
销售部	陈彬彬	1 800	180	532.8	712.8
销售部	张强	1 800	180	532.8	712.8
销售部	林江辉	1 800	180	532.8	712.8
小计		8 400	840	2 486.4	3 326.4
仓管	张强	1 400	140	414.4	554.4
检验	徐威	1 400	140	414.4	554.4
小计		2 800	280	828.8	1 108.8
生产工人	黄斌	1 200	120	355.2	475.2
生产工人	程呈	1 200	120	355.2	475.2
生产工人	朱英	1 200	120	355.2	475.2
生产工人	何露晓	1 200	120	355.2	475.2
生产工人	王晓慧	1 200	120	355.2	475.2
生产工人	张梦瑶	1 200	120	355.2	475.2
生产工人	丁露茜	1 200	120	355.2	475.2
生产工人	金姗	1 200	120	355.2	475.2
生产工人	周国芳	1 200	120	355.2	475.2
生产工人	王佳	1 200	120	355.2	475.2

续表

职务	姓名	应付工资	公积金（10%）	社会保险费（29.6%）	企业扣缴合计
小计		12 000	1 200	3 552	4 752
生产工人	李俊	1 200	120	355.2	475.2
生产工人	惠可娜	1 200	120	355.2	475.2
生产工人	杨洪燕	1 200	120	355.2	475.2
生产工人	居军	1 200	120	355.2	475.2
生产工人	施昂	1 200	120	355.2	475.2
生产工人	陈文涛	1 200	120	355.2	475.2
生产工人	李求赟	1 200	120	355.2	475.2
生产工人	叶晨曦	1 200	120	355.2	475.2
生产工人	潘理珺	1 200	120	355.2	475.2
生产工人	邵军鹏	1 200	120	355.2	475.2
生产工人	徐卫平	1 200	120	355.2	475.2
生产工人	余作献	1 200	120	355.2	475.2
生产工人	郭响南	1 200	120	355.2	475.2
生产工人	陈舜键	1 200	120	355.2	475.2
生产工人	何龙	1 200	120	355.2	475.2
生产工人	张林斌	1 200	120	355.2	475.2
生产工人	张晓伟	1 200	120	355.2	475.2
生产工人	余鹏	1 200	120	355.2	475.2
生产工人	朱忠栋	1 200	120	355.2	475.2
生产工人	吴立健	1 200	120	355.2	475.2
小计		24 000	2 400	7 104	9 504
合计		79 400	7 940	23 502.4	31 442.4

（13）2009. 12. 31：原材料、制造费用结转。

3.0 营养煲领用材料明细表

规格型号	材料名称	数　量	单　价	金　额
CYXB3FC3－01	锅盖	500	37.00	18 500.00
CYXB3FC3－02	手柄	500	43.00	21 500.00
CYXB3FC3－03	锅身	500	36.00	18 000.00
CYXB3FC3－04	数码 IMD 面板	500	13.00	6 500.00
CFXB3A	电源线	500	2.90	1 450.00

续表

3.0 营养煲领用材料明细表				
规格型号	材料名称	数　量	单　价	金　额
GB/T871－1	扁圆头铆钉	2000	0.10	200.00
	合计		132.00	66 150.00
4.0 营养煲领用材料明细表				
规格型号	材料名称	数　量	单　价	金　额
CYXB4FC4－01	锅盖	1000	38.00	38 000.00
CYXB4FC4－02	手柄	1000	45.00	45 000.00
CYXB4FC4－03	锅身	1000	40.00	40 000.00
CYXB4FC4－04	数码 IMD 面板	1000	15.00	15 000.00
CFXB4A	电源线	1000	3.80	3 800.00
GB/T871－2	扁圆头铆钉	4000	0.20	800.00
	合计		142.00	142 600.00
产品	工时	制造费用总额		制造费用分摊
3.0 营养煲	200			
40 营养煲	300			

（14）2009．12．31：结转完工产品成本。

12 月生产成本计算单		
项　目	3.0 营养煲	4.0 营养煲
直接材料		
直接人工		
制造费用		
合计		
完工产品数量	500	1000
产品单位成本		
完工产品成本		

（15）2009．12．31：摊销本月房租。

（16）2009．12．31：结转销售成本。

产品出库单

购货单位	杭州顶好电器	2009 年 12 月 31 日			编号	000003
编号	名称及规格	单位	数量	单价	金额	备注
	3.0 营养煲		500	172.0977	86 048.85	
合计			500	172.0977	86 048.85	

第二联 财务部

产品出库单

购货单位	杭州大华贸易	2009 年 12 月 31 日			编号	000004
编号	名称及规格	单位	数量	单价	金额	备注
	4.0 营养煲		1 000	180.8243	180 824.28	
合计			1 000	180.8243	180 824.28	

第二联 财务部

（17）2009．12．31

浙江长征有限公司

付款审批单

2009 年 12 月 31 日

客户单位	杭州风巢广告有限公司			部门领导	方伯乐
款项内容	支付广告费	合同号			
应付金额	5500.00				
申请支付金额	5500.00			财务审核	
开户行					
账号				总经理审批	
付款方式	承兑□ 汇票□ 支票■ 现金□ 其他□			经办人	林江辉

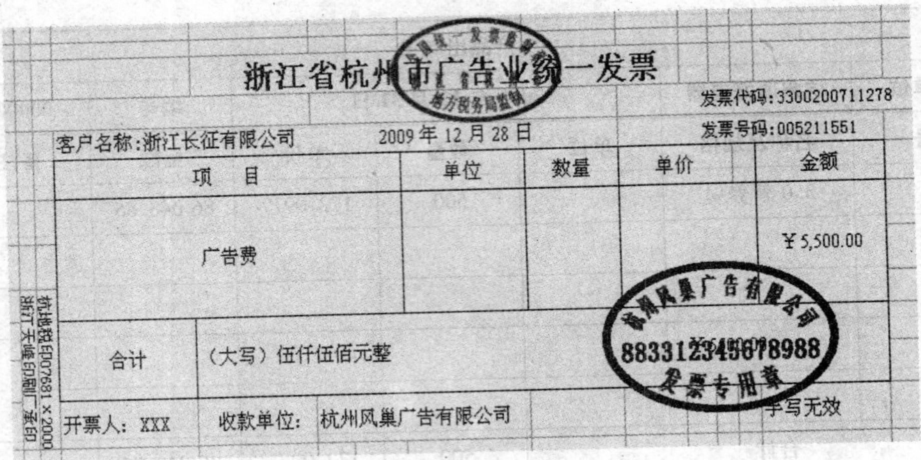

浙江省杭州市广告业统一发票

发票代码:3300200711278

发票号码:005211551

客户名称:浙江长征有限公司　　2009年12月28日

项　目	单位	数量	单价	金额
广告费				¥5,500.00
合计	（大写）伍仟伍佰元整			
开票人：XXX	收款单位：杭州风巢广告有限公司			手写无效

杭州风巢广告有限公司 883312345678988 发票专用章

杭地税印07681 x 2000 浙江天峰印刷厂承印

（18）2009．12．31

浙 江 长 征 有 限 公 司

费用报销审批单

2009 年 12 月 31 日

报销人	林江辉	所属部门	销售部	部门领导	方伯乐
费用项目	招待客户			财务审核	
填报金额	2000				
单据张数	4			总经理审批	
核准金额（小写）	￥2000				
核准金额（大写）	贰仟元整			经办人	林江辉

涉税举报电话 12366

浙江省杭州市服务业
定额发票（饮食有奖专用）
发 票 联

付款户名
填开日期
人民币：　伍佰元
发票代码：############
发票号码：2674741
密码：
收款人　　收款单位盖章

本发票限于2010年12月31日前填开使用有效

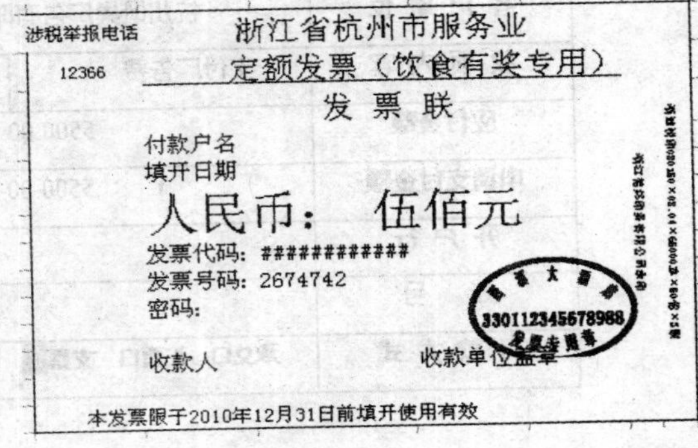

涉税举报电话 12366

浙江省杭州市服务业
定额发票（饮食有奖专用）
发 票 联

付款户名
填开日期
人民币：　伍佰元
发票代码：############
发票号码：2674742
密码：
收款人　　收款单位盖章

本发票限于2010年12月31日前填开使用有效

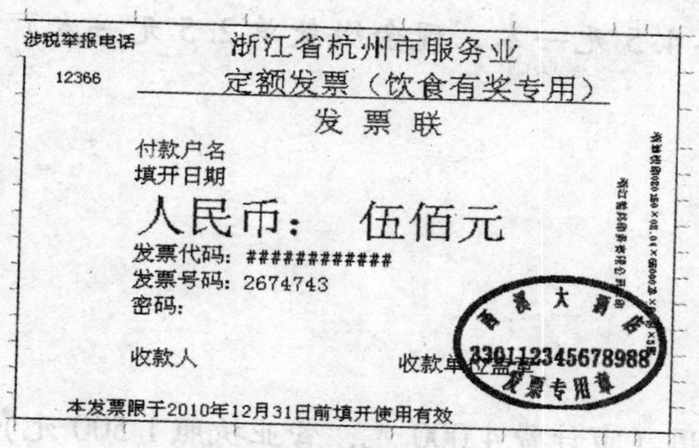

涉税举报电话

12366

浙江省杭州市服务业

定额发票（饮食有奖专用）

发票联

付款户名

填开日期

人民币： 伍佰元

发票代码：#############

发票号码：2674743

密码：

收款人 收款单位盖章

330112345678988 发票专用章

本发票限于2010年12月31日前填开使用有效

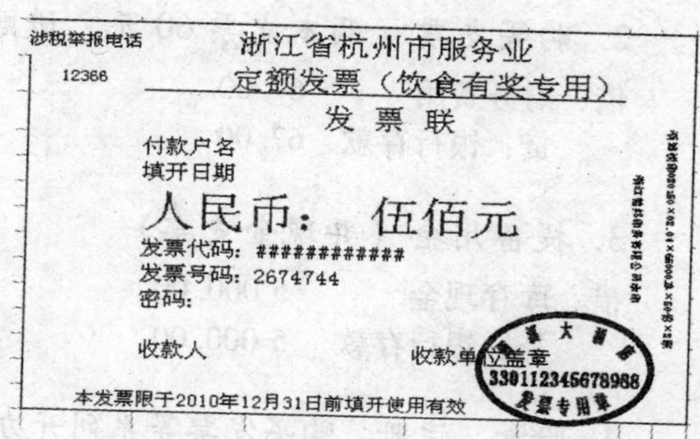

涉税举报电话

12366

浙江省杭州市服务业

定额发票（饮食有奖专用）

发票联

付款户名

填开日期

人民币： 伍佰元

发票代码：#############

发票号码：2674744

密码：

收款人 收款单位盖章

330112345678988 发票专用章

本发票限于2010年12月31日前填开使用有效

（19）支付通信费。

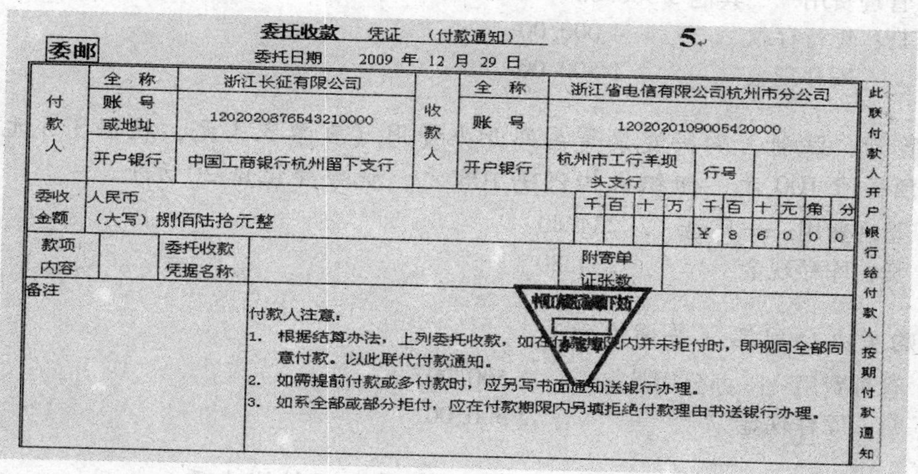

委邮 委托收款 凭证 （付款通知） 5.

委托日期 2009 年 12 月 29 日

付款人	全称	浙江长征有限公司	收款人	全称	浙江省电信有限公司杭州市分公司
	账号或地址	1202020876543210000		账号	1202020109005420000
	开户银行	中国工商银行杭州留下支行		开户银行	杭州市工行羊坝头支行 行号
委收金额	人民币（大写）捌佰陆拾元整				￥86000
款项内容		委托收款凭据名称		附寄单证张数	
备注	付款人注意： 1. 根据结算办法，上列委托收款，如在付款期限内并未拒付时，即视同全部同意付款。以此联代付款通知。 2. 如需提前付款或多付款时，应另写书面通知送银行办理。 3. 如系全部或部分拒付，应在付款期限内另填拒绝付款理由书送银行办理。				

此联付款人开户银行给付款人按期付款通知

（20）2009. 12. 31：计提附加税。

（21）2009. 12. 31：收到杭州大华贸易有限公司开出转账支票230 000元并存入银行。（杭州大华贸易有限公司的开户银行为中国银行文一分理处，账号为98656522037891）

（22）2009. 12. 31：结转未交增值税。

（23）2009. 12. 31：结转收入费用。

（23）2009. 12. 31：年末结转。

三、参考答案

10月份账务处理

1. 验资（现金缴款单）

借：银行存款　　3 000 000. 00

　　贷：实收资本——王长庆　　2 000 000. 00

　　　　　　　　——李征　　1 000 000. 00

2. 购买支票（两本支票60元，进账单4.5元一本，现金缴款单2.5元一本）

借：财务费用　67.00
　贷：银行存款　67.00

3. 提备用金（开现金支票）

借：库存现金　5 000.00
　贷：银行存款　5 000.00

4. 验资、注册、购买发票等系列开办费用（审计费4 000元，营业执照1 500元）

借：管理费用——其他 5 500.00
　贷：银行存款　4 000.00
　　库存现金　1 500.00

5. 验资、注册、购买发票等系列开办费用（发票3.3元，收据3.5元，名称预核准100元，组织机构代码108元，税务登记证20元）

借：管理费用——其他　234.80
　贷：库存现金　234.80

6. 购买办公用品（普通发票）

借：管理费用——办公用品　2 500.00
　贷：库存现金　2 500.00

7. 购买电脑、机器设备（取得增值税发票、开转帐支票）

借：固定资产——设备　500 000.00
　　——电脑　60 000.00
　贷：银行存款　560 000.00

8. 支付房租（半年支付一次，房租发票）

借：预付账款——房租　18 000.00
　贷：银行存款　18 000.00

9. 房租摊销

借：管理费用　3 000.00
　贷：预付账款——房租　3 000.00

10. 月末结转

借：本年利润　11 301.80
　贷：管理费用　11 234.80
　　财务费用　67.00

资产负债表

2009 年 10 月 31 日

编制单位：浙江长征有限公司　　　　单位：人民币元

资　产	注释号	期末余额	年初余额	负债和所有者权益	注释号	期末余额	年初余额
流动资产：				流动负债：			
货币资金		2 413 698. 20		短期借款			
交易性金融资产				交易性金融负债			
应收票据				应付票据			
应收账款				应付账款			
预付款项		15 000. 00		预收款项			
应收利息				应付职工薪酬			
应收股利				应交税费			
其他应收款				应付利息			
存货				应付股利			
一年内到期的非流动资产				其他应付款			
其他流动资产				一年内到期的非流动负债			
流动资产合计		2 428 698. 20		其他流动负债			
非流动资产：				流动负债合计			
可供出售金融资产				非流动负债：			
持有至到期投资				长期借款			
长期应收款				应付债券			
长期股权投资				长期应付款			

续表

资　产	注释号	期末余额	年初余额	负债和所有者权益	注释号	期末余额	年初余额
投资性房地产				专项应付款			
固定资产		560 000.00		预计负债			
在建工程				递延所得税负债			
工程物资				其他非流动负债			
固定资产清理				非流动负债合计			
生产性生物资产				负债合计			
油气资产							
无形资产				所有者权益：			
开发支出				实收资本		3 000 000.00	
商誉				资本公积			
长期待摊费用				减：库存股			
递延所得税资产				盈余公积			
其他非流动资产				未分配利润		-11 301.80	
非流动资产合计		560 000.00		所有者权益合计		2 988 698.20	
资产总计		2 988 698.20		负债和所有者权益总计		2 988 698.20	

单位负责人：王长庆　　　　主管会计工作的负责人：　　　　会计机构负责人：

利 润 表

2009年10月

会企02表

编制单位：浙江长征有限公司

单位：人民币元

项 目	注释号	本月数	本年累计数
一、营业收入			
减：营业成本			
营业税金及附加			
销售费用			
管理费用		11 234.80	11 234.80
财务费用		67.00	67.00
资产减值损失			
加：公允价值变动收益（损失以"－"号填列）			
投资收益（损失以"－"号填列）			
其中：对联营企业和合营企业的投资收益			
二、营业利润（亏损以"－"号填列）		－11 301.80	－11 301.80
加：营业外收入			
减：营业外支出			
其中：非流动资产处置净损失			
三、利润总额（亏损总额以"－"号填列）		－11 301.80	－11 301.80
减：所得税费用			
四、净利润（净亏损以"－"号填列）		－11 301.80	－11 301.80
五、每股收益：			
（一）基本每股收益			
（二）稀释每股收益			

单位负责人：王长庆　　主管会计工作的负责人：　　会计机构负责人：

11月份账务处理

（1）2009．11．2

借：原材料——3.0锅盖　18 500.00

——3.0手柄　21 500.00

——3.0锅身　18 000.00

——4.0锅盖　38 000.00

——4.0手柄　45 000.00

——4.0锅身　40 000.00

贷：银行存款　181 000.00

（2）2009．11．5

借：原材料——3.0数码IMD面板　6 500.00

——3.0 电源线　1450.00

——3.0 扁圆头铆钉　200.00

——4.0 数码 IMD 面板　15000.00

——4.0 电源线　3800.00

——4.0 扁圆头铆钉　800.00

贷：银行存款　27 750.00

(3) 2009. 11. 5

借：库存现金　　5 000.00

贷：银行存款　5 000.00

(4) 2009. 11. 6

借：管理费用——电话费 500

贷：银行存款　　　　500

(5) 2009. 11. 24（扫描图片、发票）

借：销售费用——差旅费 3 500.00

贷：库存现金　　　　3 500.00

(6) 2009. 11. 25

借：管理费用——业务招待费 600.00

贷：库存现金　　　　　600.00

(7) 2009. 11. 25（进账单、开发票）

借：银行存款 274 000.00

贷：主营业务收入——3.0 营养煲 87 378.64

——4.0 营养煲 178 640.78

应交税费——应交增值税　　7 980.58

(8) 2009. 11. 27

借：管理费用——折旧 950.00　（电脑）

制造费用——折旧 3 958.33（设备）

贷：累计折旧 4 908.33

(9) 2009. 11. 30

借：管理费用——工资　32 200.00

销售费用——工资　8 400.00

生产成本——3.0 营养煲 12 000.00

——4.0 营养煲 24 000.00

制造费用——工资等　　2 800.00

贷：应付职工薪酬 79 400.00

(10) 2009. 11. 30

借：管理费用——工资　12751.20

销售费用——工资　3326.40

生产成本——3.0 营养煲　4752.00

——4.0 营养煲　9504.00

制造费用——工资等　1 108.80

贷：应付职工薪酬 31 442.40

（11）2009. 11. 30

借：生产成本——3.0 营养煲 66 650.85

——4.0 营养煲 133 060.28

贷：原材料　191 844.00

制造费用　7867.13

（12）2009. 11. 30

借：库存商品——3.0 营养煲 83 402.85

——4.0 营养煲 166 564.28

贷：生产成本——3.0 营养煲 83 402.85

——4.0 营养煲 166 564.28

（13）2009. 11. 30

借：管理费用——房租 3 000.00

贷：预付账款——天瑞 3 000.00

（14）2009. 11. 30

借：主营业务成本 226 247.28

贷：库存商品——3.0 营养煲 78 190.16

——4.0 营养煲 148 057.12

（15）2009. 11. 30

借：应交税金——应交增值税 7980.58

贷：应交税金——未交增值税 7980.58

（16）2009. 11. 30

借：营业税金及附加 957.67

营业外支出——水利建设专项资金 266.02

贷：应交税金——城建税　558.64（增值税 ×7%）

——教育费附加　239.42（增值税 ×3%）

——地方教育附加　159.61（增值税 ×2%）

——水利建设专项资金　266.02（营业收入 ×1‰）

（17）2009. 11. 30

借：主营业务收入　266 019.42

贷：本年利润　266 019.42

借：本年利润　292 698.57

贷：主营业务成本　226 247.28

营业税金及附加　957.67

营业外支出　266.02

管理费用　50 001.20

销售费用　15 226.40

资 产 负 债 表

2009 年 11 月 31 日

编制单位：浙江长征有限公司　　　　单位：人民币元

资　产	注释号	期末数	期初数	负债和所有者权益	注释号	期末数	期初数
流动资产：				流动负债：			
货币资金		2 474 348.20		短期借款			
交易性金融资产				交易性金融负债			
应收票据				应付票据			
应收账款				应付账款			
预付款项		12 000.00		预收款项			
应收利息				应付职工薪酬		110 842.40	
应收股利				应交税金		9 204.27	
其他应收款				应付利息			
存货		40 625.85		应付股利			
一年内到期的非流动资产				其他应付款			
其他流动资产				一年内到期的非流动负债			
流动资产合计		2 526 974.05		其他流动负债			
非流动资产：				流动负债合计		120 046.67	
可供出售金融资产				非流动负债：			
持有至到期投资				长期借款			
长期应收款				应付债券			
长期股权投资				长期应付款			
投资性房地产				专项应付款			

续表

资　产	注释号	期末数	期初数	负债和所有者权益	注释号	期末数	期初数
固定资产		555 091.67		预计负债			
在建工程				递延所得税负债			
工程物资				其他非流动负债			
固定资产清理				非流动负债合计			
生产性生物资产				负债合计		120 046.67	
油气资产							
无形资产				所有者权益：			
开发支出				实收资本		3 000 000.00	
商誉				资本公积			
长期待摊费用				减：库存股			
递延所得税资产				盈余公积			
其他非流动资产				未分配利润		-37 980.95	
非流动资产合计		555 091.67		所有者权益合计		2 962 019.05	
资产总计		3 082 065.72		负债和所有者权益总计		3 082 065.72	

单位负责人：　　　　主管会计工作的负责人：　　　　会计机构负责人：

利 润 表

2009 年 11 月

会企 02 表

编制单位：浙江长征有限公司　　　　单位：人民币元

项　目	注释号	本月数	本年累计数
一、营业收入		266 019.42	266 019.42
减：营业成本		226 247.28	226 247.28
营业税金及附加		957.67	957.67
销售费用		15 226.40	15 226.40
管理费用		50 001.20	61 236.00
财务费用			67.00
资产减值损失			
加：公允价值变动收益（损失以“－”号填列）			
投资收益（损失以“－”号填列）			
其中：对联营企业和合营企业的投资收益		－26 413.13	－37 714.93
加：营业外收入			
减：营业外支出		266.02	266.02
其中：非流动资产处置净损失			
三、利润总额（亏损总额以“－”号填列）		－26 679.15	－37 980.95
减：所得税费用			
四、净利润（净亏损以“－”号填列）		－26 679.15	－37 980.95
五、每股收益：			
（一）基本每股收益			
（二）稀释每股收益			

单位负责人：王长庆　　　主管会计工作的负责人：　　　会计机构负责人：

12 月份账务处理

1. 2009 年 12 月 1 日提取备用金

借：库存现金　　5 000.00

　贷：银行存款　　5 000.00

2. 2009 年 12 月 1 日差旅费借款（借据）

借：其他应收款——张强　2 000.00
　贷：库存现金　　　　2 000.00

3. 12 月 6 日销售人员张强报销差旅费

借：销售费用——差旅费　2 100.00
　贷：其他应收款——张强　2 000.00
　　库存现金　　　　100

4. 12 月 3 日购买原材料（增值税票）

借：原材料　239 000.00
　贷：应付账款——鸿茂物资有限公司　239 000.00

5. 12 月 5 日，购买原材料（增值税票）

借：原材料　　35 900.00
　贷：银行存款 35 900.00

6. 12 月 20 日，发放工资

借：应付职工薪酬——工资　　79 400.00
　贷：银行存款　　　　　62 195.6
　　其他应付款——公积金　7 940
　　　　　　——社保费　8 926
　　应交税金——应交个人所得税 338.4

7. 12 月 12 日，缴纳社保费

借：其他应付款——公积金　　7 940
　　　　　——社保费　　8 926
　应付职工薪酬——社保费　23 502.4
　　　　　——公积金　7 940
　贷：银行存款　　15 880（公积金）
　　银行存款　　23 502.4（企业承担）
　　银行存款　　8 926（个人承担）

8. 12 月 15 日，交税

借：应交税金——增值税　7 980.58
　贷：银行存款　　　7 980.58

借：应交税金——个人所得税　338.4
——城建税　558.64
——教育费附加　239.42
——地方教育附加　159.61
——水利建设专项资金　266.02
贷：银行存款　1 562.09

9. 12月20日，销售

借：应收账款——杭州大华　230 000.00
银行存款　100 000.00
贷：主营业务收入——3.0营养煲　97 087.38
——4.0营养煲　223 300.97
应交税金——应交增值税　9 611.65

10. 12月30日，计提折旧

借：管理费用——折旧　950.00　（电脑）
制造费用——折旧　3 958.33（设备）
贷：累计折旧　4 908.33

11. 12月30日，工资计算单

借：管理费用——职工薪酬　32 200.00
销售费用——职工薪酬　8 400.00
生产成本——3.0营养煲　12 000.00
——4.0营养煲　24 000.00
制造费用——职工薪酬　2 800.00
贷：应付职工薪酬——工资　79 400.00

12. 12月30日，计算企业承担社保费

借：管理费用——职工薪酬　12 751.20
销售费用——职工薪酬　3 326.40
生产成本——3.0营养煲　4 752.00
——4.0营养煲　9 504.00
制造费用——职工薪酬　1 108.80
贷：应付职工薪酬——公积金　7 940
——社保费　23 502.4

13. 12 月 31 日，成本计算单

借：生产成本——3.0 营养煲　69 296.85

　　　　　　——4.0 营养煲　147 320.28

　贷：原材料　208 750.00

　　　制造费用　7867.13

制造费用合计 =3 958.33 +2 800 +1 108.8 =7 867.13

3.0 营养煲的生产工时：400 小时 4.0 营养煲的生产工时：600 小时

分配率 =7 867.13/（400 +600） =7.86713

3.0 营养煲应承担的制造费用 =7.86713 ×400 =3146.85

4.0 营养煲应承担的制造费用 =7 867.13 -3146.85 =4720.28

14. 12 月 31 日　结转完工成本

借：库存商品——3.0 营养煲　86 048.85

　　　　　　——4.0 营养煲　180 824.28

　贷：生产成本——3.0 营养煲　86 048.85

　　　　　　　——4.0 营养煲　180 824.28

15. 12 月 31 日，计提房租

借：管理费用——房租　3 000.00

　贷：预付账款——天瑞　3 000.00

16. 2009. 12. 31 结转销售成本

借：主营业务成本 267 306.2

　贷：库存商品——3.0 营养煲　86 095.8

　　　　　　　——4.0 营养煲　181 210.4

17. 12 月 31 日，发生广告宣传费用

借：销售费用——广告宣传费　5 500.00

　贷：银行存款　5 500.00

18. 12 月 31 日，发生管理费用（业务招待费、办公费等）

借：管理费用——业务招待费　2 000.00

　贷：库存现金　2 000.00

借：管理费用——电话费　860.00

　贷：银行存款　860

19. 12 月 31 日，计提附加税

借：营业税金及附加　　　1 153.40
　　营业外支出——水利建设专项资金　　320.39
贷：应交税金——城建税　　672.82
　　　　　　——教育费附加　　288.35
　　　　　　——地方教育附加　　192.23
　　　　　　——水利建设专项资金　　320.39

20. 12 月 31 日，收到货款

借：银行存款 230 000.00
　贷：应收账款——杭州大华 230 000.00

21. 12 月 31 日，月末结转未交增值税

借：应交税金——应交增值税　　9 611.65
　贷：应交税金——未交增值税　　9 611.65

22. 12 月 31 日，结转费用

借：主营业务收入　　320 388.35
　贷：本年利润　　320 388.35
借：本年利润　　339 867.59
　贷：主营业务成本　　267 306.2
　　　营业税金及附加　　1 153.40
　　　营业外支出　　320.39
　　　管理费用　　51 761.20
　　　销售费用　　19 326.40

23. 年末结转

10 月本年利润余额 = −11 301.80
11 月本年利润余额 =266 019.42 −292 698.57 = −26 679.15
12 月本年利润余额 =320 388.35 −339 867.59 = −19 479.24
年末余额 = −11 301.80 + （−26 679.15） + （−19 479.24） = −57 460.19
借：利润分配——未分配利润　　57 460.19
　　贷：本年利润　　57 460.19

资 产 负 债 表

编制单位：浙江长征有限公司

2009年12月31日

单位：人民币元

资　产	注释号	期末数	期初数	负债和所有者权益	注释号	期末数	期初数
流动资产：				流动负债：			
货币资金		2 637 941.53		短期借款			
交易性金融资产				交易性金融负债			
应收票据				应付票据			
应收账款				应付账款		239 000.00	
预付款项		9 000.00		预收款项			
应收利息				应付职工薪酬		110 842.40	
应收股利				应交税费		11 085.44	
其他应收款				应付利息			
存货		106 342.78		应付股利			
一年内到期的非流动资产				其他应付款			
其他流动资产				一年内到期的非流动负债			
流动资产合计		2 753 284.31		其他流动负债			
非流动资产：				流动负债合计		360 927.84	
可供出售金融资产				非流动负债：			
持有至到期投资				长期借款			
长期应收款				应付债券			
长期股权投资				长期应付款			
投资性房地产				专项应付款			

续表

资　产	注释号	期末数	期初数	负债和所有者权益	注释号	期末数	期初数
固定资产		550 183. 34		预计负债			
在建工程				递延所得税负债			
工程物资				其他非流动负债			
固定资产清理				非流动负债合计			
生产性生物资产				负债合计		360 927. 84	
油气资产							
无形资产				所有者权益：			
开发支出				实收资本		3 000 000. 00	
商誉				资本公积			
长期待摊费用				减：库存股			
递延所得税资产				盈余公积			
其他非流动资产				未分配利润		-57 460. 19	
非流动资产合计		550 183. 34		所有者权益合计		2 942 539. 81	
资产总计		3 303 467. 65		负债和所有者权益总计		3 303 467. 65	

单位负责人：　　　　主管会计工作的负责人：　　　　会计机构负责人：

利　润　表

2009 年 12 月

会企 02 表

编制单位：浙江长征有限公司

单位：人民币元

项　目	注释号	本期数	本年累计数
一、营业收入		320388. 35	586 407. 77
减：营业成本		266 873. 13	493 120. 41
营业税金及附加		1 153. 40	2 111. 07
销售费用		19 326. 40	34 552. 80
管理费用		51 761. 20	112 997. 20
财务费用			67. 00
资产减值损失			
加：公允价值变动收益（损失以“－”号填列）			
投资收益（损失以“－”号填列）			
其中：对联营企业和合营企业的投资收益			
二、营业利润（亏损以“－”号填列）		－18 725. 78	－56 440. 71
加：营业外收入			
减：营业外支出		320. 39	586. 41
其中：非流动资产处置净损失			
三、利润总额（亏损总额以“－”号填列）		－19 046. 17	－57 027. 12
减：所得税费用			
四、净利润（净亏损以“－”号填列）		－19 046. 17	－57 027. 12
五、每股收益：			
（一）基本每股收益			
（二）稀释每股收益			

单位负责人：　　　　　　主管会计工作的负责人：　　　　　　会计机构负责人：

参考文献

[1] 孙莲香．会计信息系统应用基础［M］．北京：经济科学出版社，2004.

[2] 何日胜．会计电算化系统应用操作［M］．北京：清华大学出版社，2002.

[3] 王景新，郭新平．计算机在会计中的应用［M］．北京：经济管理出版社，2004.

[4] 徐文杰，刘宗全．电算化会计［M］．杭州：浙江大学出版社，2006.

[5] 石炎．会计信息系统实验教程［M］．北京：清华大学出版社，2008.

[6] 王衍．电算化会计信息系统［M］．杭州：浙江人民出版社，2008.